高校入試数学

図形問題
角度の攻略

谷津綱一

はじめに

対策が後回しになる角度の問題

角度の問題は小学生の学習を土台として，中２の三角形や四角形の性質，その先は中３の円が絡むものまで学年を縦に貫いて顔を出します。そのため学年ごとに切り分けた学習には最も不向きです。実際のところ現状では，全分野や全単元にまたがった参考書や問題集からわずかずつつまんで対処的に学習するしか強化の方法が見当たりません。このような理由も相まって，角度の問題は対策が後回しになる代表例といえます。

角度の攻略

角度の問題は，「対頂角」「平行線の同位角や錯角」を出発点として，これに「三角形の内角の和」を加えることで問題が構成されています。前提となる条件がたったこれだけなので，覚えるべき内容はほぼ無いといえます。それゆえパターンを頭に叩き込む勉強法ではなく，経験から知識を積み上げていく学習がより大きな効果を発揮するのではないでしょうか。

本書は系統立てて学ぶことに力点をおいています。少ない情報から論理を組み立て一歩一歩前進することで自然と角度の問題が強化されていきます。

本書の使い方

第１章は基本ともいえる事柄や有名テーマをまとめています。この章は全員に必須というわけではないので，既知の内容であれば読み飛ばしても影響ありません。

そして第２章から４章に様々な角度の問題を分類しました。左頁の例題には必ず目を通しましょう。右頁には類題が４題あります。右頁で出されたテーマの強化が目的ならば，４題すべてを解きましょう。そうではなく全体を一通り見渡したいならば，(1)(2) だけにしてどんどん先に進みましょう。また，本書に補助線などを直接書き込んでも構いません。

解答や解説は第５章にまとめてあります。答は必ず確認しましょう。間違った問題は“解説を読まずに”再度チャレンジしてください。正解するまで何度もやり直すのが理想です。どうしても合わないならば，そこでいよいよ解説を読むことで解答までの道筋を確認しましょう。

解法例はあくまで一つの例にすぎません。これに頼ることなく自身の解き方を手に入れてください。

本書で繰り返し学習することで，角度の問題が得意になれば幸いです。

著者記す

目 次

はじめに …… 2

1章　基本の確認 …… 5

2章　多角形と角 …… 27

3章　平行線と角 …… 67

4章　円と角 …… 101

5章　解答・解説 …… 157

1章　基本の確認

1　基本の確認

点の周囲は
360°

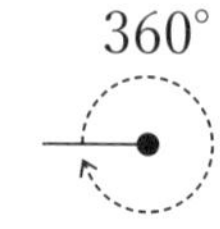

直線の作る
角は 180°

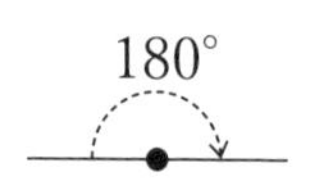

△ＡＢＣにおいて,
$\angle a+\angle b+\angle c=180°$

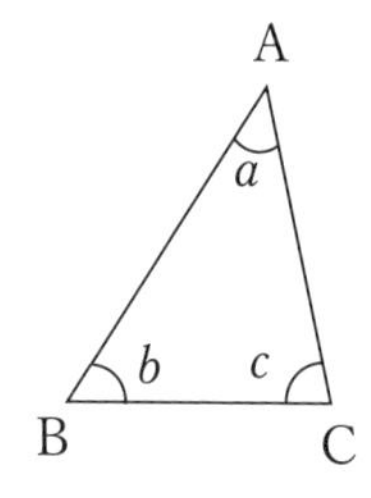

△ＡＢＣにおいて,
・ＡＢ＝ＡＣならば$\angle b=\angle c$
・$\angle b=\angle c$ならばＡＢ＝ＡＣ

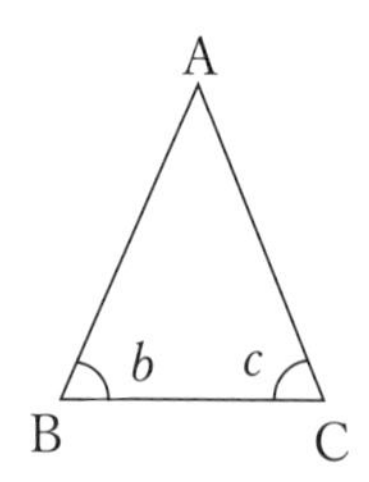

△ＡＢＣにおいて,
・正三角形ならば,
$\angle a=\angle b=\angle c$ （$=60°$）
・$\angle a=\angle b=\angle c$ならば
正三角形

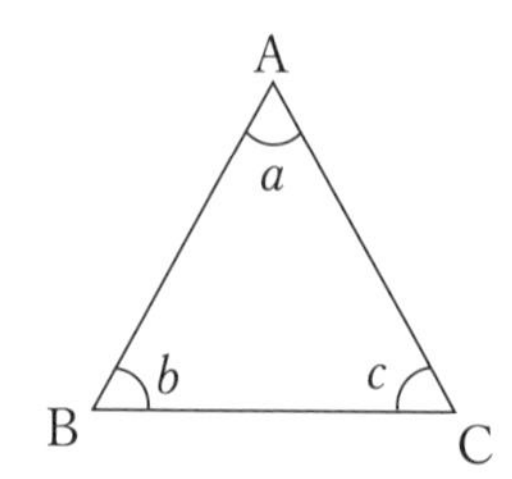

交わる2直線l，mがつくる$\angle a$と$\angle b$を**対頂角**といい常に等しい。

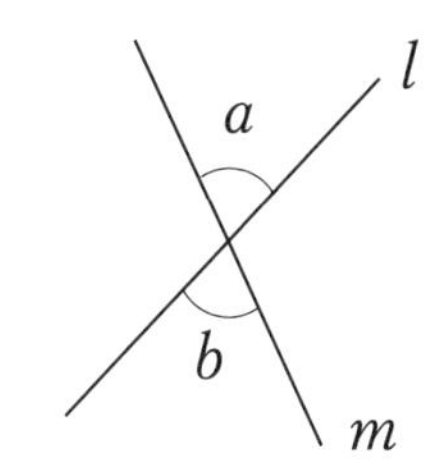

$\angle c$と$\angle d$を**同位角**という。

- ・2直線が$l /\!/ m$ならば$\angle c = \angle d$
- ・$\angle c = \angle d$ならば2直線は$l /\!/ m$

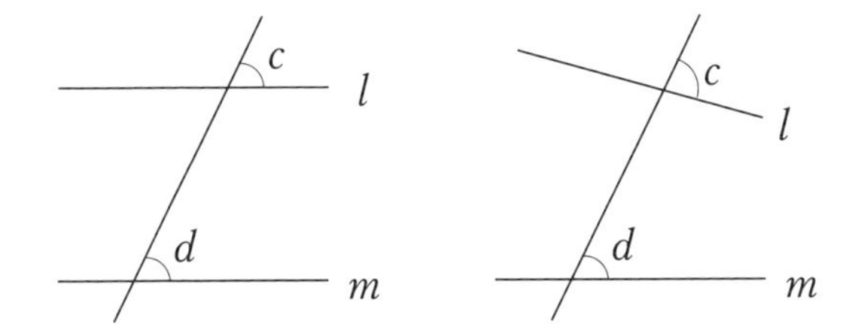

$\angle e$と$\angle d$を**錯角**という。$\angle c$と$\angle e$は対頂角で等しいから，

- ・2直線が$l /\!/ m$ならば$\angle e = \angle d$
- ・$\angle e = \angle d$ならば2直線は$l /\!/ m$

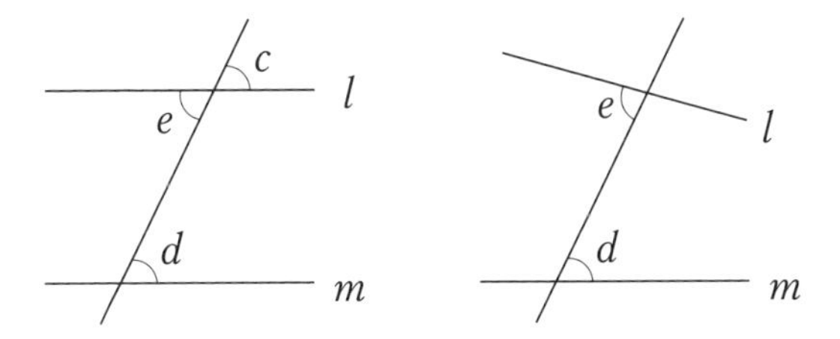

ＡＢ // ＤＣかつＡＤ // ＢＣである四角形を**平行四辺形**という。

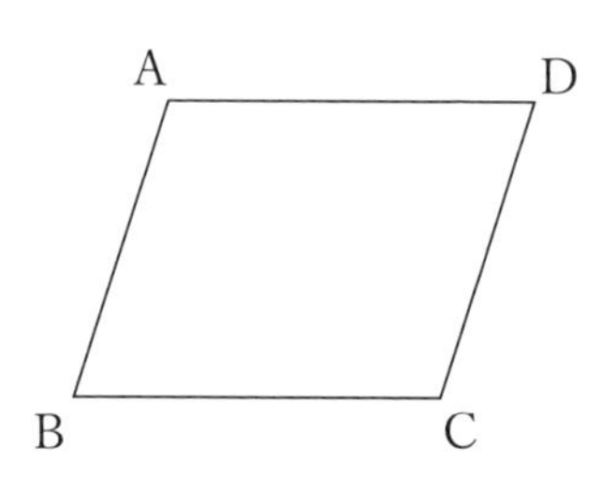

ＡＢ // ＤＣだから，
同位角は等しく $\angle a = \angle b$
(…ア)

またＡＤ // ＢＣだから，
錯角は等しく，$\angle b = \angle c$

よって，$\boxed{\angle a = \angle c}$

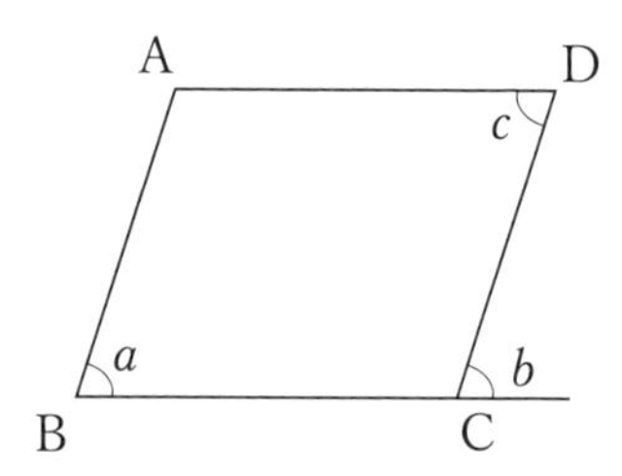

同様に $\boxed{\angle d = \angle e}$ でもある。

これより，「平行四辺形の対角は等しい」とわかる。

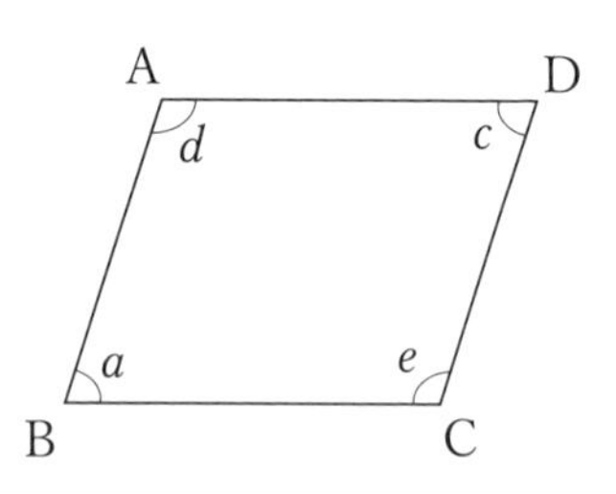

さらに
$\angle b + \angle e = 180$ と，
アより，
$\boxed{\angle a + \angle e = 180°}$

これより「平行四辺形のとなり合う角の和は 180°」とわかる。

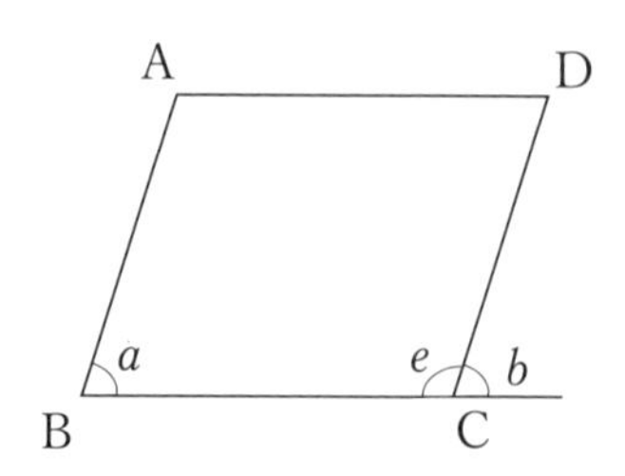

2　三角形の外角

△ABCにおいて，
$\angle c = \angle a + \angle b$
が成り立つ。

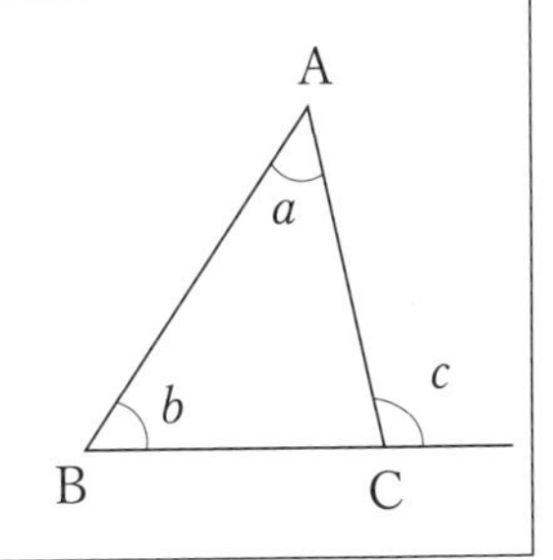

BA∥CDとなるように
CDを引けば，
錯角が等しく，
$\angle a = \angle d$
同位角が等しく，
$\angle b = \angle e$
これらより，
$\angle a + \angle b = \angle d + \angle e = \angle c$

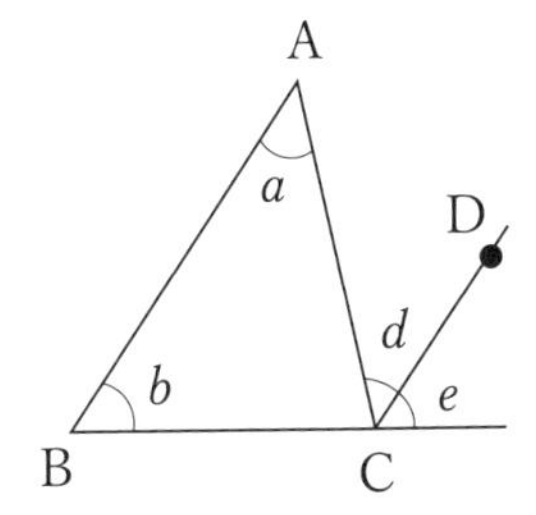

また次のように示すこと
もできる。
BC∥DAとなるように
DAを引けば，
錯角が等しく，
$\angle b = \angle d$
錯角が等しく，
$\angle c = \angle d + \angle a = \angle b + \angle a$

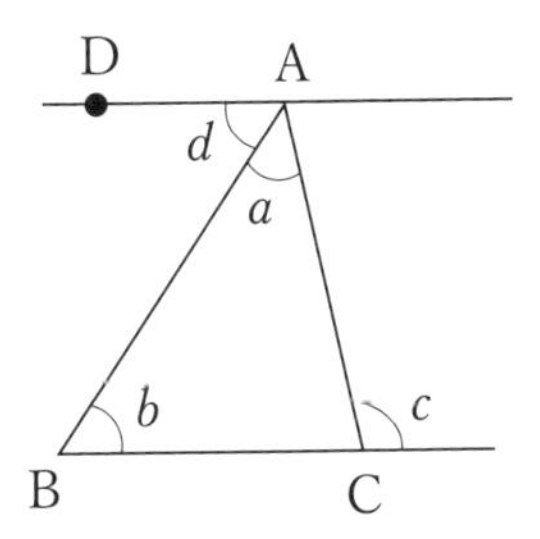

3 多角形の内角の和

四角形の内角の和は，
右図のように 2 つの
三角形に分ければ，
$180 \times 2 = 360°$

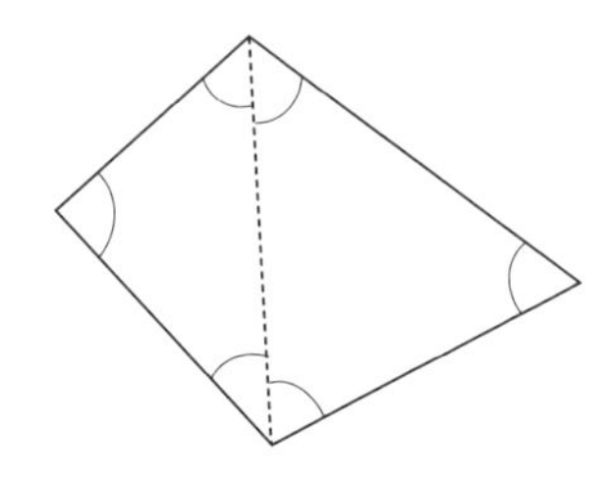

五角形の内角の和は，
右図のように 3 つの
三角形に分けて，
$180 \times 3 = 540°$

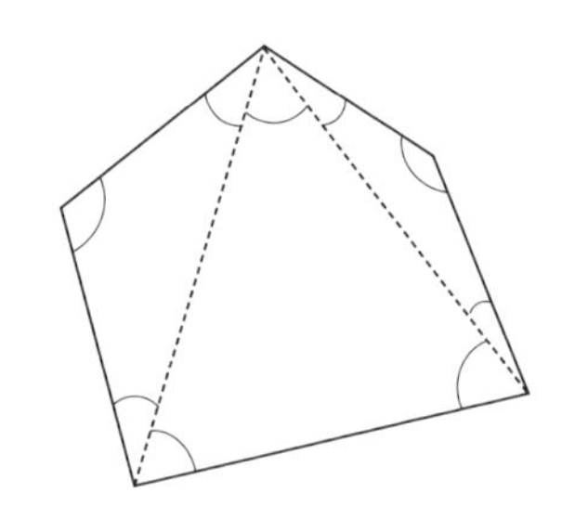

同様に六角形の内角の和は，
4 つの三角形に分けることができて，
$180 \times 4 = 720°$

これより，
n 角形の内角の和は，$\boxed{180(n-2)°}$
すると正 n 角形の 1 つの内角は，

$$\{180 \times (n-2)\} \div n = \boxed{\frac{180(n-2)°}{n}}$$

4 多角形の外角の和

三角形の外角の和は，

$(180-a)+(180-b)+(180-c)$

$=180\times3-(a+b+c)$

$=180\times3-180$

$=360°$

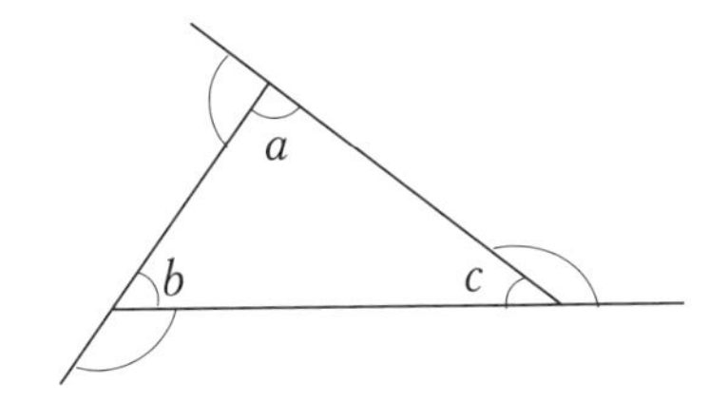

四角形の外角の和は，

$(180-a)+(180-b)+(180-c)+(180-d)$

$=180\times4-(a+b+c+d)$

$=180\times4-180\times2$

$=360°$

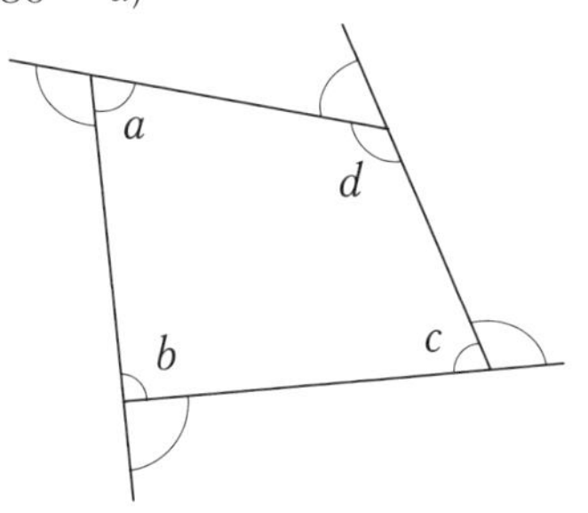

五角形の外角の和は同様に，

$=180\times5-180\times3$

$=360°$

これより，

n 角形の内角の和は $\boxed{360°}$

すると正 n 角形の 1 つの外角は，$360\div n=\boxed{\dfrac{360°}{n}}$

5 三角形の外角の利用

右図において，
$\angle d = \angle a + \angle b + \angle c$
が成り立つ。

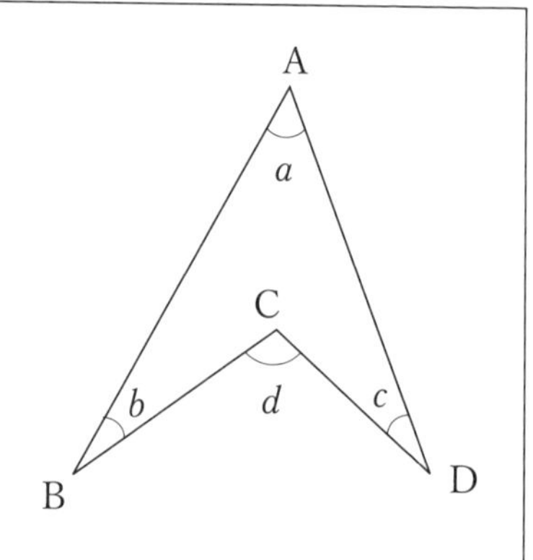

右図で△ＡＢＥの外角を使って，
$\angle \mathrm{BED} = \angle a + \angle b$
次に△ＤＥＣの外角を使って，
$\angle \mathrm{BCD} = \angle a + \angle b + \angle c$
このように成り立つことがわかる。

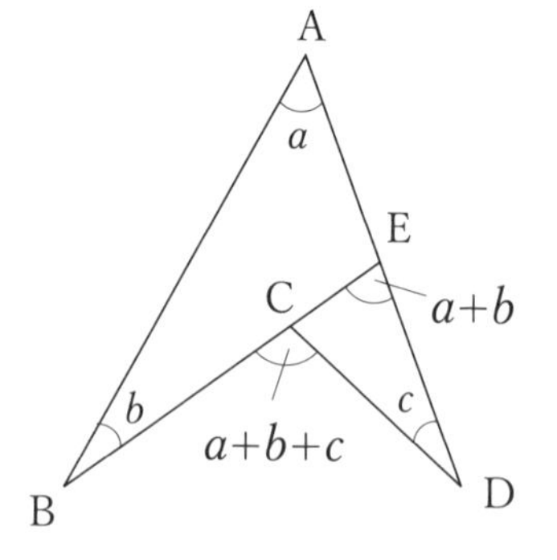

6　角の等分の利用

右図において，

$x = 90 + \frac{1}{2}a$

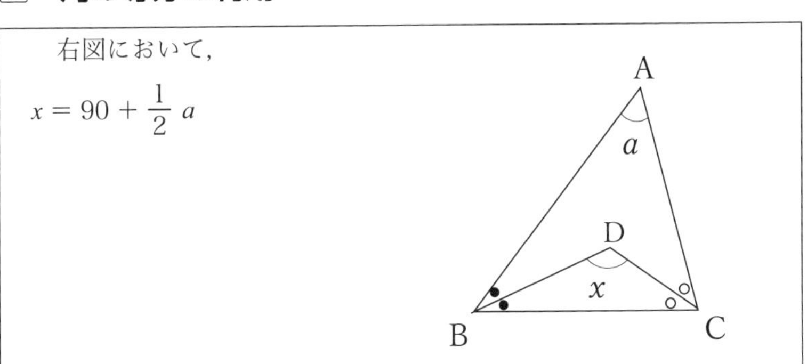

△ＡＢＣの内角の和を利用して，

$a + 2● + 2○ = 180$

$2● + 2○ = 180 - a$

$● + ○ = 90 - \frac{1}{2}a$

△ＤＢＣの内角の和から，

$x = 180 - (● + ○)$

$= 180 - \left(90 - \frac{1}{2}a\right)$

$= 90 + \frac{1}{2}a$

7 星型の角度

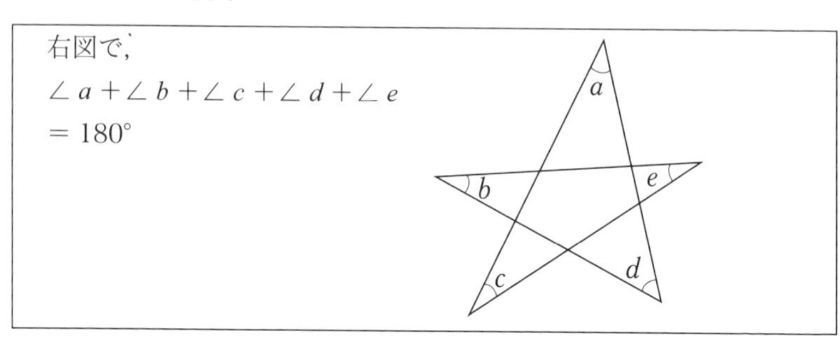

下図の手順で，三角形の外角を使いながら∠ b ＋∠ e や∠ a ＋∠ c を１つの三角形に集めていく。

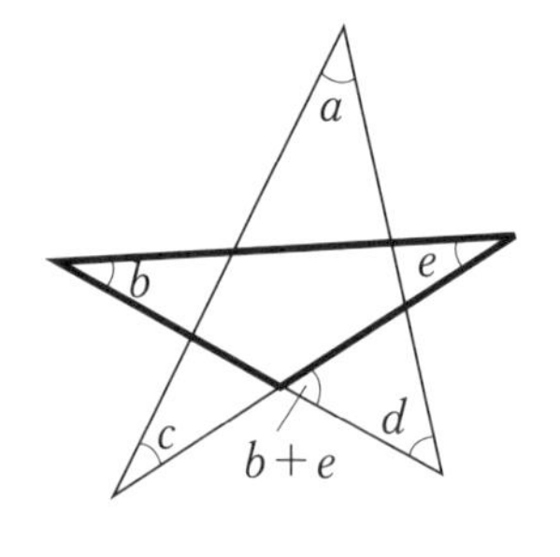

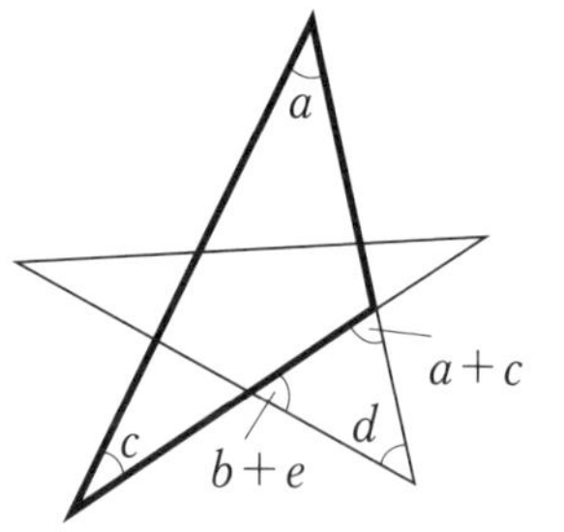

その結果，右図のようになって，三角形の内角の和を利用して，

∠ a ＋∠ b ＋∠ c ＋∠ d ＋∠ e
＝ 180° とわかる。

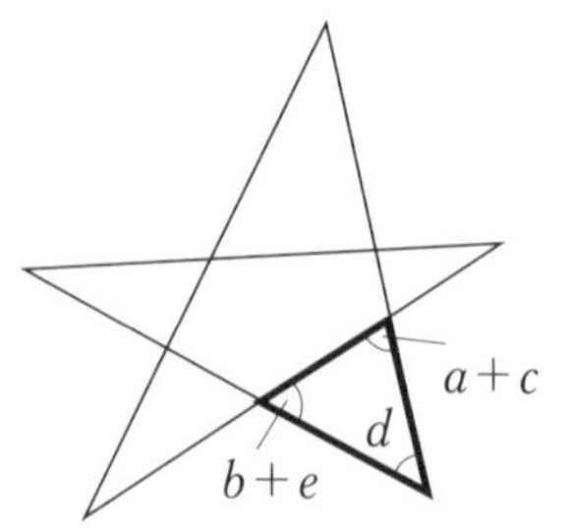

右図で，
$\angle a+\angle b+\angle c+\angle d+\angle e$
$+\angle f+\angle g$
$=540°$

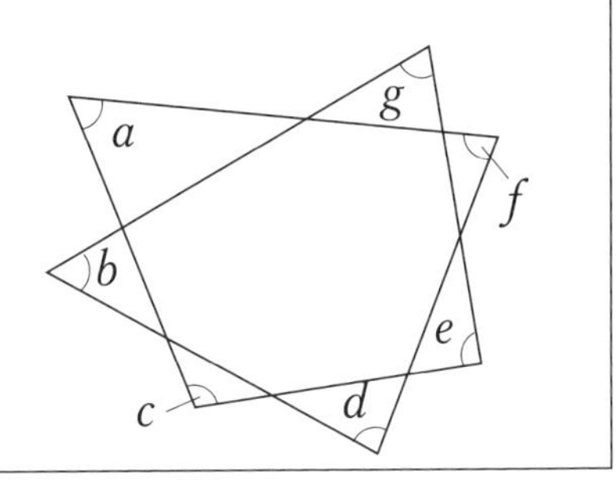

太枠の三角形７つ分の内角の和は，$180\times7=1260°$

ここから下図で，
$\angle h+\angle i+\angle j+\angle k$
$+\angle l+\angle m+\angle n$
は，太枠の多角形の外角の和だから $360°$（…ア），

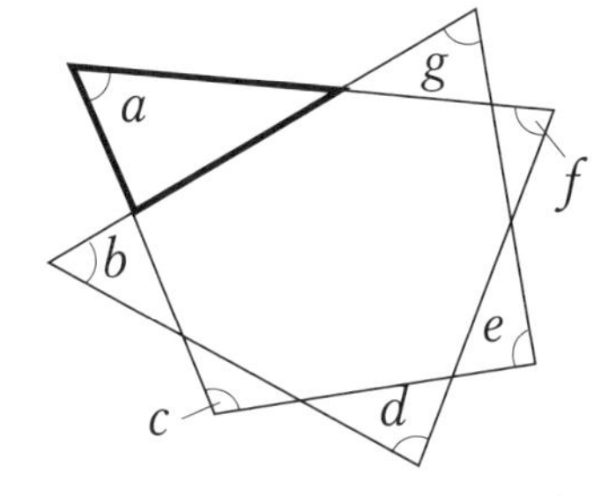

また同様に，$\angle o+\angle p+\angle q+\angle r+\angle s+\angle t+\angle u=360°$（…イ）

これより，$1260-$(ア＋イ)$=1260-360\times2=540°$

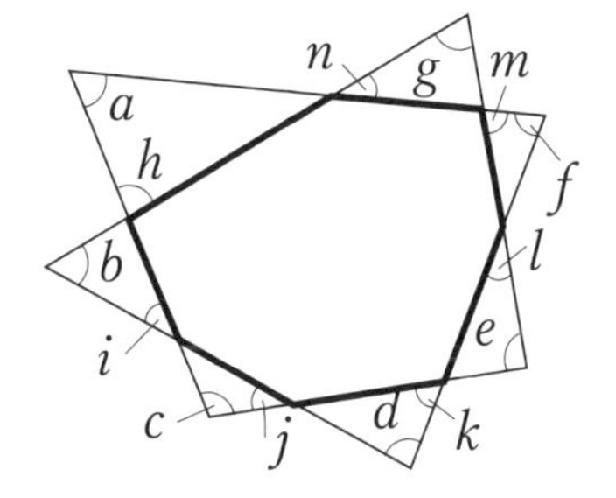

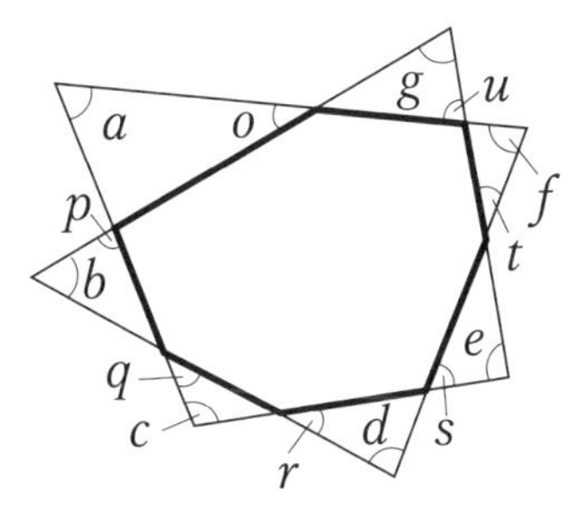

8 折り返し図形

右図の長方形ＡＢＣＤを，ＥＦについて折り返す。
このとき，△ＩＥＦはＩＥ＝ＩＦの二等辺三角形となる。

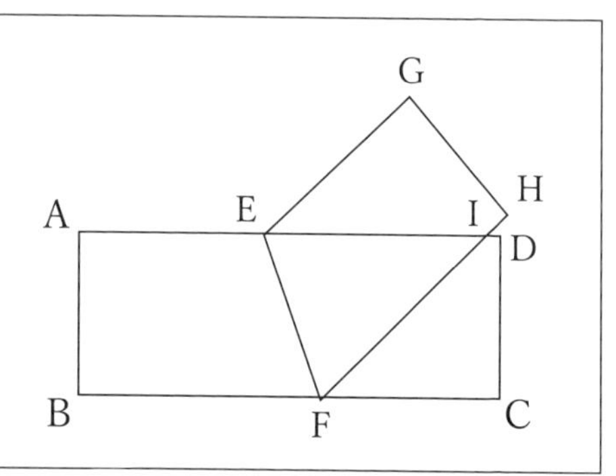

∠ＥＦＢ＝a°とすれば，折り返し図形の性質から，
∠ＥＦＨ＝a°
(…ア)
平行線の錯角から，
∠ＥＦＢ
＝∠ＦＥＩ＝a°（…イ）

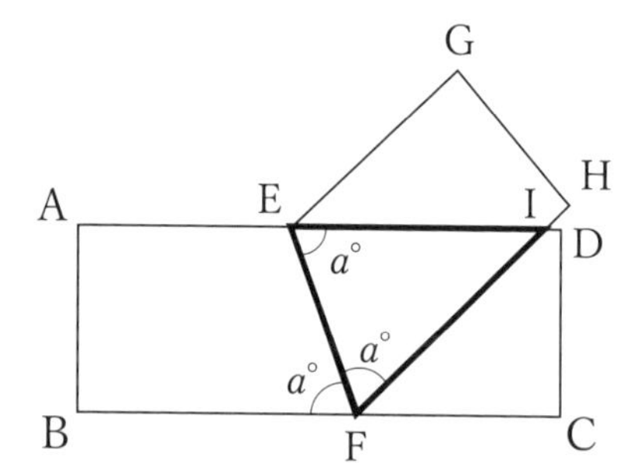

以上ア，イから∠ＥＦＩ＝∠ＦＥＩとなるから，△ＩＥＦは二等辺三角形となる。

右図の長方形ＡＢＣＤを，対角線ＢＤについて折り返す。

このとき，△ＦＢＤは二等辺三角形になる。

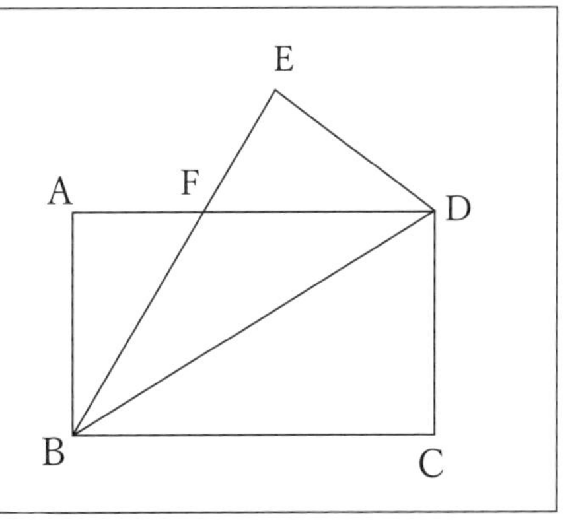

△ＣＢＤを折り返したものが△ＥＢＤだから，
右図で $a = b$（…ア）

またＡＤ∥ＢＣだから，
平行線の錯角は等しく，
$a = c$（…イ）

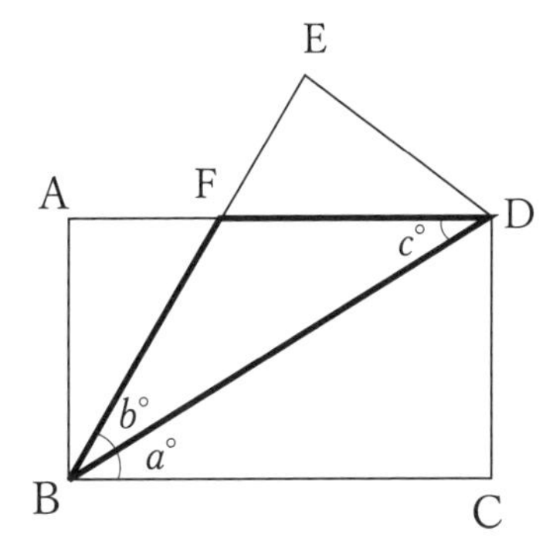

ア，イより，$b = c$
よって，△ＦＢＤは二等辺三角形となる。

9 円周角

下の図において，

∠ＡＯＢを，$\overset{\frown}{AB}$についての**中心角**または$\overset{\frown}{AB}$の**中心角**

∠ＡＰＢを，$\overset{\frown}{AB}$についての**円周角**または$\overset{\frown}{AB}$の**円周角**

という。

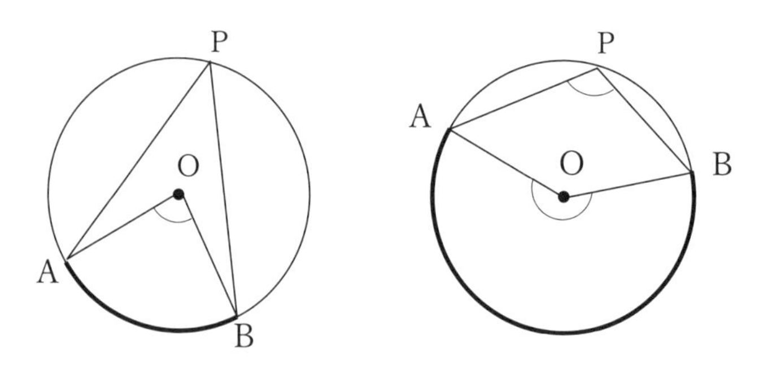

このとき，$\angle APB = \frac{1}{2}\angle AOB$ が成り立つ。

理由は右図のように，ＯＰ＝ＯＡ＝ＯＢだから，△ＯＰＡと△ＯＰＢの内角と外角の関係から明らか。

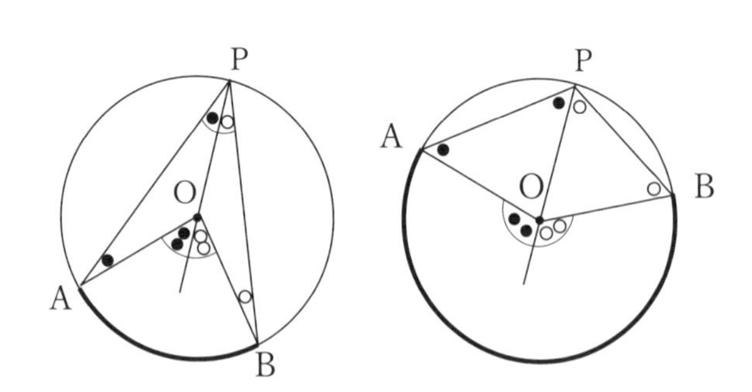

また下左図の場合には，△ＯＡＰと△ＯＢＰの内角と外角を，下右図のように使えば示せる。

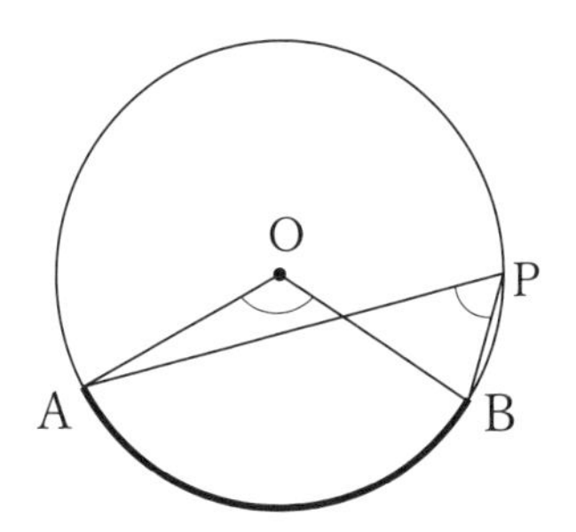

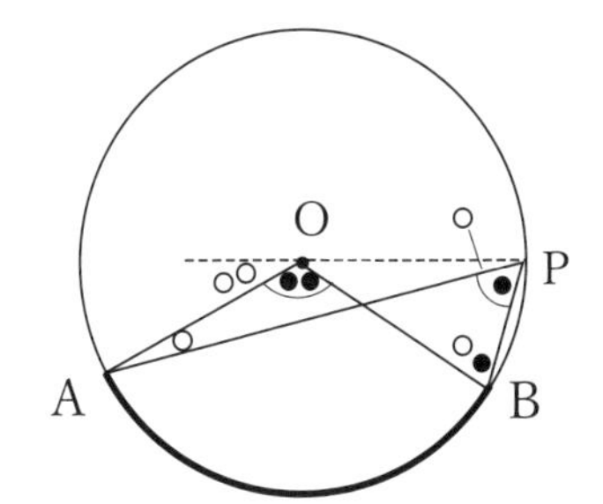

また右図のようなケースでは，中心角と円周角の関係から，

半円の弧に対する円周角は 90°

である。

これは，半円の弧の中心角は 180° だから明らか。

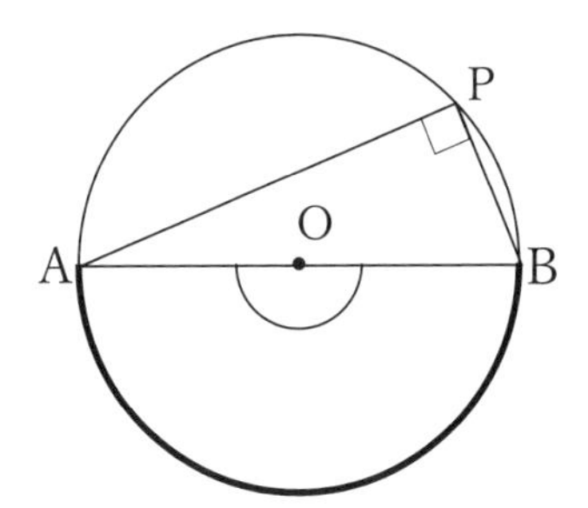

⑩ 同じ弧の円周角

右図において，中心角と円周角の関係から，

$\angle APB = \frac{1}{2}\angle AOB$

$\angle AQB = \frac{1}{2}\angle AOB$

よって，

$\angle APB = \angle AQB$

が成り立っている。

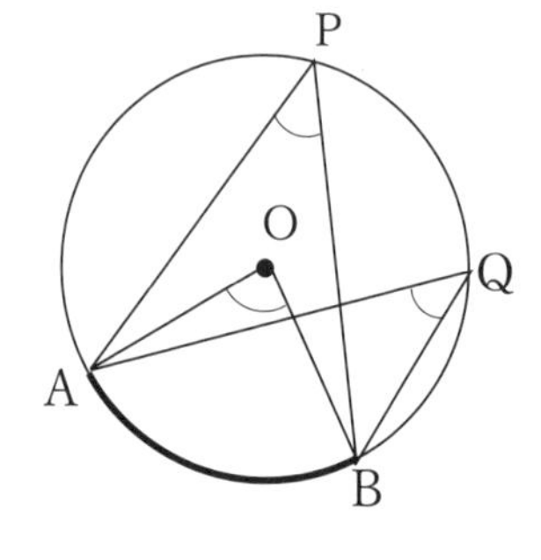

つまり，

同じ弧に対する円周角は等しい

よって，

$\angle APB$
$= \angle AQB$
$= \angle ARB$

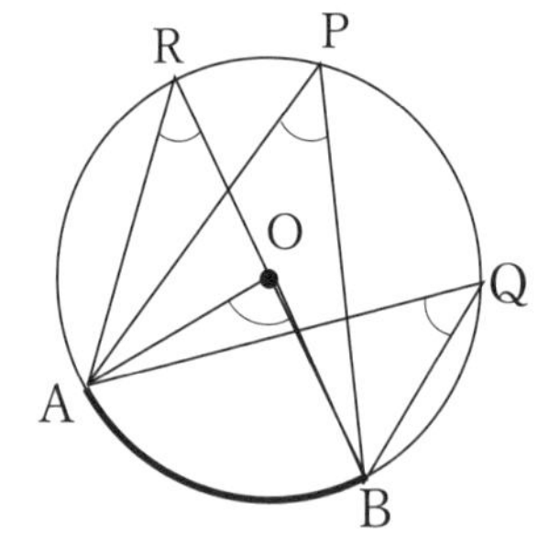

11　等しい弧の円周角

右図で，

$\overset{\frown}{AB}=\overset{\frown}{CD}$ ならば，

∠AOB＝∠COD

だから，

$\angle APB=\frac{1}{2}\angle AOB$

$\angle CQD=\frac{1}{2}\angle COD$

よって，

∠APB＝∠CQD

が成り立っている。

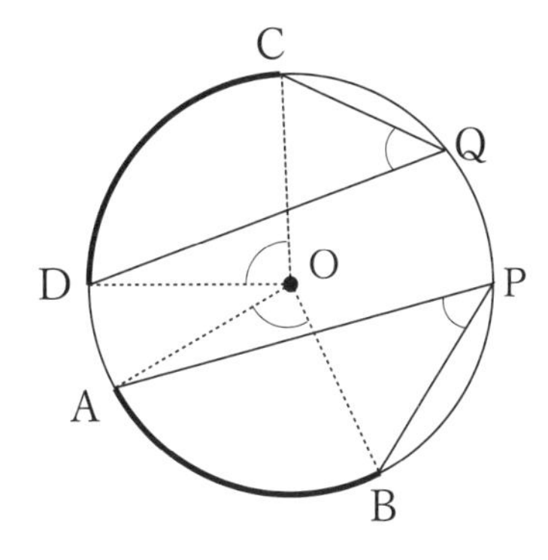

つまり，

等しい弧に対する 円周角は等しい

これより，

・$\overset{\frown}{AB}=\overset{\frown}{CD}$＝ならば，

∠APB＝∠CQD

また，

・∠APB＝∠CQD

ならば，$\overset{\frown}{AB}=\overset{\frown}{CD}$

もいえる。

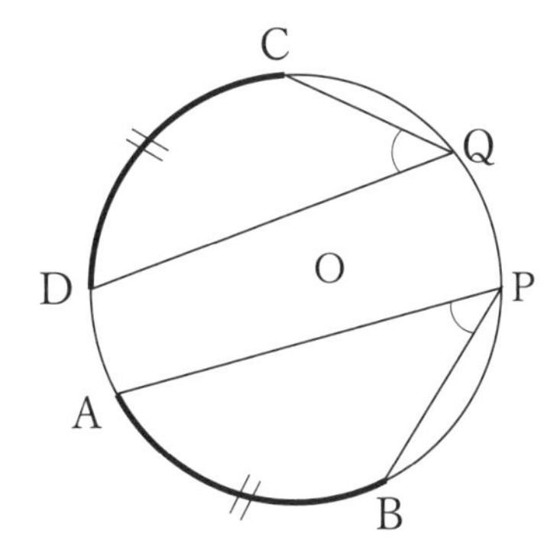

12 弧と円周角は比例

右図のように，円周を6等分する。

このとき∠xの大きさは次のように求める。

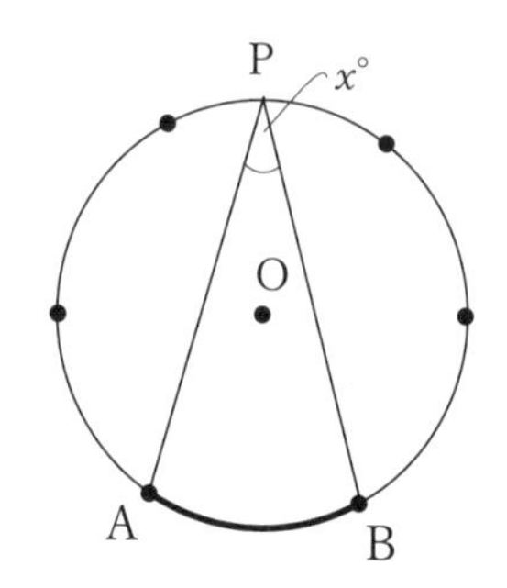

右図のように中心角も6等分されるから，

弧1つ分に対する円周角は，$360 \div 6 = 60°$

そこで∠APBは，

$\overset{\frown}{AB}$の円周角だから，

$x = 60 \div 2 = 30$

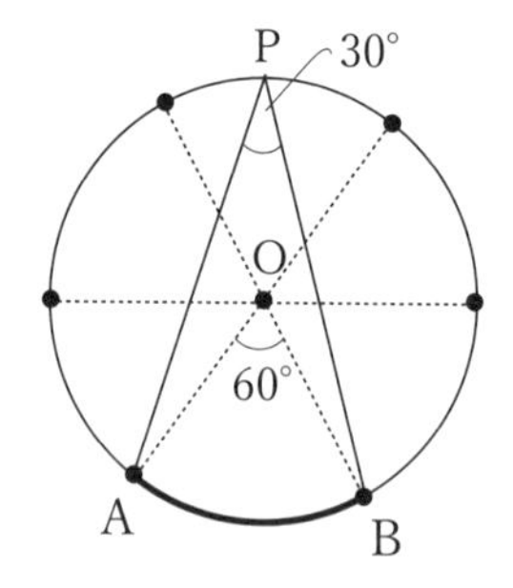

右図において，

$\overset{\frown}{AB} : \overset{\frown}{CD}$

$= \angle APB : \angle CQD$

が成り立つ。

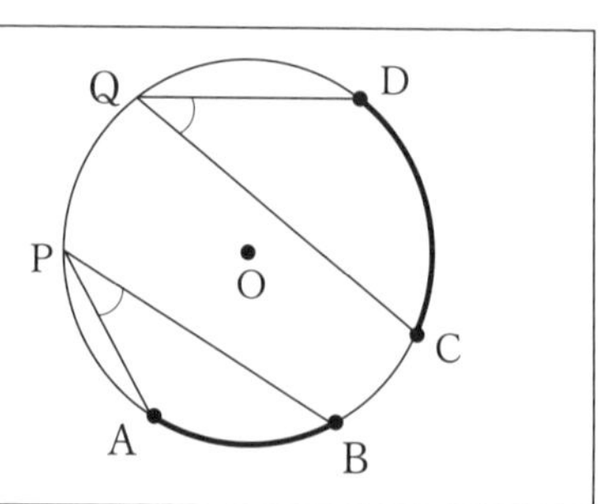

$\overset{\frown}{\mathrm{AB}}$，$\overset{\frown}{\mathrm{CD}}$ に対する中心角をそれぞれ $2p$，$2q$ とすれば，

$\overset{\frown}{\mathrm{AB}}:\overset{\frown}{\mathrm{CD}}$

$=2p:2q=p:q$

（…ア）

また，

$\angle\mathrm{APB}:\angle\mathrm{CQD}$

$=\dfrac{1}{2}\angle\mathrm{AOB}:\dfrac{1}{2}\angle\mathrm{COD}$

$=p:q$（…イ）

以上ア，イより，$\overset{\frown}{\mathrm{AB}}:\overset{\frown}{\mathrm{CD}}=\angle\mathrm{APB}:\angle\mathrm{CQD}$

下左図において $\angle x$ の大きさを求めるには，弦ＢＣあるいは弦ＡＤを引いて，下右図のように太枠の三角形の外角を使って，$x=p+q$ とする。

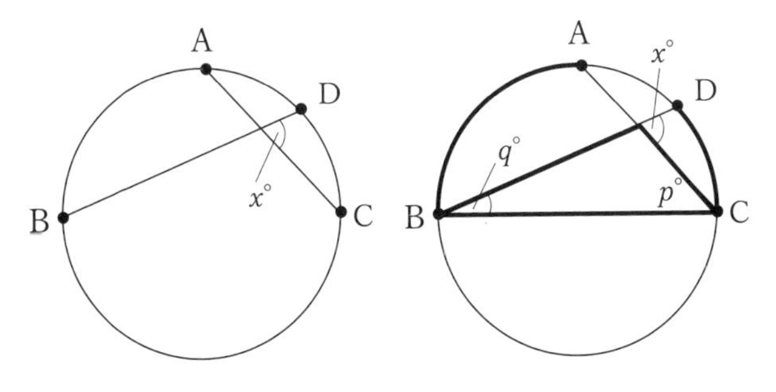

⑬ 円と接線

直線 l と円が点Ｐで接しているとき，
直線 $l \perp$ ＯＰ

直線 l，m と円が点Ｐ，Ｑでそれぞれ接しているとき，△ＱＲＰは
∠ＱＰＲ＝∠ＰＱＲ
の二等辺三角形。

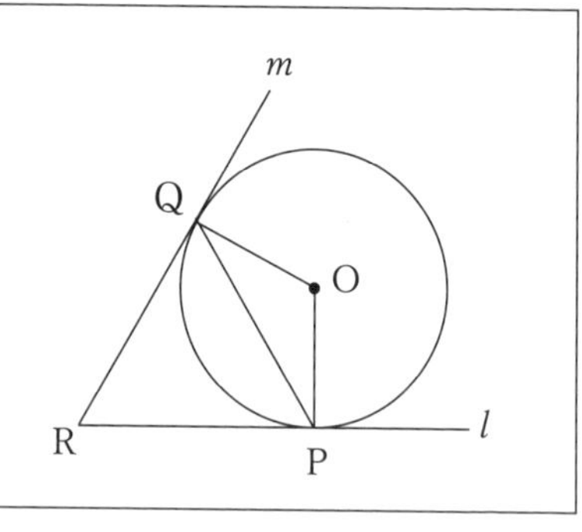

右図のように，
∠ＯＰＲ＝∠ＯＱＲ＝90°
∠ＯＰＱ＝∠ＯＱＰ
よって，
∠ＱＰＲ＝∠ＰＱＲ
となるから，△ＱＲＰは二等辺三角形。

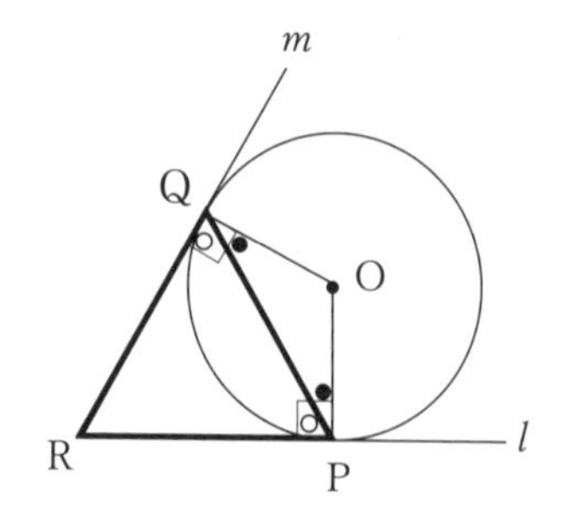

14　同一円周上の４点

右の図で，
$\angle a = \angle b$
ならば，４点A，B，C，Dは**同一円周上**にある。

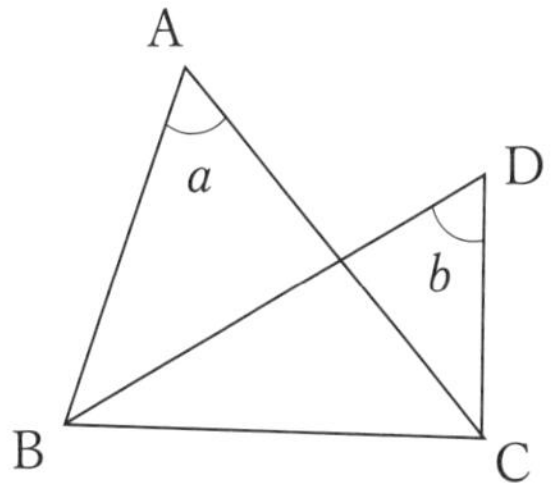

A
D
a
b
B
C

これは**円周角の定理の逆**という。

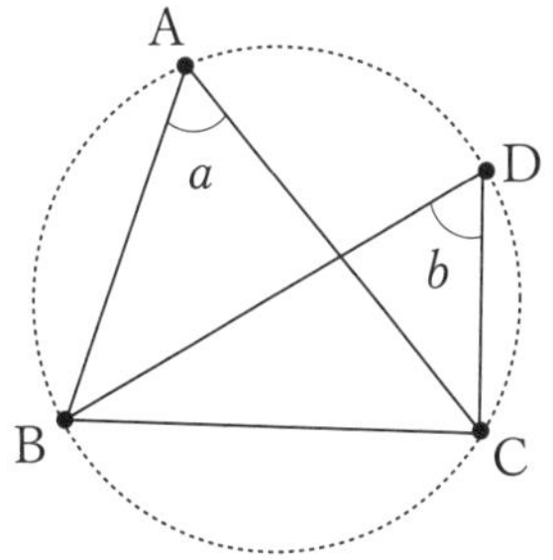

A
D
a
b
B
C

2章　多角形と角

例題 1

$\angle x$ の大きさを求めよ。

(1)

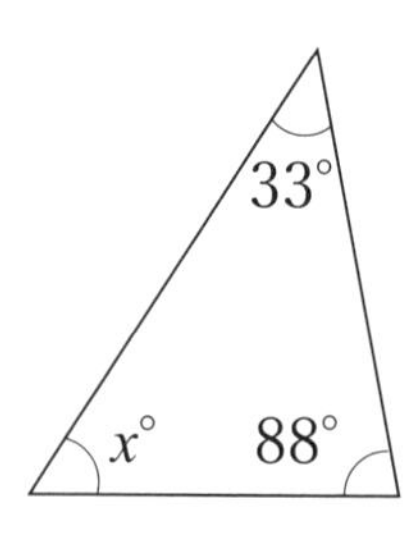

(2)

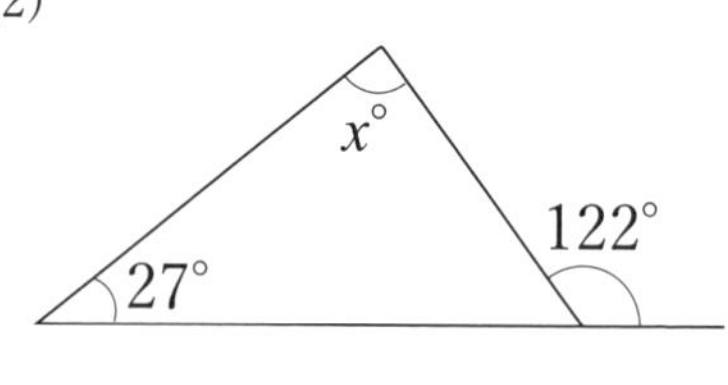

解答

(1)　三角形の内角の和を利用して,

$$x = 180 - (33 + 88)$$
$$= 180 - 121$$
$$= 59$$

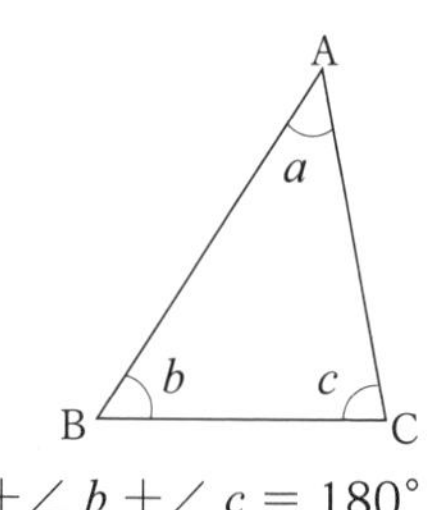

$\angle a + \angle b + \angle c = 180°$

(2)　右図のように
なるから，三角形の
内角の和を利用して,

$$x = 180 - (27 + 58)$$
$$= 180 - 85$$
$$= 95$$

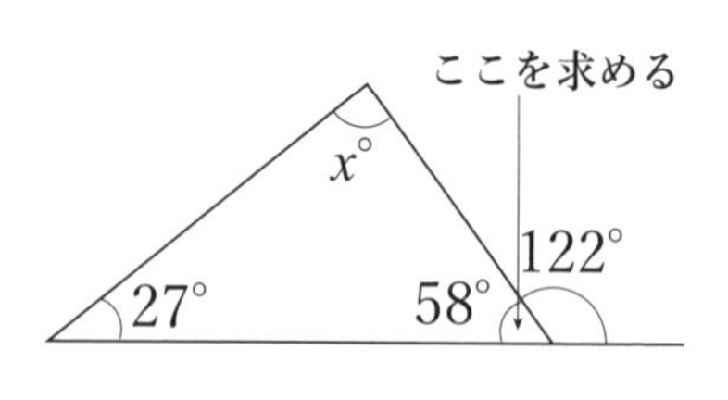

ポイント

180°から引く計算に慣れよう

練習問題1

$\angle x$ の大きさを求めよ。

(1)

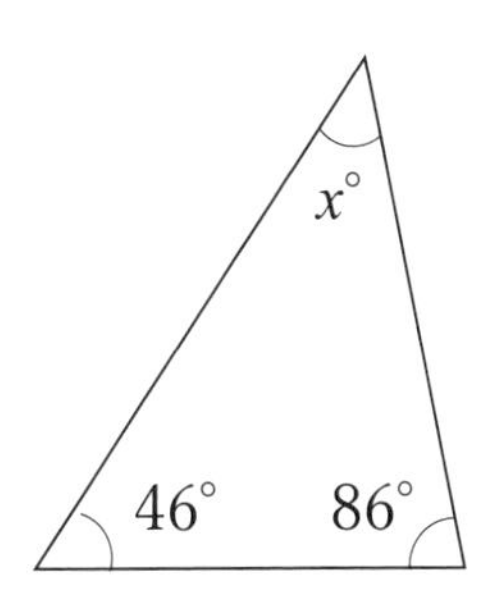

(2)

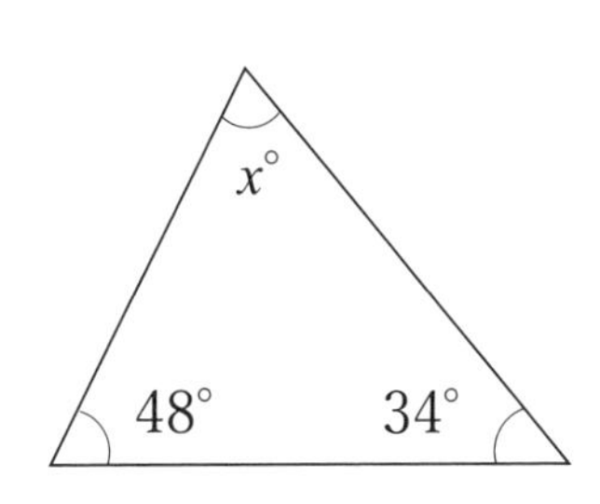

(3)

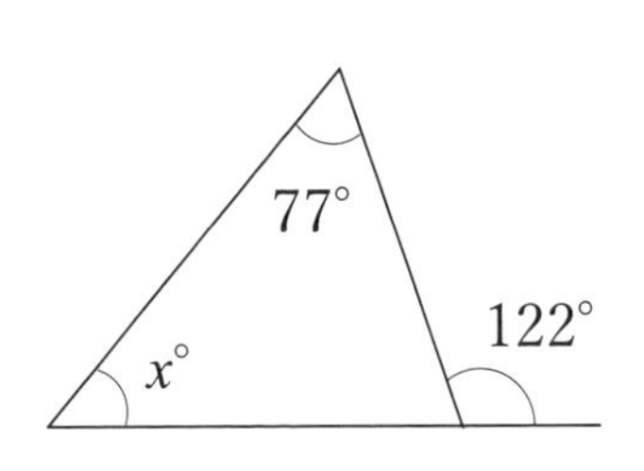

(4)

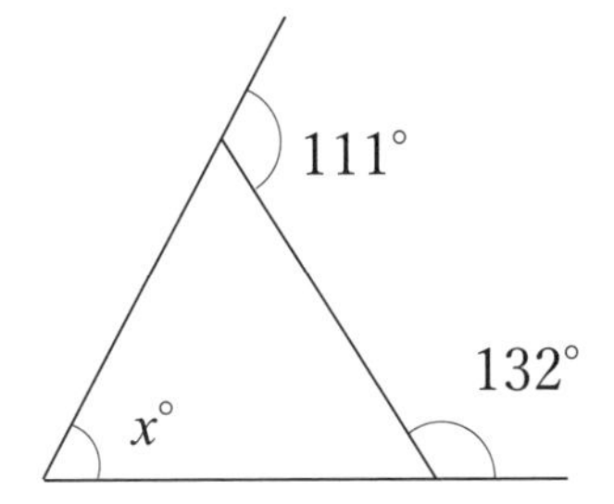

例題2

$\angle x$ の大きさを求めよ。

(1)

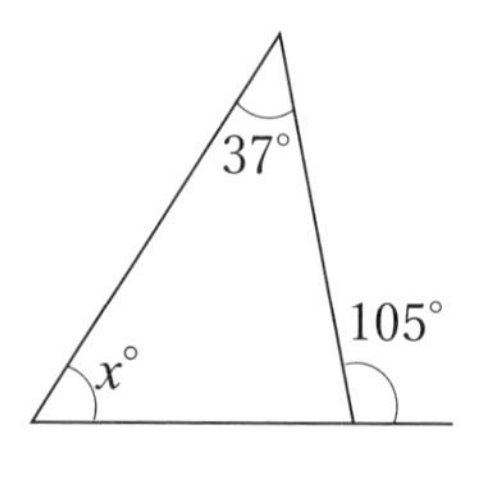

(2)

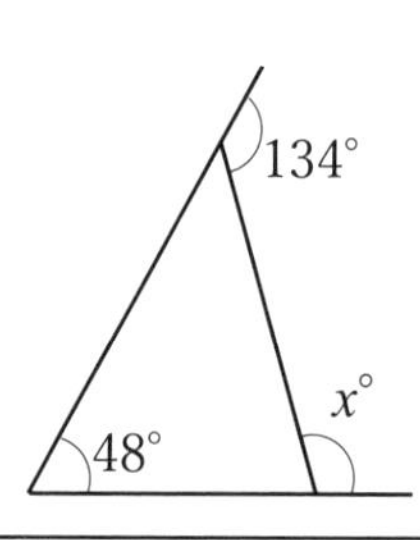

解答

(1)　三角形の外角を利用して，

$x = 105 - 37 = 68$

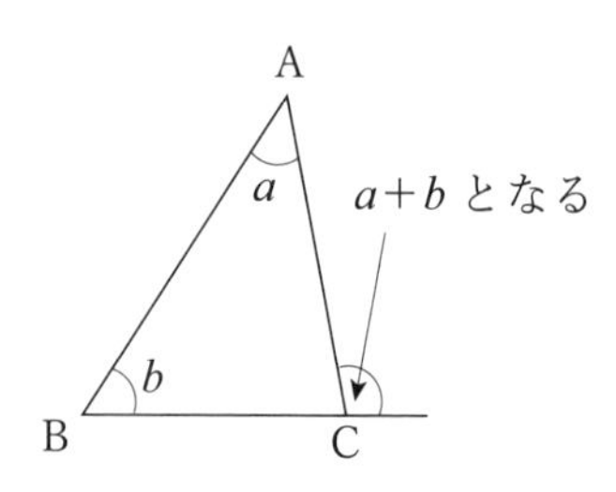

(2)　右図のようになるから，三角形の外角を利用して，

$x = 48 + 46 = 94$

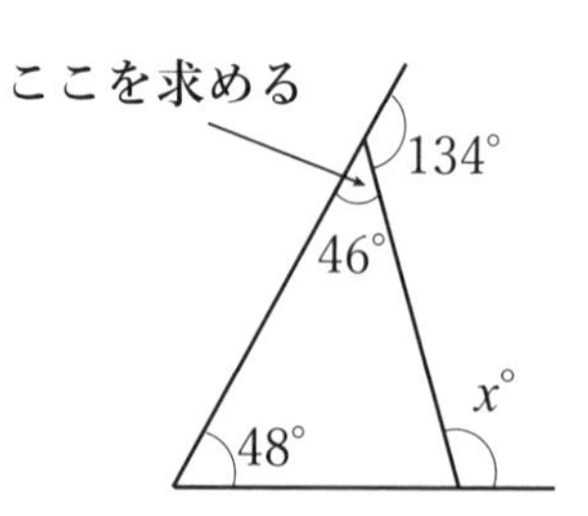

ポイント

三角形の内角と残った外角の関係を有効に使おう

練習問題 2

$\angle x$ の大きさを求めよ。

(1)

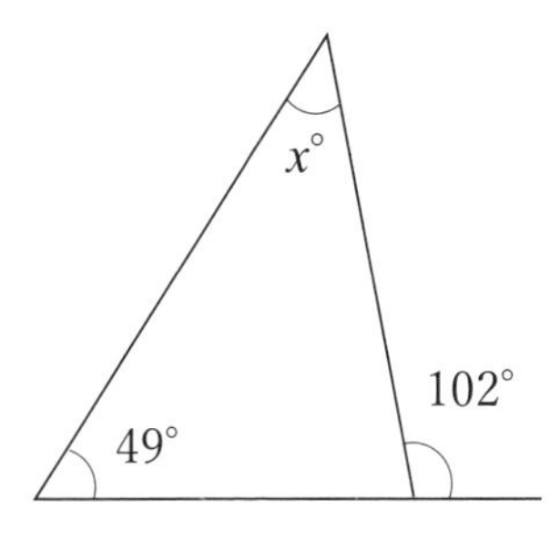

(2)

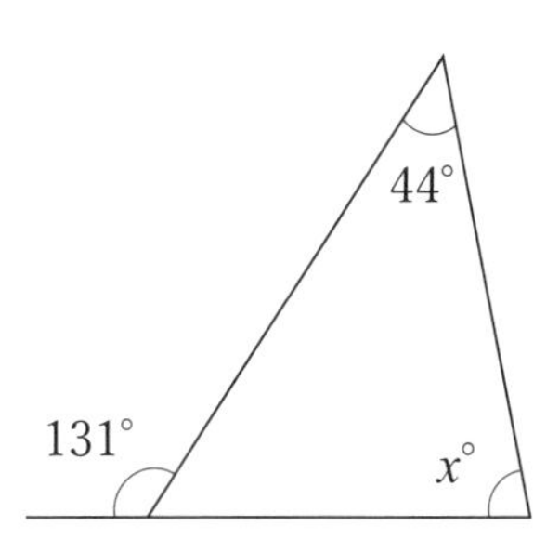

(3)

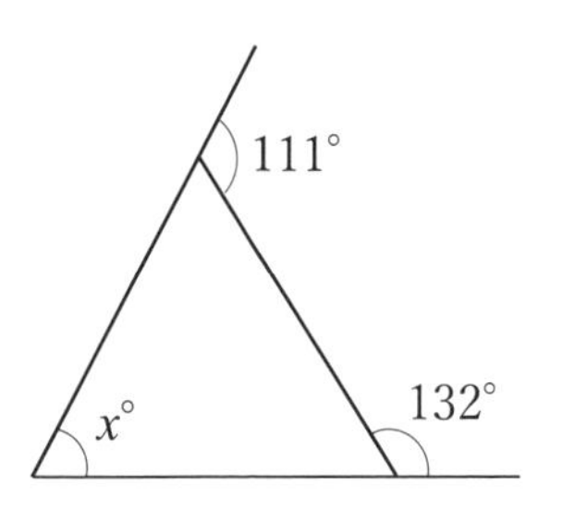

(4)

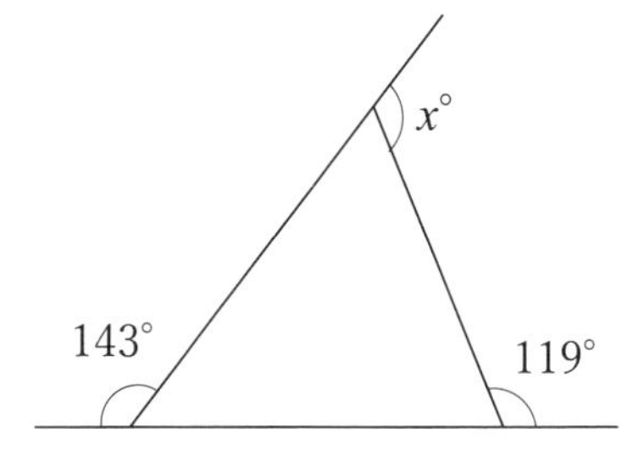

例題3

$\angle x$ の大きさを求めよ。

(1)

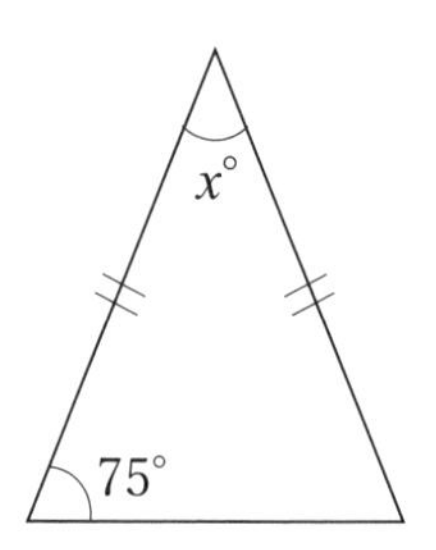

(2)

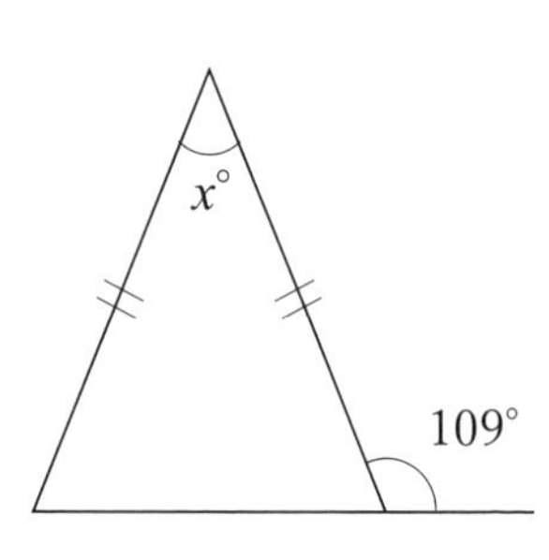

解答

(1)　右図のようになるから，

$x = 180 - 75 \times 2$
$\quad = 180 - 150$
$\quad = 30$

(2)　右図のようになるから，

$x = 180 - 71 \times 2$
$\quad = 180 - 142$
$\quad = 38$

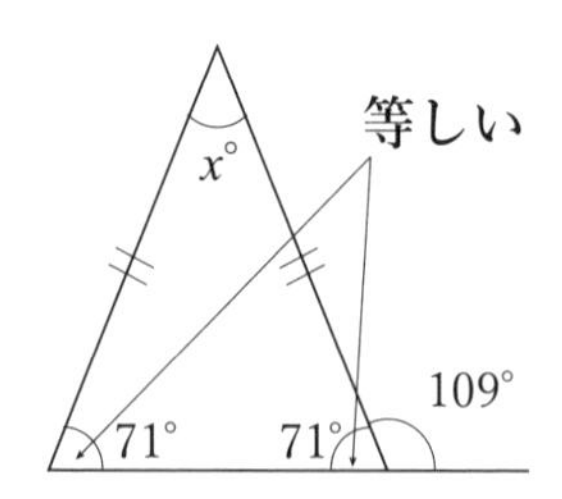

ポイント

二等辺三角形では２つの角が等しいことに注目しよう

練習問題3

∠xの大きさを求めよ。

(1)

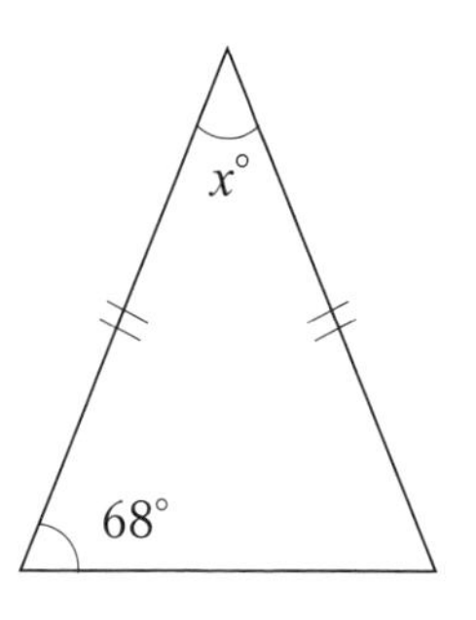

(2)

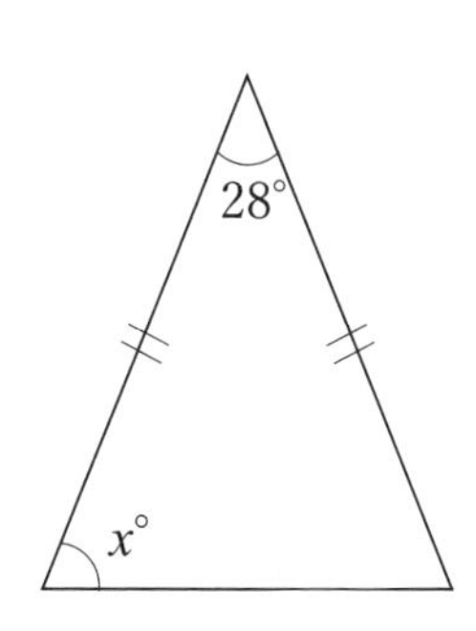

(3)

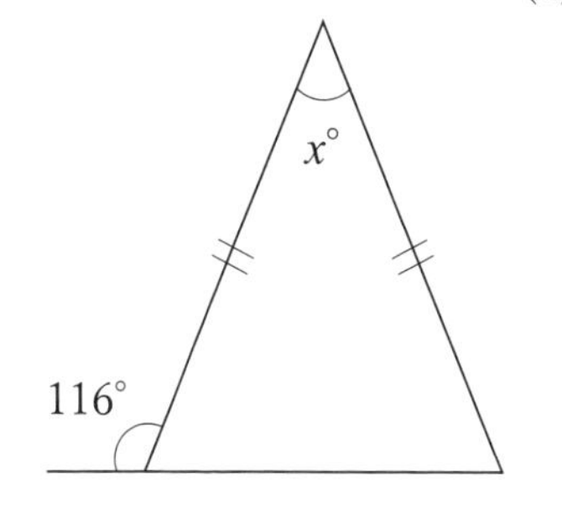

(4)

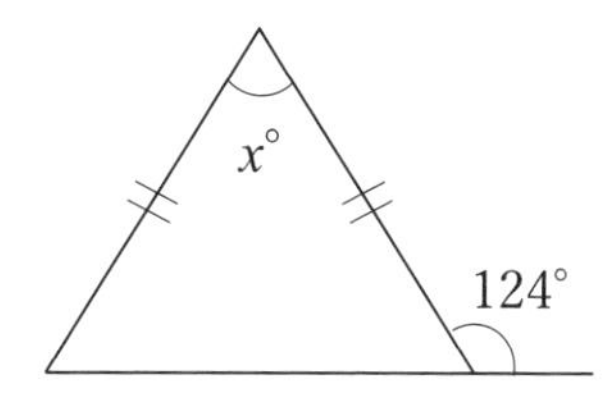

例題４

$\angle x$ の大きさを求めよ。

(1)

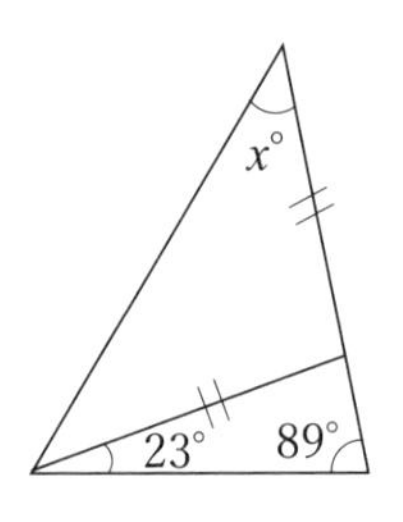

(2)　ＡＢ＝ＡＣ

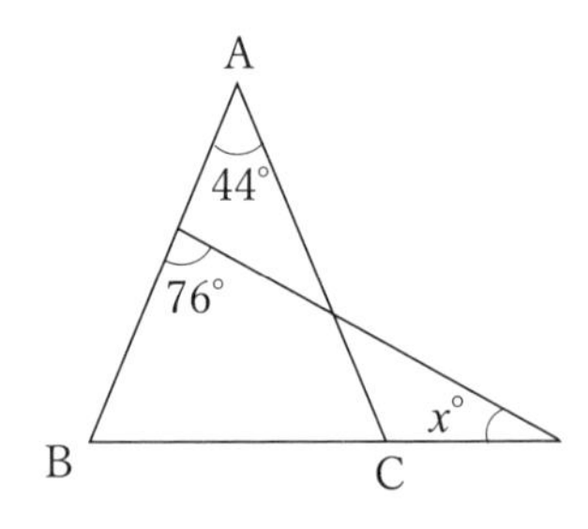

解答

(1)　右図のようになるから，

$23 + 89 = 112$

$x = (180 - 112) \div 2$

$= 34$

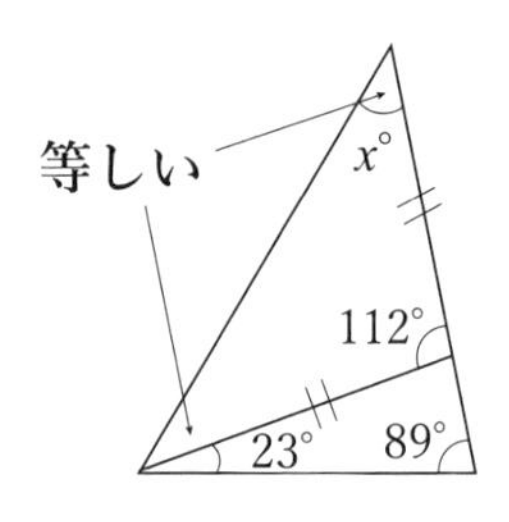

(2)　△ＡＢＣは二等辺三角形だから，∠ＡＢＣ

$= (180 - 44) \div 2 = 68°$

太枠の三角形の内角を利用して，

$x = 180 - (76 + 68)$

$= 180 - 144 = 36$

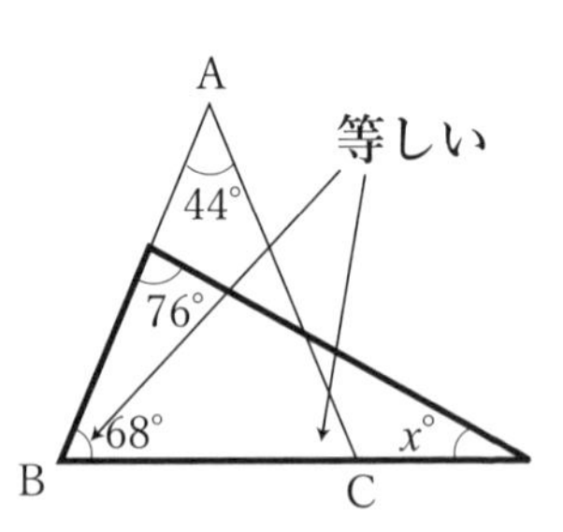

ポイント

２つの等しい角と三角形の内外角を自由に使えるようにしよう

練習問題４

∠xの大きさを求めよ。

(1)

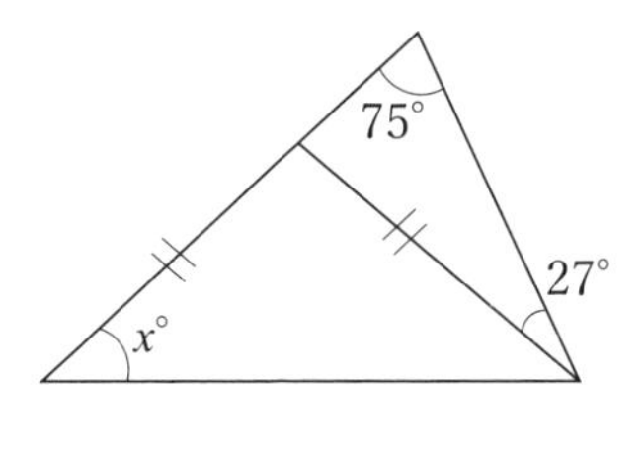

(2)

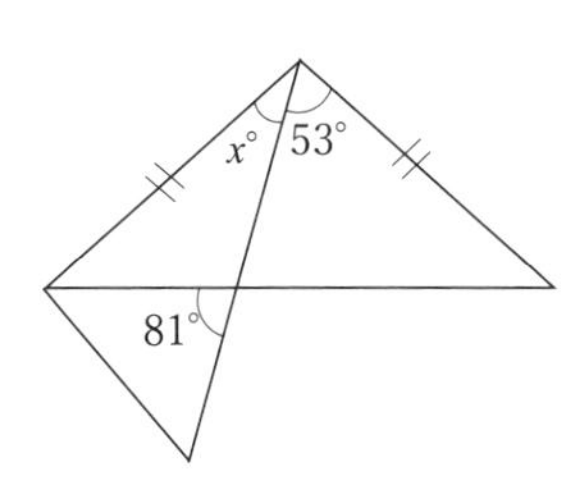

(3)　ＡＢ＝ＡＣ

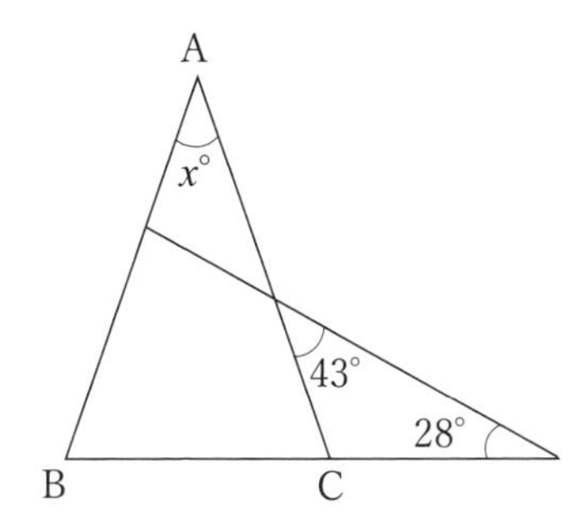

(4)　ＤＢ＝ＤＣ

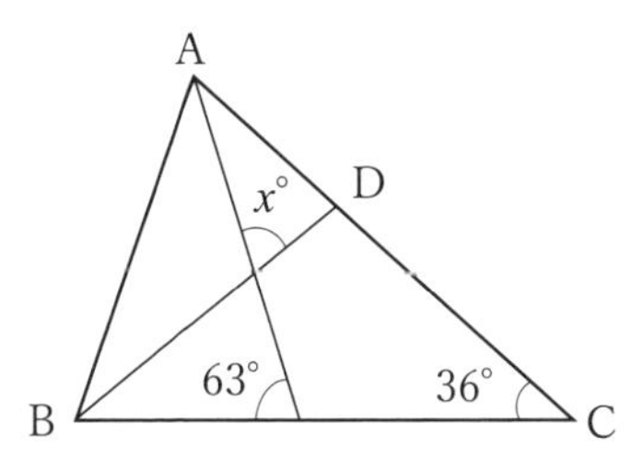

例題 5

$\angle x$ の大きさを求めよ。

(1)

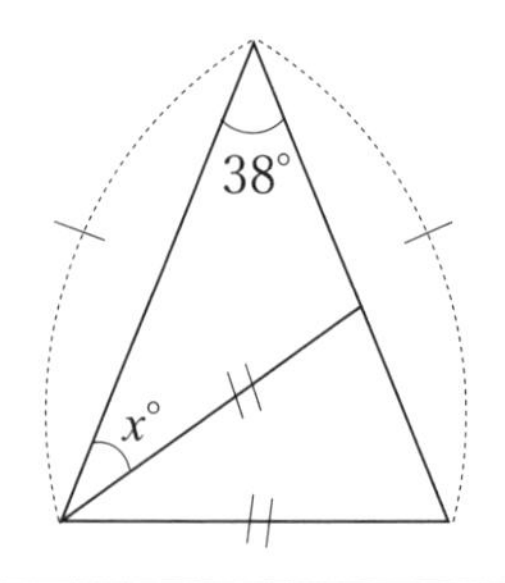

(2)

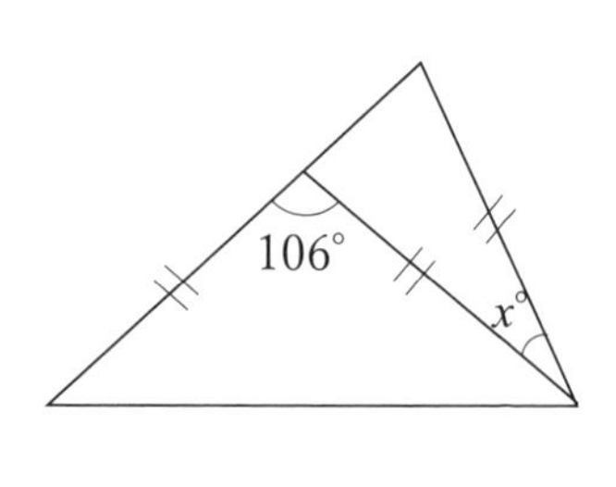

解答

(1)　△ＡＢＣは二等辺三角形だから，

$\angle \mathrm{BCA} = \angle \mathrm{BDC} = 71°$

太枠の三角形の外角を利用して，

$x = 71 - 38 = 33$

(2)　右図のように，太枠の二等辺三角形の外角を利用して，

$x = 106 - 74$

$= 32$

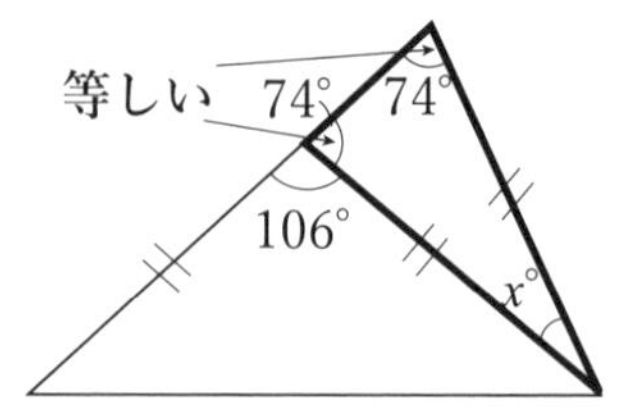

ポイント

二等辺三角形の組み合わせでも，等しい２つの角に注目しよう

練習問題5

$\angle x$の大きさを求めよ。

(1)

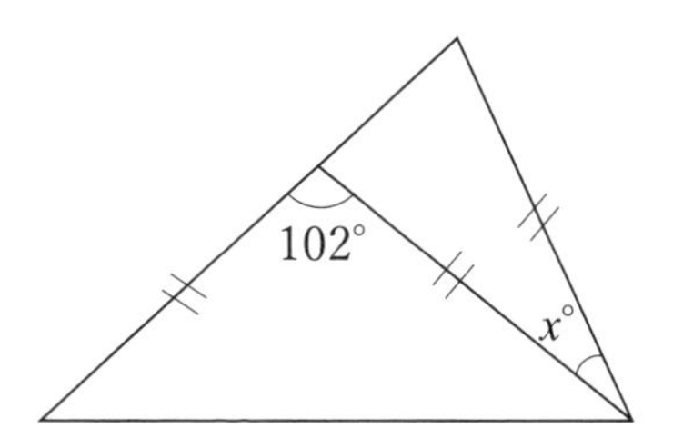

(2)

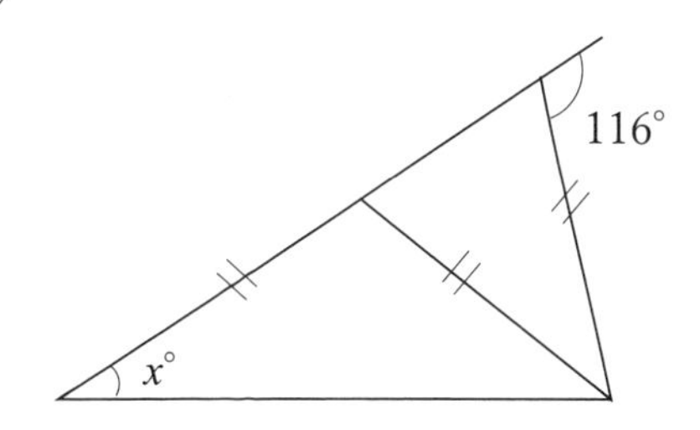

(3)

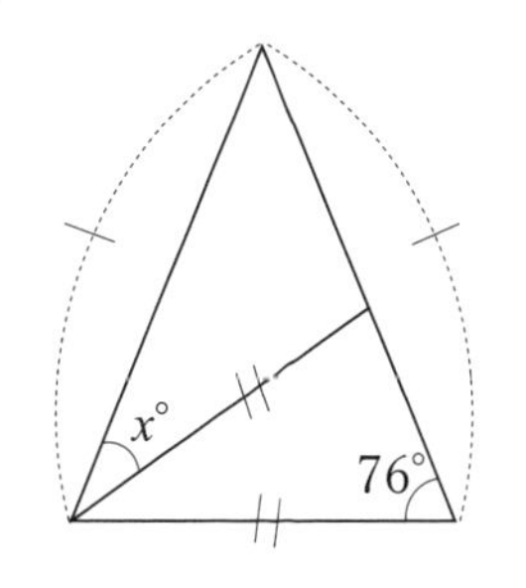

(4)

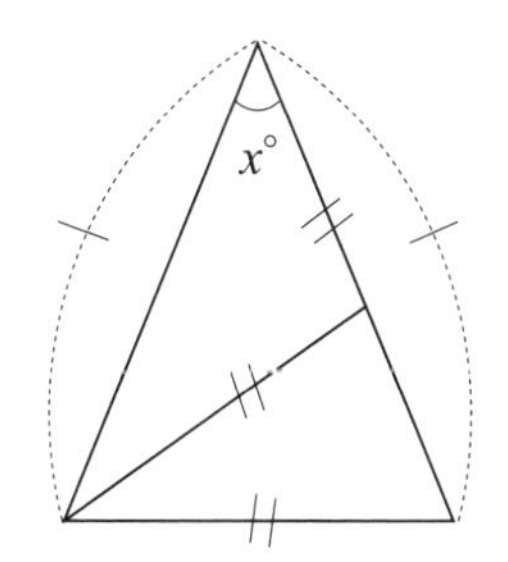

例題 6

平行四辺形において，$\angle x$ の大きさを求めよ。

(1)

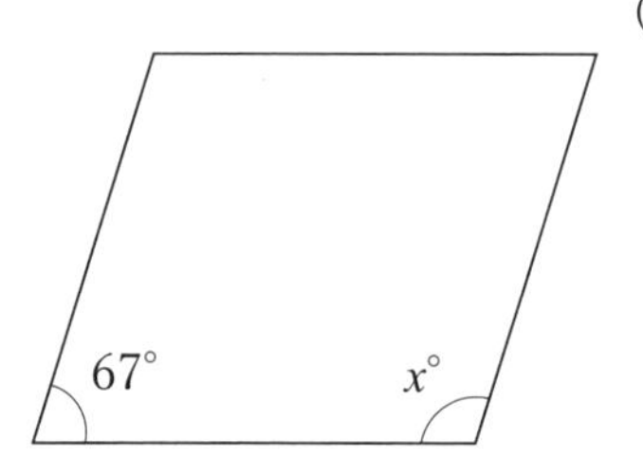

(2)

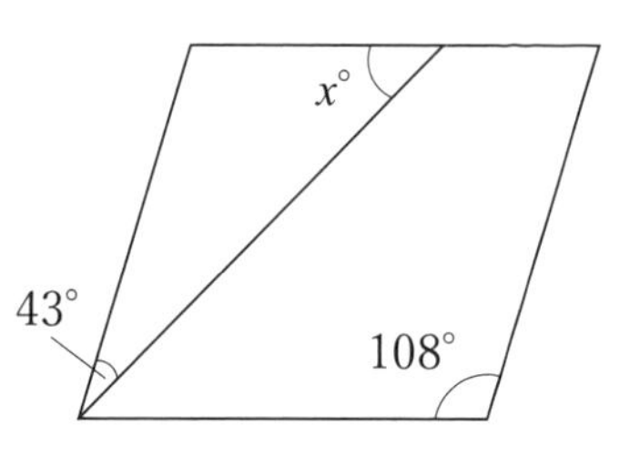

解答

平行四辺形では，

$\angle a = \angle c$，$\angle b = \angle d$

$\angle a + \angle b = \angle a + \angle d$

$= \angle c + \angle b = \angle c + \angle d = 180°$

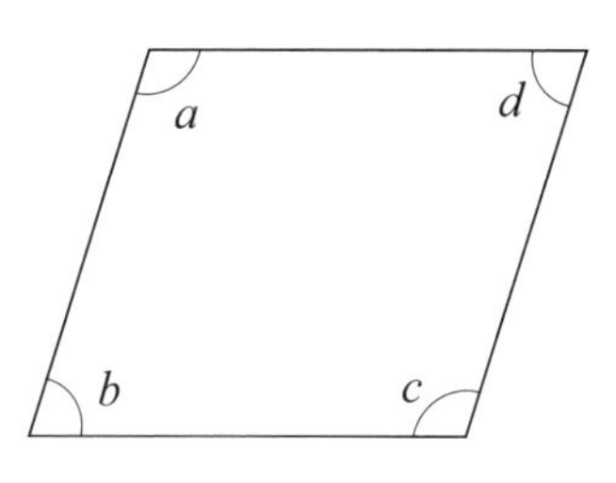

(1)　$x = 180 - 67 = 113$

(2)　対辺は平行だから，錯角が等しいことを利用し $\angle x$ を移して，

$43 + x = 180 - 108$

$43 + x = 72$

$x = 72 - 43 = 29$

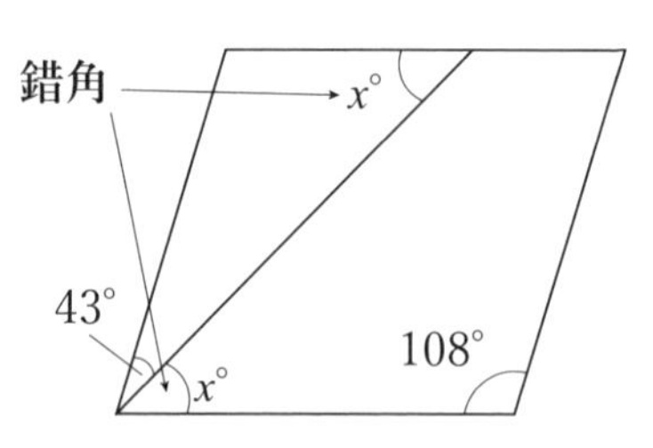

ポイント

平行四辺形のとなり合う角の和は 180° を利用しよう

練習問題6

平行四辺形において，$\angle x$ の大きさを求めよ。

(1)

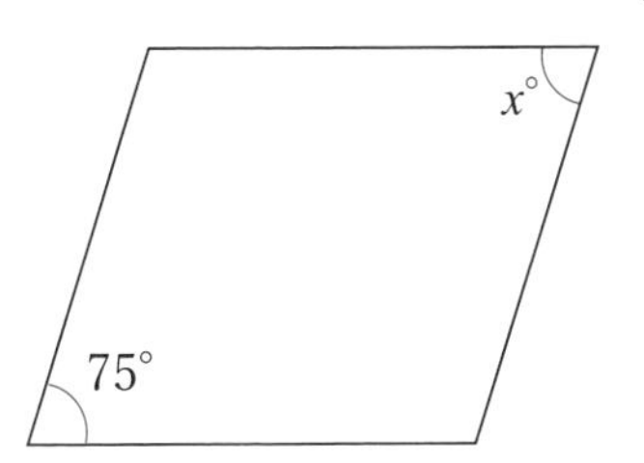

(2)

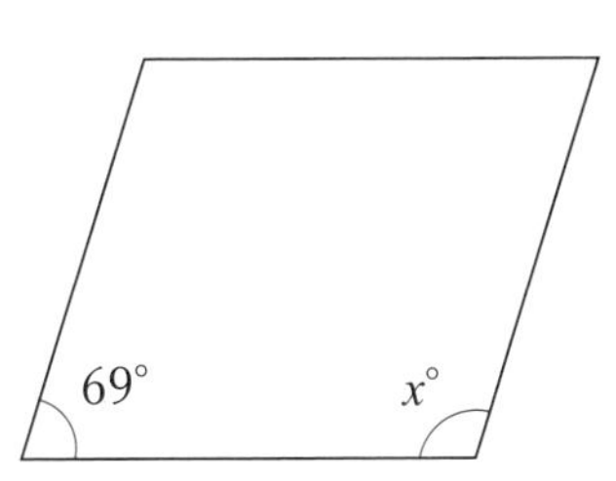

(3)

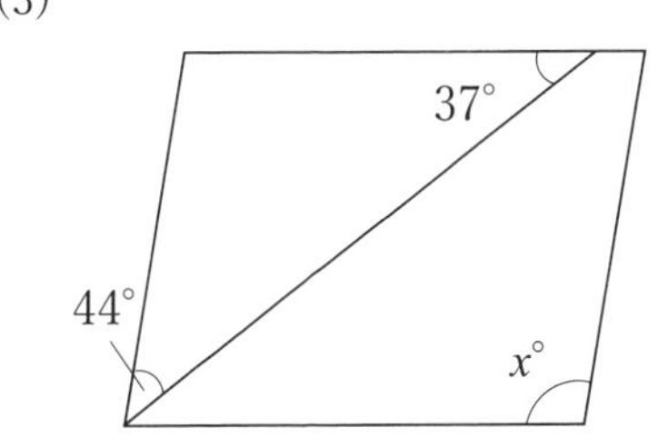

(4)

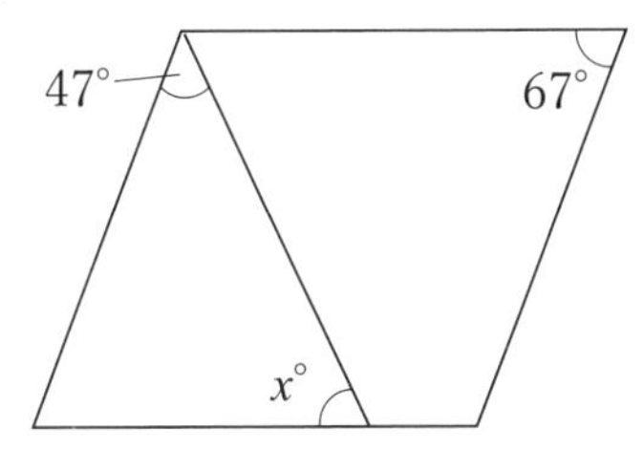

例題 7

平行四辺形において，$\angle x$ の大きさを求めよ。

(1)

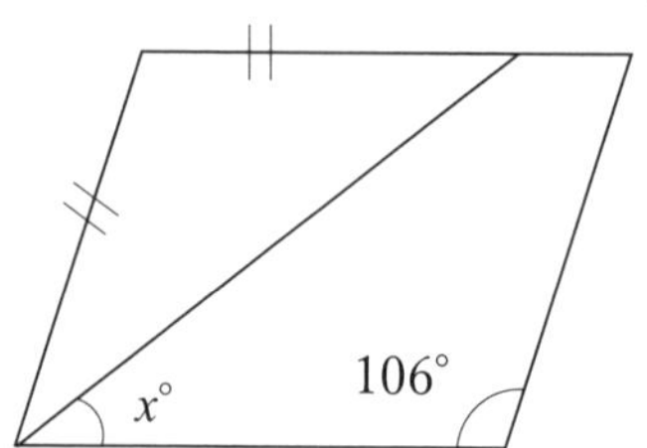

(2)

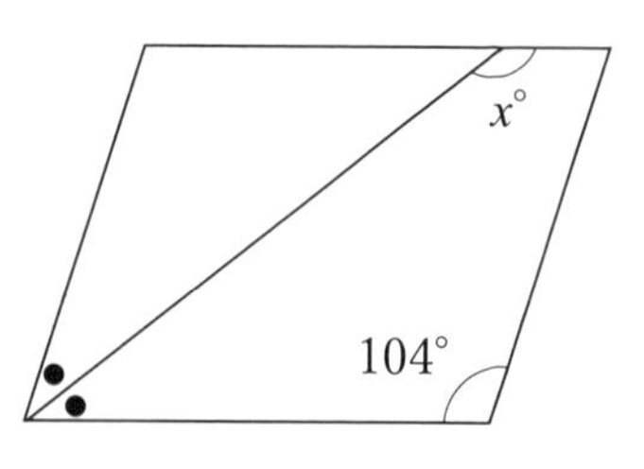

解答

(1)　平行四辺形の対角は等しく，また対辺は平行だから錯角を利用して右図のようになる。

$x = (180 - 106) \div 2$
$= 74 \div 2 = 37$

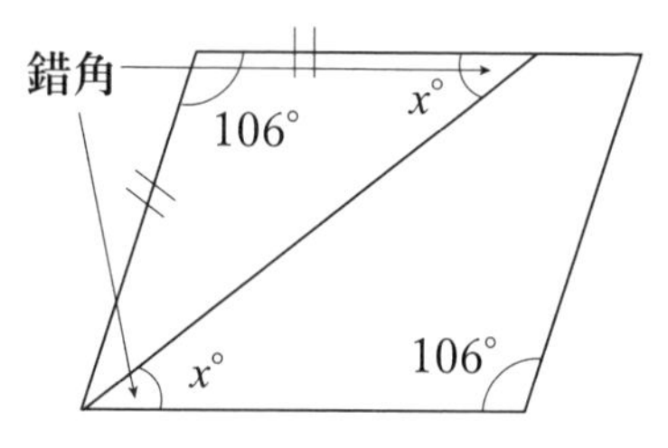

(2)　平行四辺形の対角は等しく，また対辺は平行だから錯角を利用して右図のようになる。

● $= (180 - 104) \div 2$
$= 76 \div 2 = 38$

$x = 180 - 38 = 142$

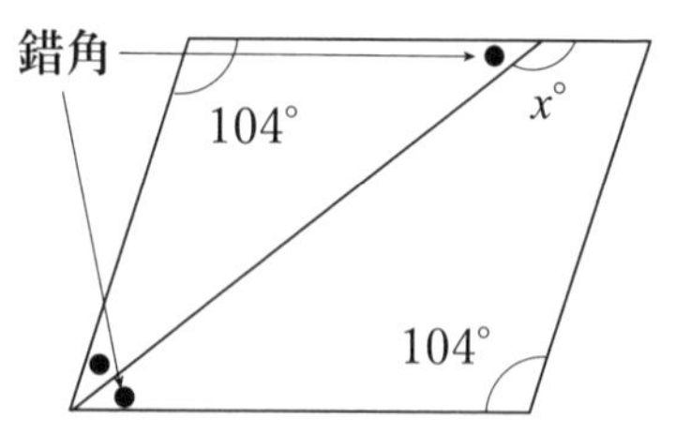

ポイント

平行四辺形の対角が等しいことと，平行線の錯角を利用しよう

練習問題 7

平行四辺形において，$\angle x$ の大きさを求めよ。

(1)

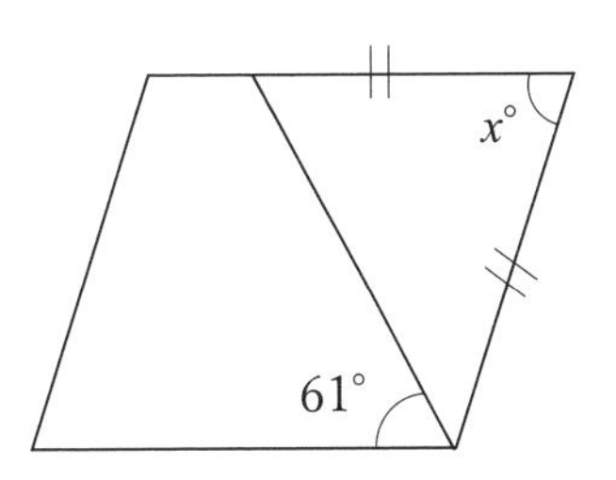

(2)

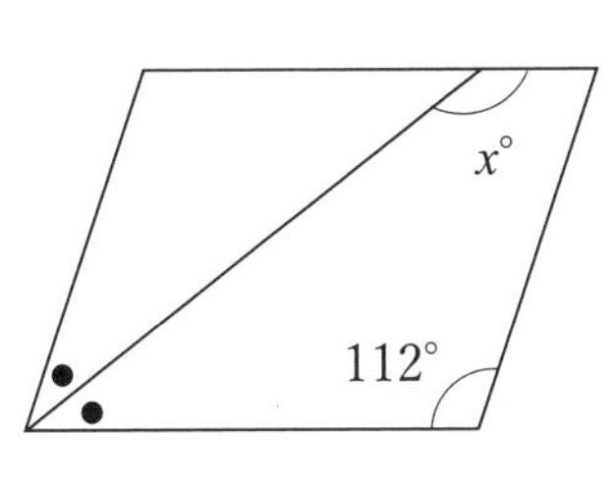

(3)

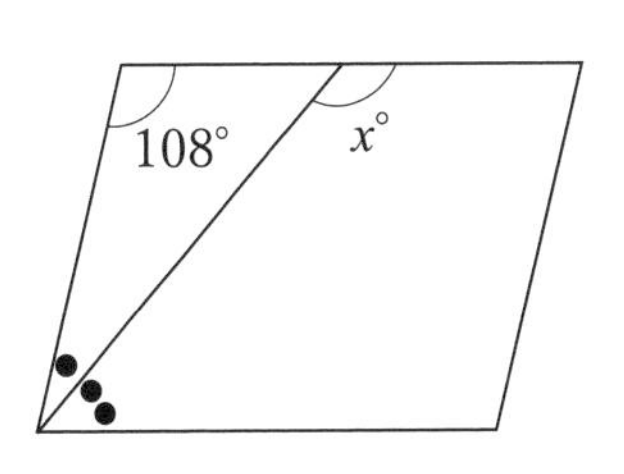

(4)

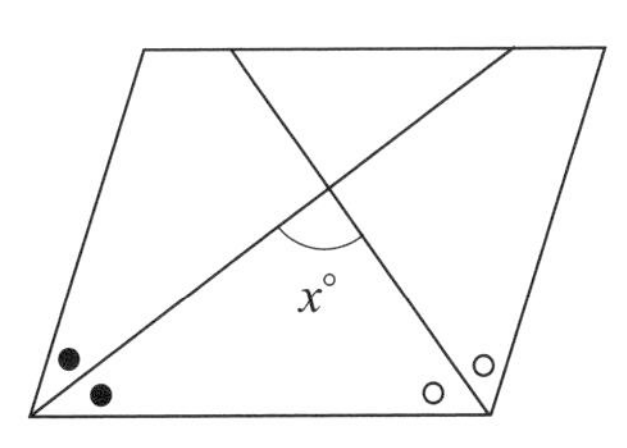

例題 8

平行四辺形において，$\angle x$ の大きさを求めよ。

(1)

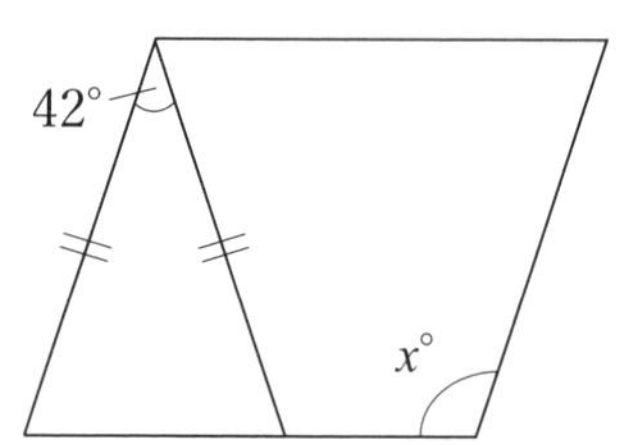

(2)

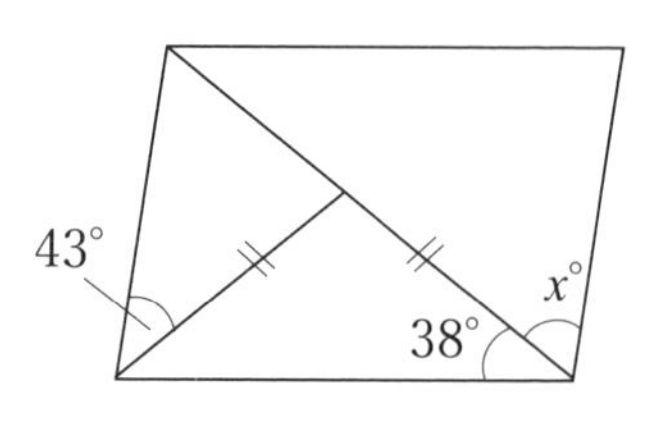

解答

(1)　太枠の二等辺三角形から，

$(180 - 42) \div 2 = 69$

平行四辺形のとなり合う角の和は 180° だから，$x = 180 - 69 = 111$

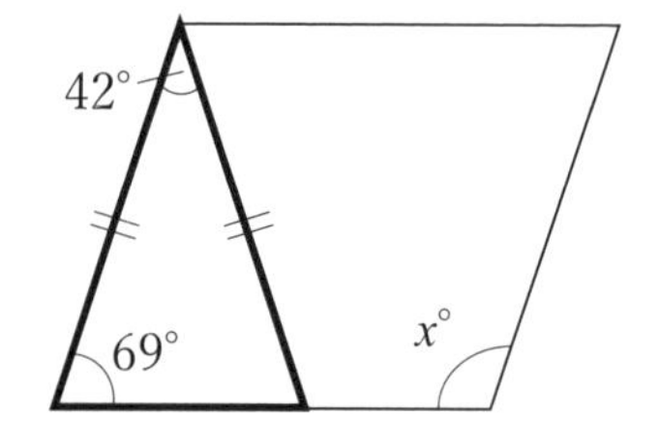

(2)　二等辺三角形と平行線の錯角などから右図のようになり，太枠の三角形の内角の和から，

$x = 180 - (43 + 76)$
$= 180 - 119 = 61$

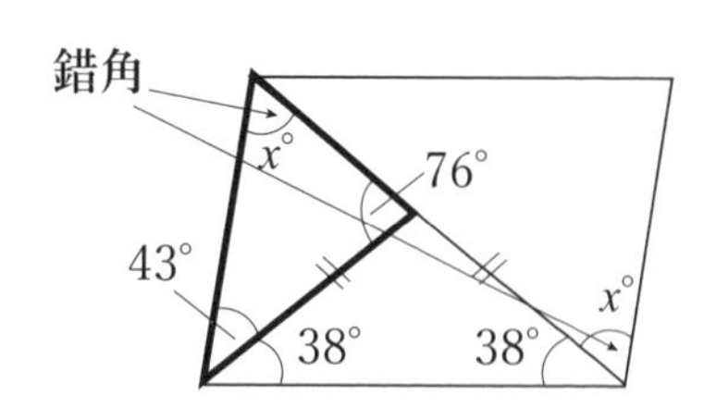

ポイント

平行四辺形内でも二等辺三角形の 2 角が等しいことを使おう

練習問題８

平行四辺形において，$\angle x$ の大きさを求めよ。

(1)

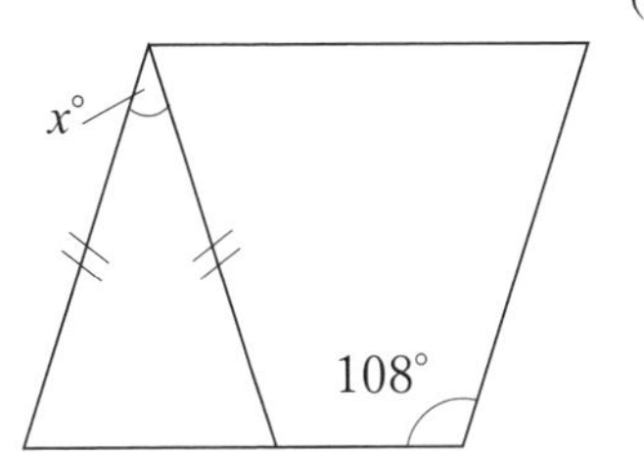

(2)

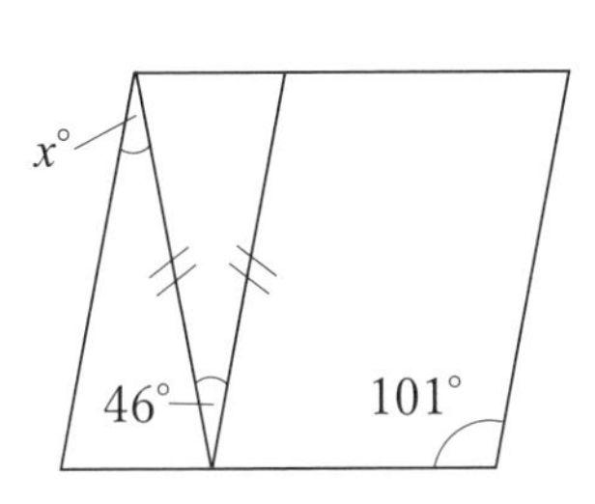

(3)

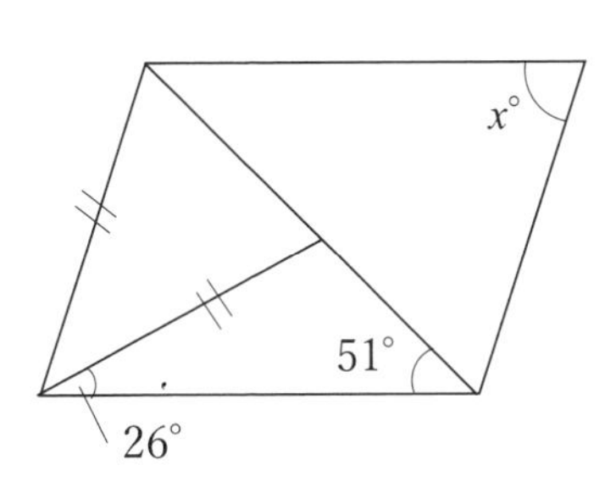

(4)

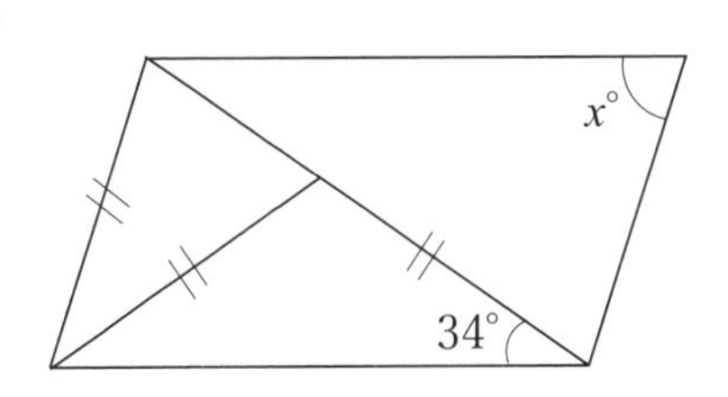

例題 9

正五角形において，$\angle x$ の大きさを求めよ。

(1)

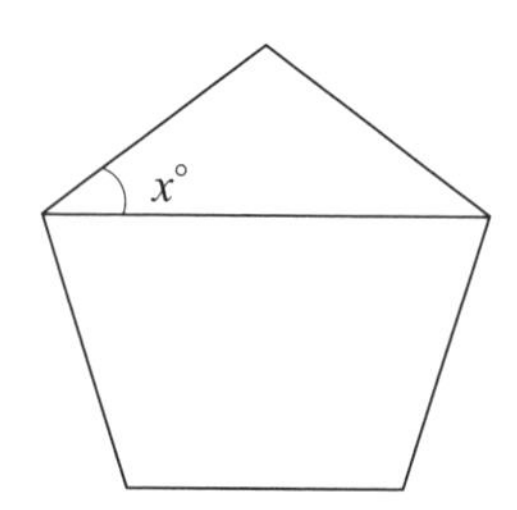

(2)

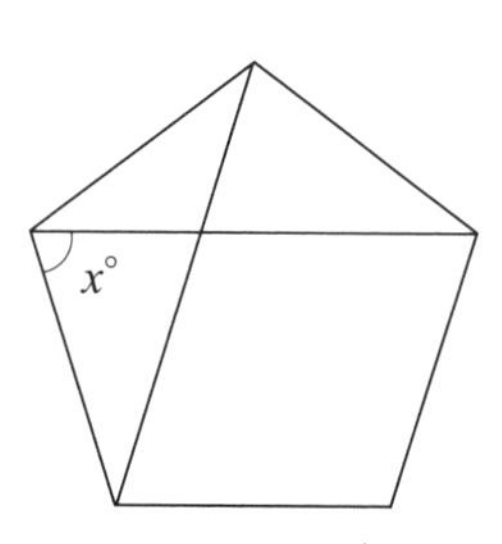

解答

正五角形の 1 つの内角は，

$\{180 \times (5 - 2)\} \div 5 = 180 \times 3 \div 5 = 108°$

(1)　太枠の二等辺三角形の内角の和を利用して，

$x = (180 - 108) \div 2$

$= 36$

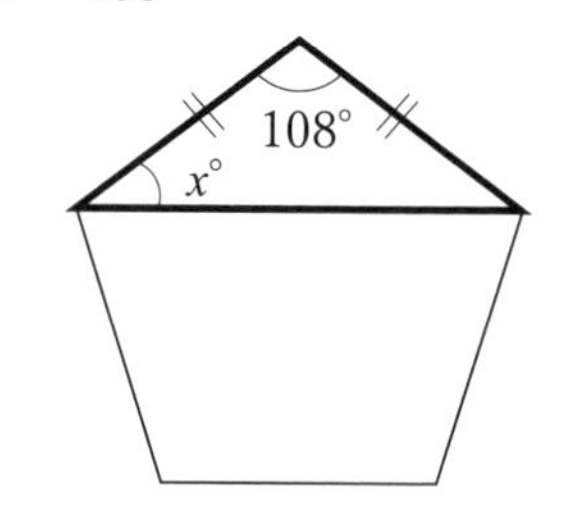

(2)　太枠の二等辺三角形に着目すると，(1) から，

$x = 108 - 36$

$= 72$

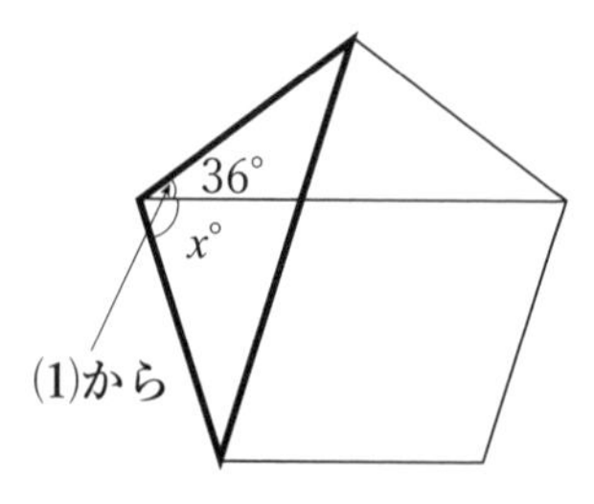

ポイント

正五角形の 108° や 36° は頭の中に入れておこう

練習問題9

正五角形において，$\angle x$ の大きさを求めよ。

(1)

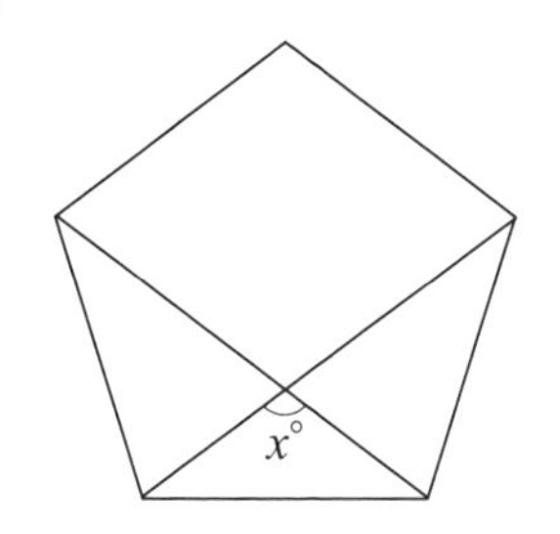

(2)

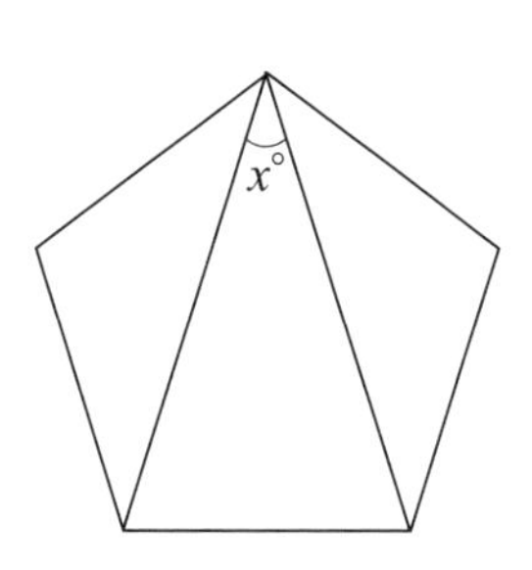

(3)

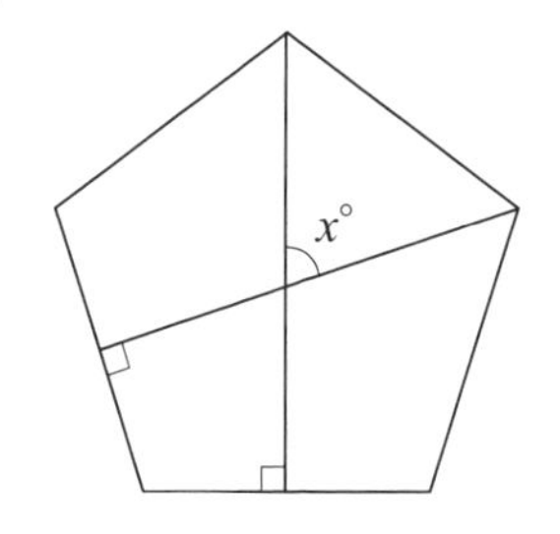

(4)

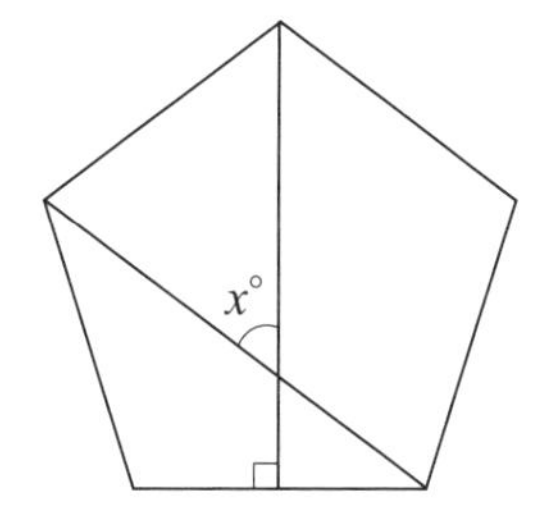

例題 10

　$\angle x$ の大きさを求めよ。

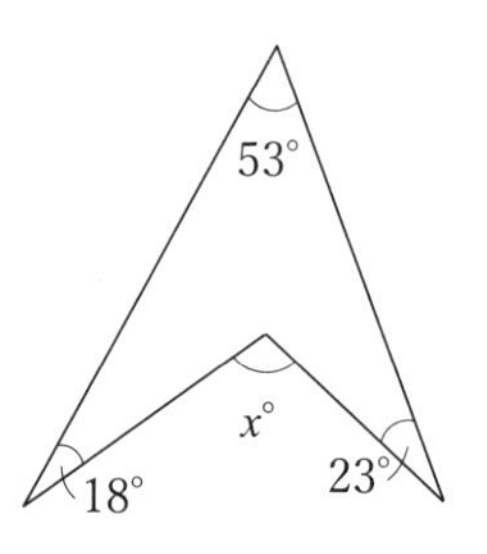

解答

　△ABEの外角を利用して,

$\angle DEB = 53 + 18 = 71°$

　続いて△DCEの外角から,

　$x = 71 + 23 = 94$

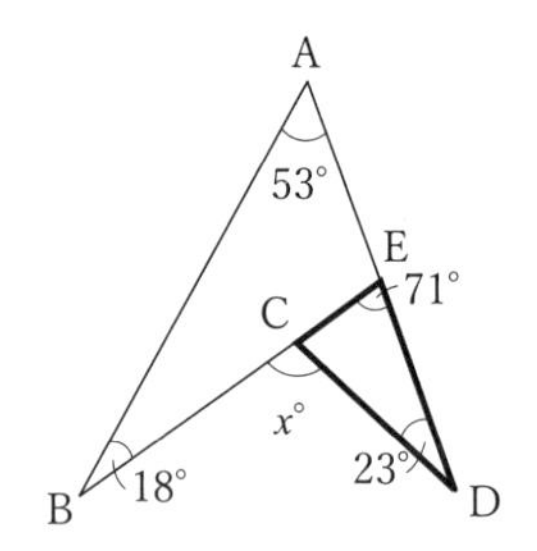

［別解］

　∠BCD

＝∠FCB＋∠FCD

＝(●＋18°)＋(○＋23°)

＝●＋○＋41°

＝53°＋41°＝94°

　$x = 94$

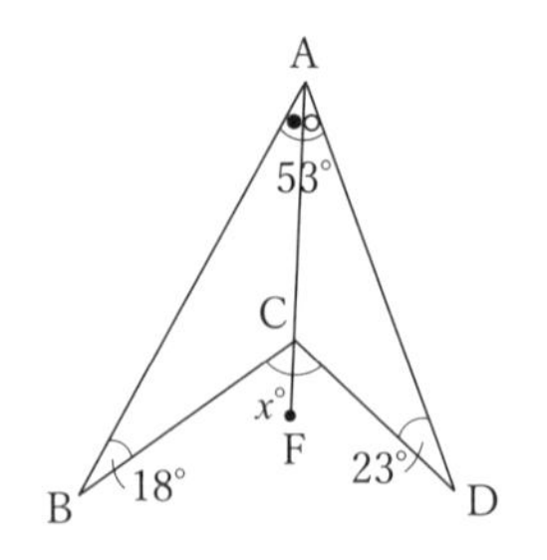

ポイント

矢じり型では三角形の外角を意識しよう

練習問題 10

∠xの大きさを求めよ。

(1)

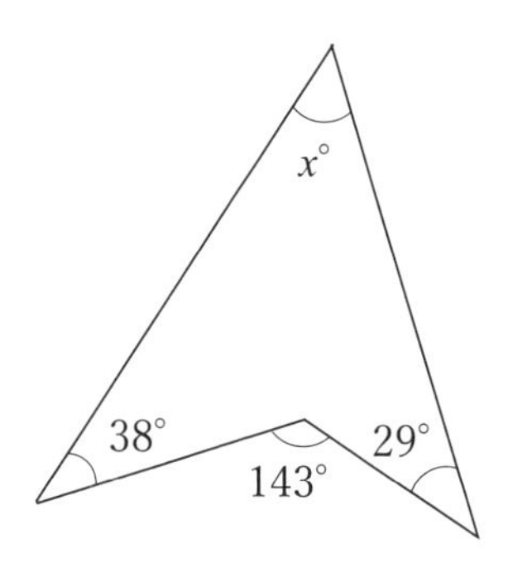

(2)

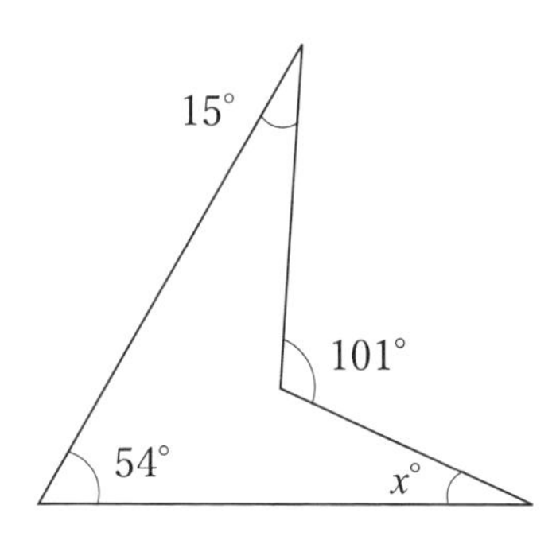

(3)

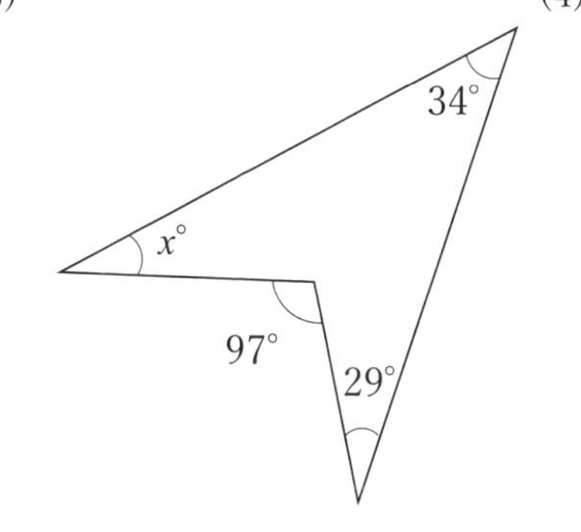

(4)

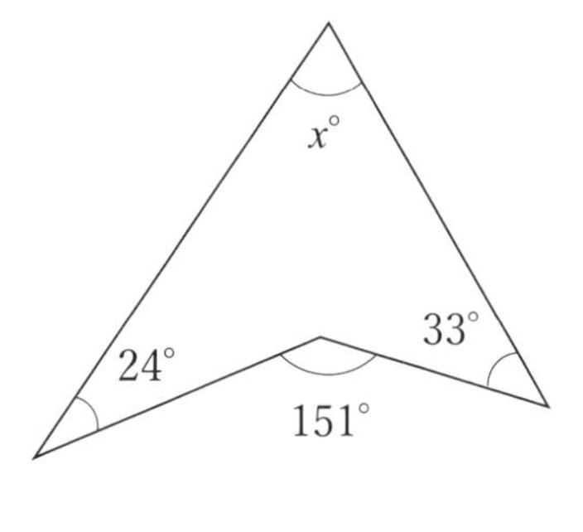

例題 11

$\angle x$ の大きさを求めよ。

(1) (2)

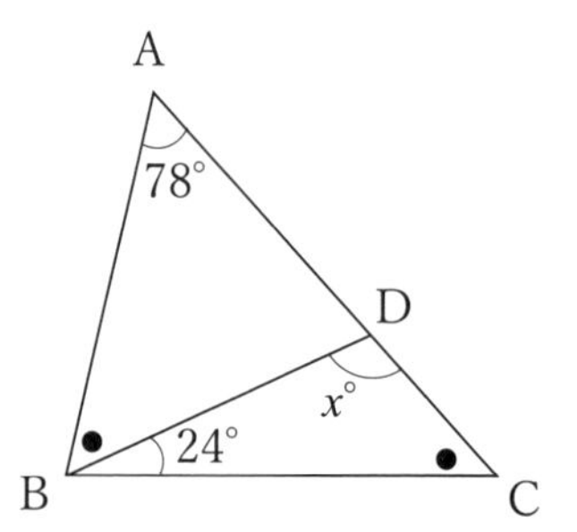

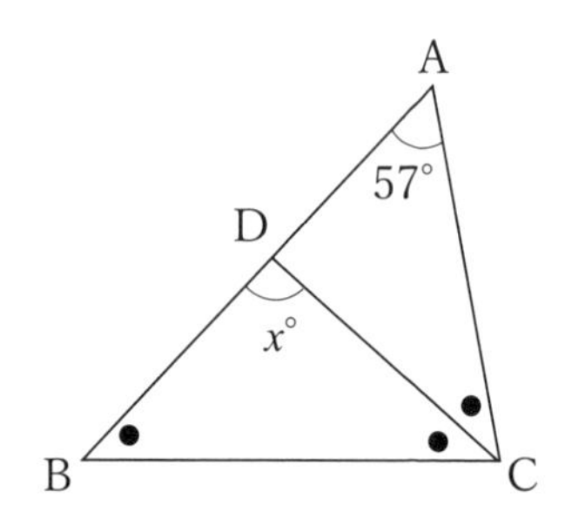

解答

(1) △ＡＢＣの内角の和を利用して，

2●＋ 78 ＋ 24 ＝ 180

2●＝ 180 － 102 ＝ 78， ●＝ 39

△ＤＢＣの内角の和を利用して，

x ＝ 180 －（24 ＋●）＝ 180 －（24 ＋ 39）＝ 180 － 63 ＝ 117

(2) △ＡＢＣの内角の和を利用して，

3●＋ 57 ＝ 180，

3●＝ 123， ●＝ 41

△ＤＢＣの内角の和を利用して，

x ＝ 180 － 2●＝ 180 － 2 × 41 ＝ 98

ポイント

三角形の内角の和を利用しながら●を使った方程式を立てよう

練習問題 11

∠xの大きさを求めよ。

(1)

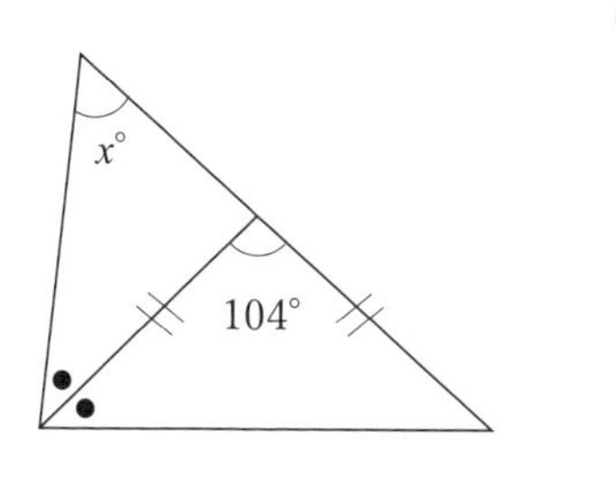

(2)

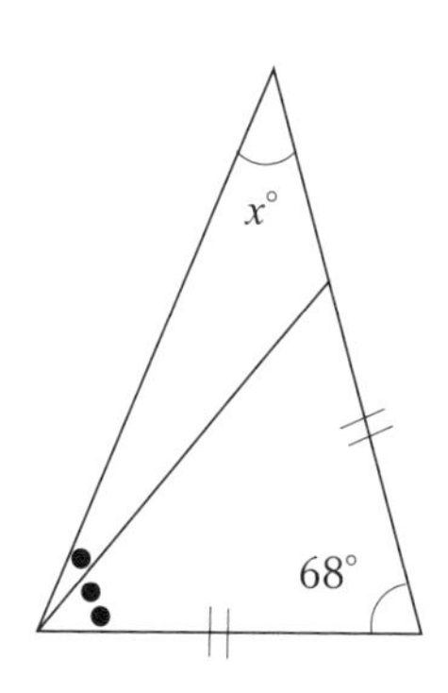

(3)

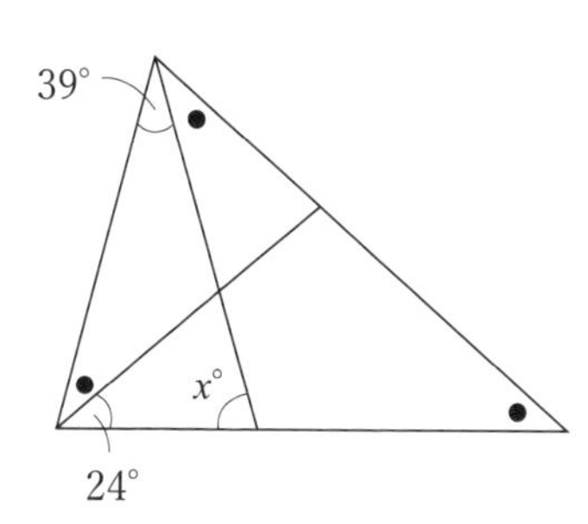

(4)

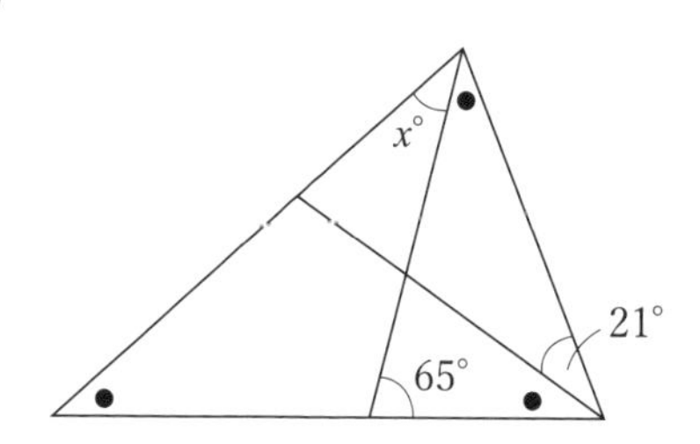

例題 12

$\angle x$ の大きさを求めよ。

(1)

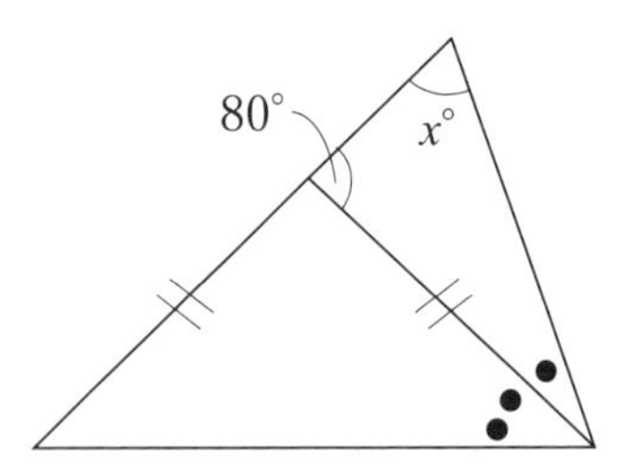

(2)

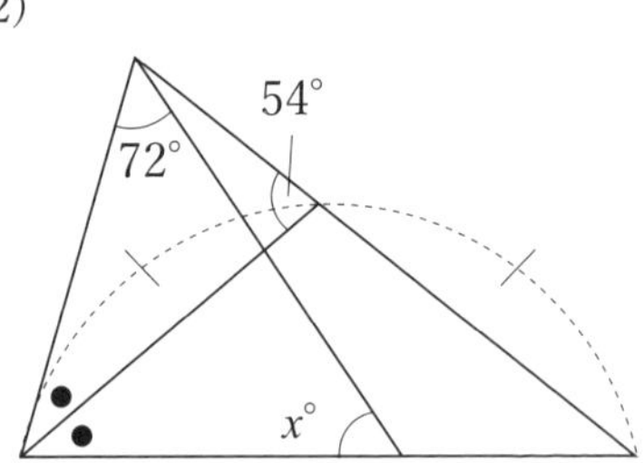

解答

(1)　太枠の二等辺三角形の外角を利用すれば，

$4● = 80$，$● = 20$，

三角形の内角の和から，

$x = 180 - 5● = 180 - 5 \times 20$
$= 180 - 100 = 80$

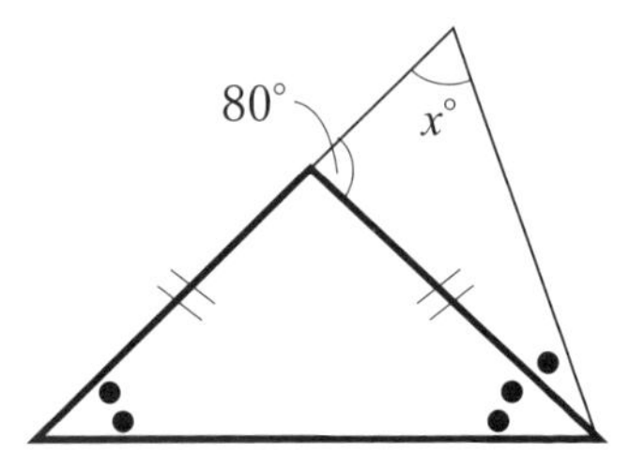

(2)　太枠の二等辺三角形の外角を利用すれば，

$2● = 54$

三角形の内角の和から，

$x = 180 - (2● + 72)$
$= 180 - (54 + 72)$
$= 180 - 126 = 54$

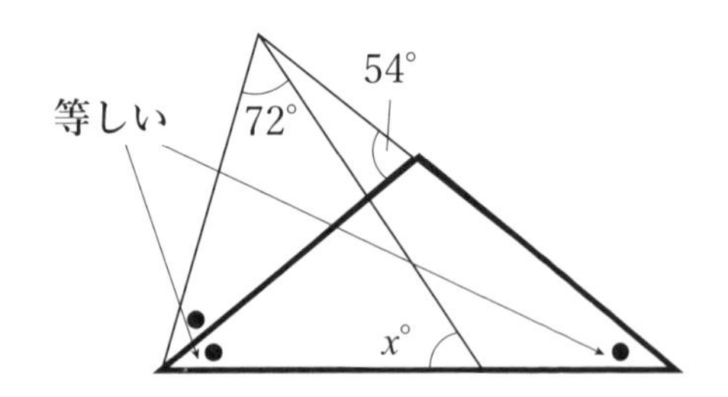

ポイント

二等辺三角形の性質を使って●を求めよう

練習問題 12

∠xの大きさを求めよ。

(1)

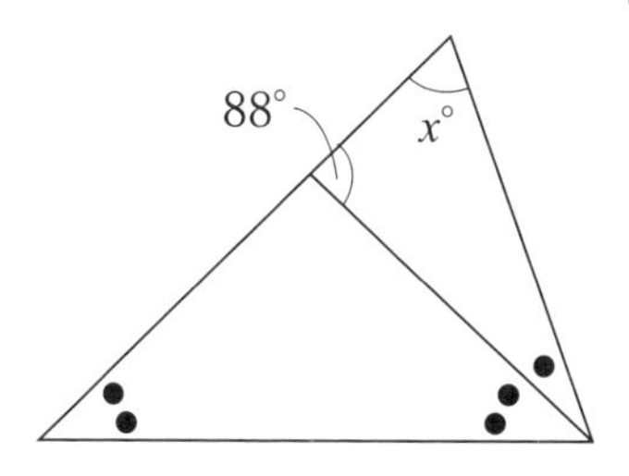

(2)

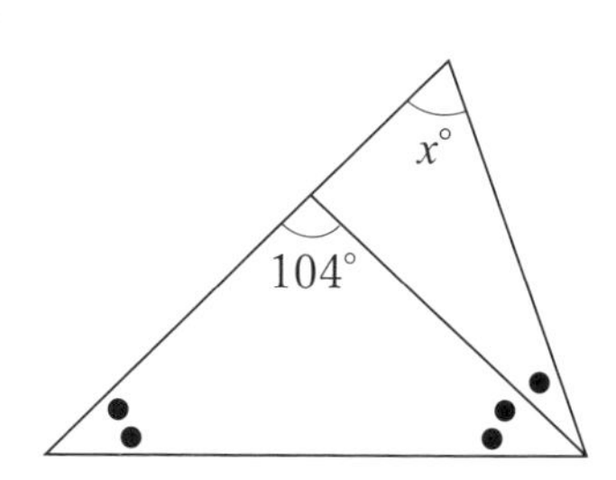

(3)

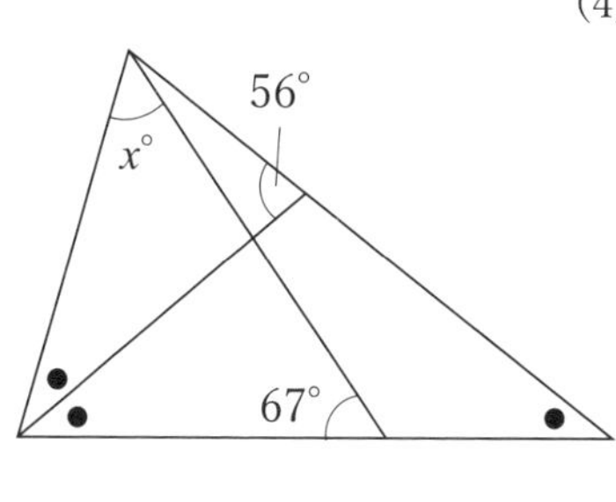

(4)

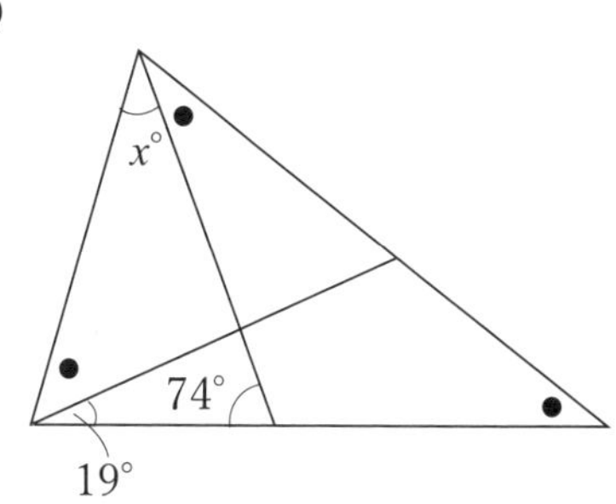

例題 13

$\angle x$ の大きさを求めよ。

(1)

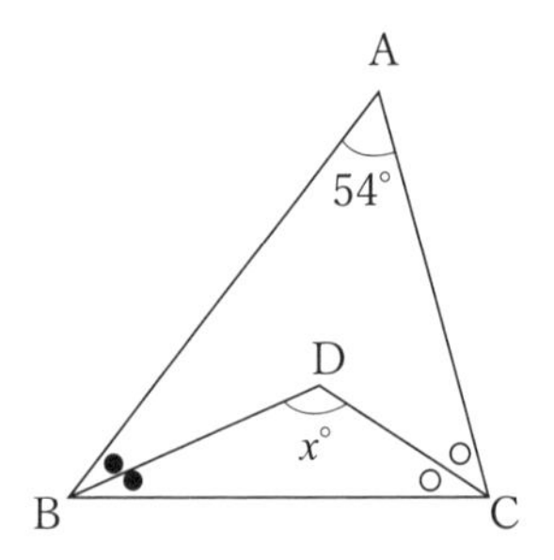

(2)

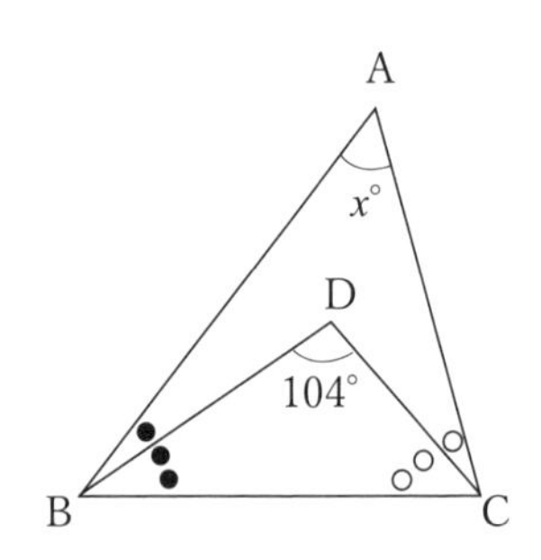

解答

(1)　△ＡＢＣの内角の和を利用して,

2●＋２○＋54＝180

2●＋２○＝126,　●＋○＝63

△ＤＢＣの内角の和を利用して,

x ＝180－(●＋○)＝180－63＝117

(2)　△ＤＢＣの内角の和を利用して,

2●＋２○＋104＝180

2●＋２○＝76,　●＋○＝38

△ＡＢＣの内角の和を利用して,

x ＋3(●＋○)＝180

x ＝180－3(●＋○)＝180－3×38＝66

ポイント

(●＋○)の値が決まるように，内角の和を使った方程式を立てよう

練習問題 13

∠xの大きさを求めよ。

(1)

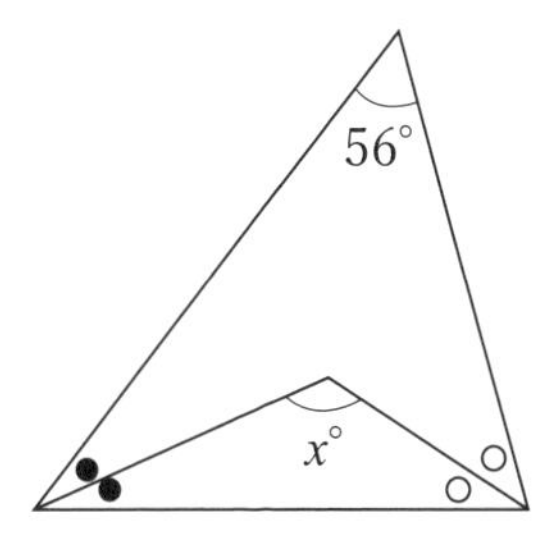

(2)

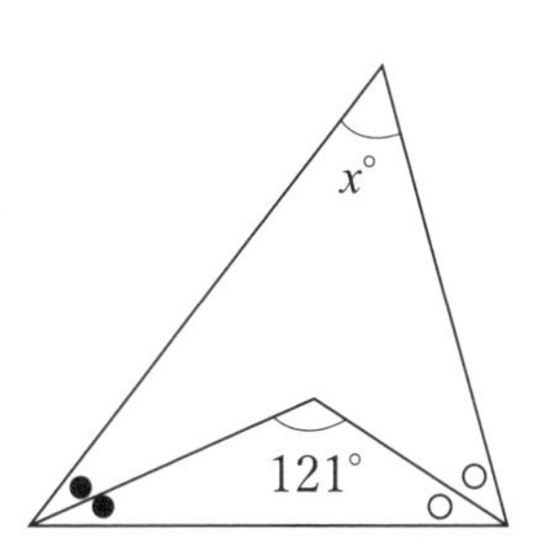

(3)

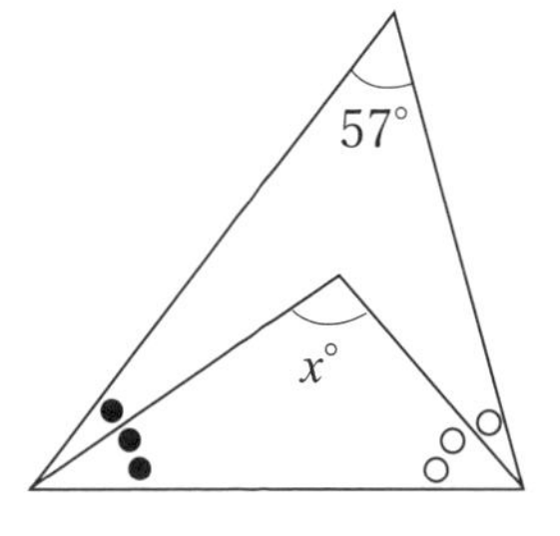

(4)

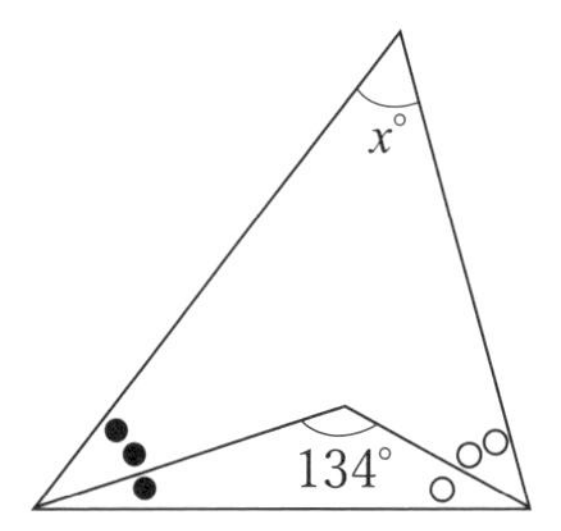

例題 14

∠ x の大きさを求めよ。

(1)

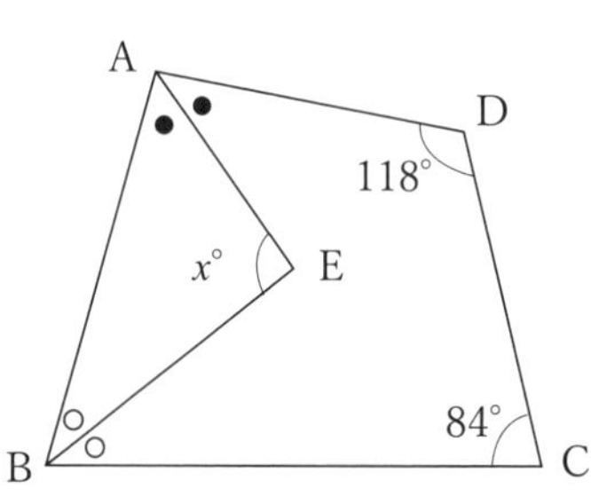

(2)

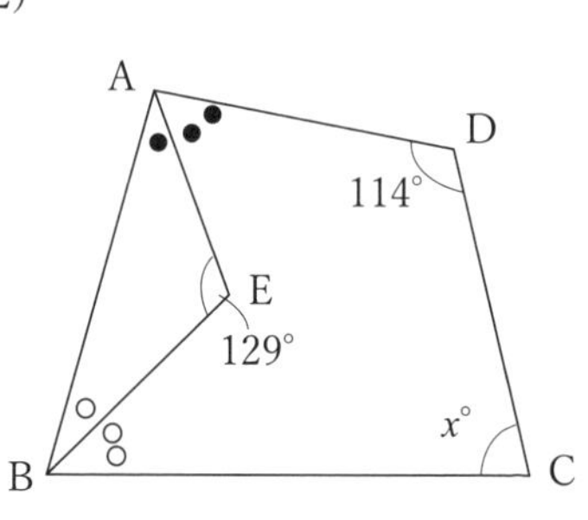

解答

(1)　四角形ＡＢＣＤの内角の和を利用して，

2●＋2○＋84＋118＝360，

2●＋2○＝360－202，2●＋2○＝158，●＋○＝79

△ＡＢＥの内角の和を利用して，

x＝180－(●＋○)＝180－79＝101

(2)　△ＡＢＥの内角の和を利用して，

●＋○＋129＝180

●＋○＝180－129，●＋○＝51

四角形ＡＢＣＤの内角の和を利用して，

3(●＋○)＋x＋114＝360

x＝360－3(●＋○)－114

＝360－3×51－114＝93

ポイント

四角形でも（●＋○）をセットにして方程式を立てよう

練習問題 14

$\angle x$ の大きさを求めよ。

(1)

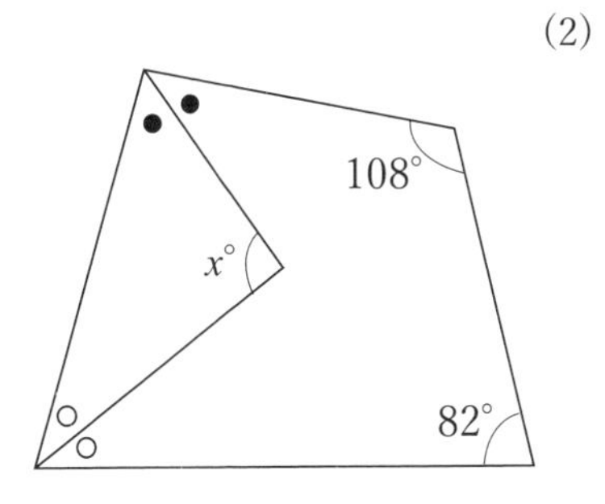

(2)

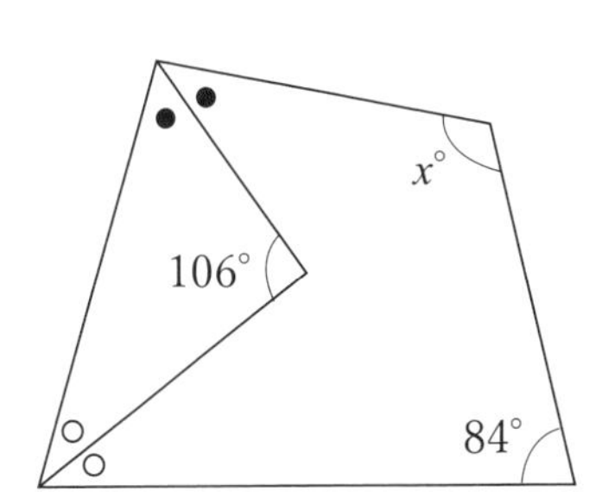

(3)

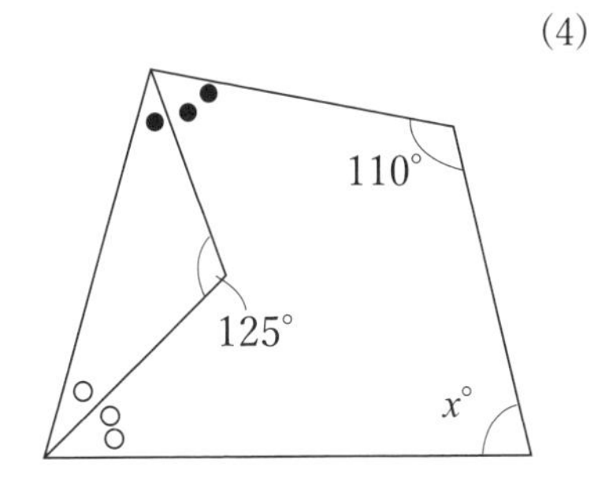

(4)

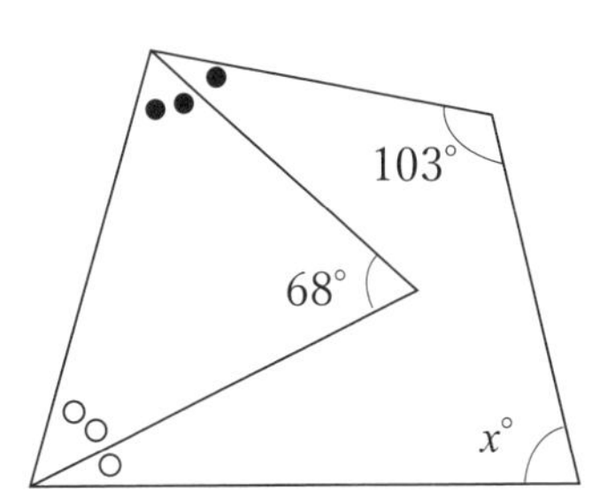

例題 15

∠xの大きさを求めよ。

(1)

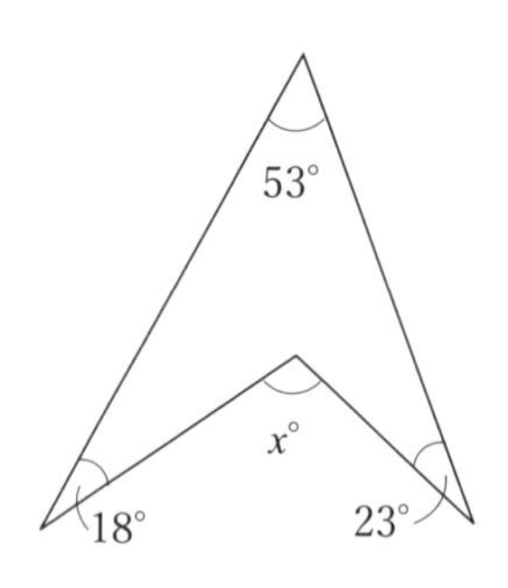

(2)

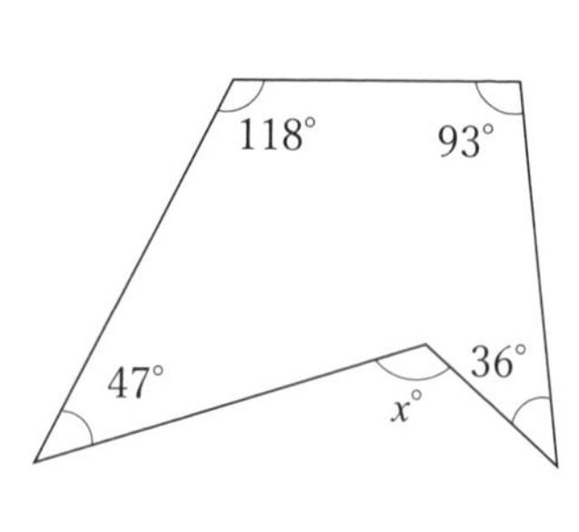

解答

(1)　△ＡＢＤの内角の和から,

●＋○＋ 18 ＋ 53 ＋ 23 ＝ 180

●＋○＋ 94 ＝ 180,　●＋○＝ 86

△ＣＢＤの内角の和を利用して,

x ＋（●＋○）＝ 180,

x ＋ 86 ＝ 180,　x ＝ 94

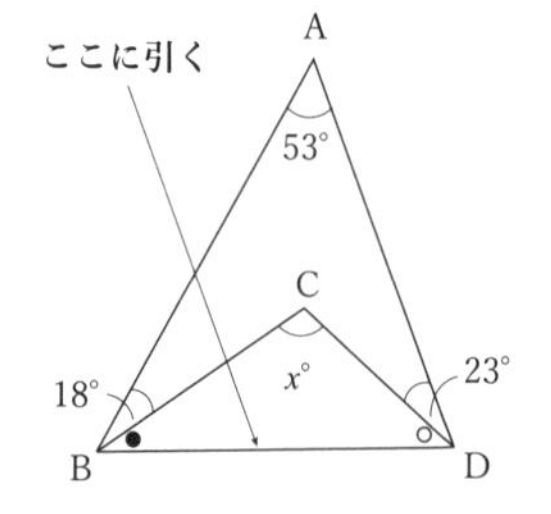

(2)　四角形ＡＢＤＥの内角の和から,

●＋○＋ 118 ＋ 47 ＋ 36 ＋ 93 ＝ 360

●＋○＝ 360 － 294,　●＋○＝ 66

△ＣＢＤの内角の和を利用して,

x ＋（●＋○）＝ 180,

x ＋ 66 ＝ 180,　x ＝ 114

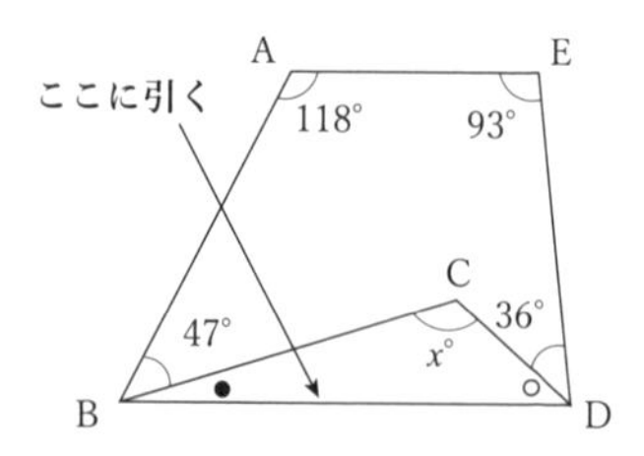

ポイント

凹みをうめて（●＋○）を求めよう

練習問題 15

$\angle x$ の大きさを求めよ。

(1)

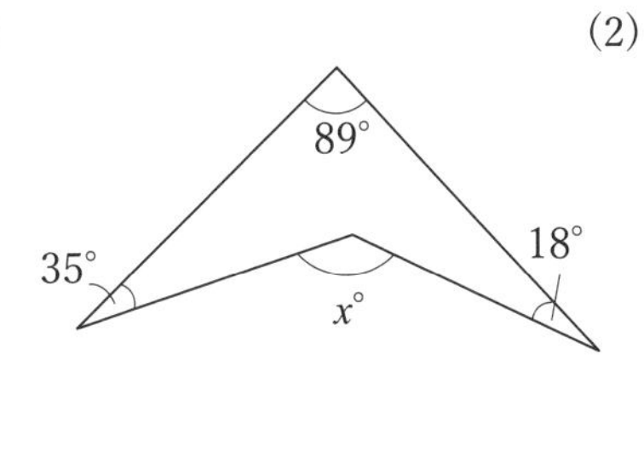

(2)

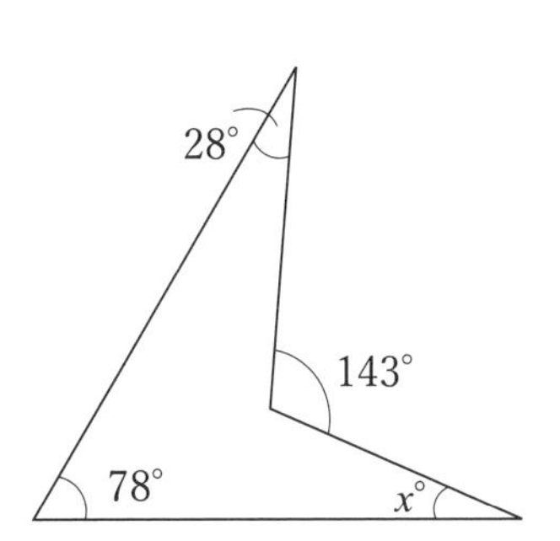

(3)

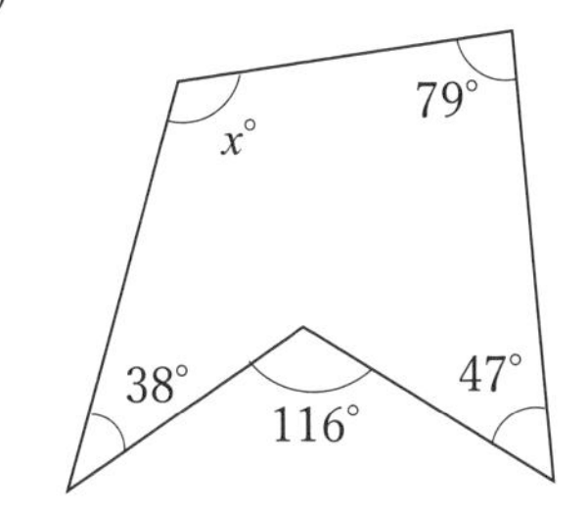

(4)

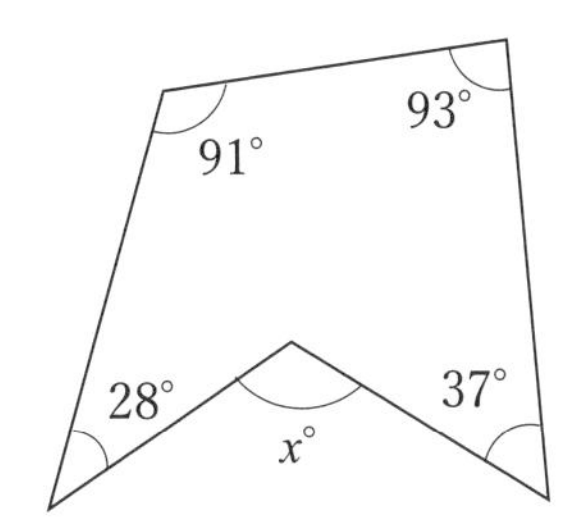

例題 16

$\angle x$ の大きさを求めよ。

(1)

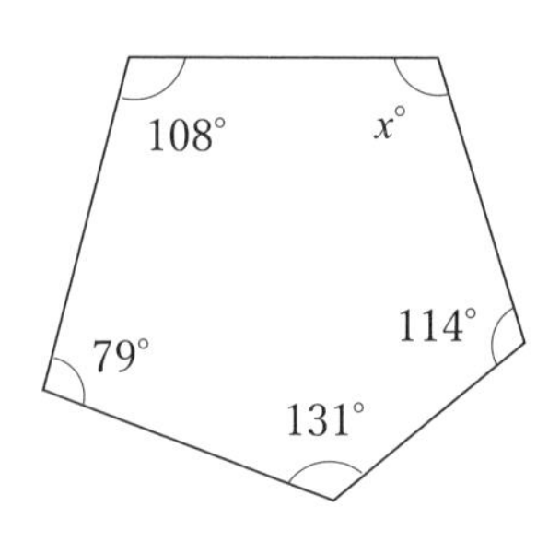

(2)

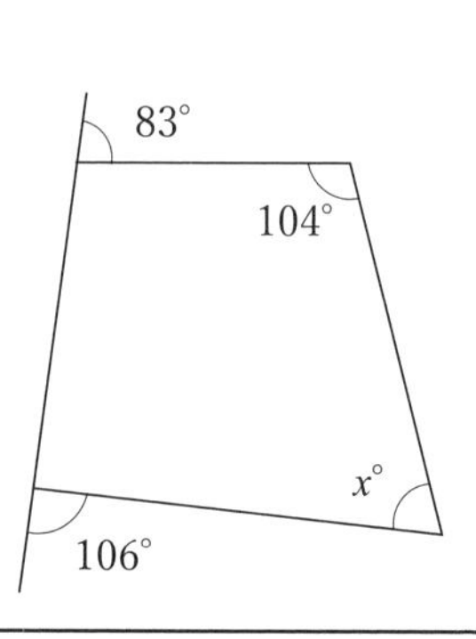

解答

(1) 五角形の内角の和は,

$180 \times 3 = 540$

このことから,

$x = 540 - (108 + 79 + 131 + 114)$

$= 540 - 432 = 108$

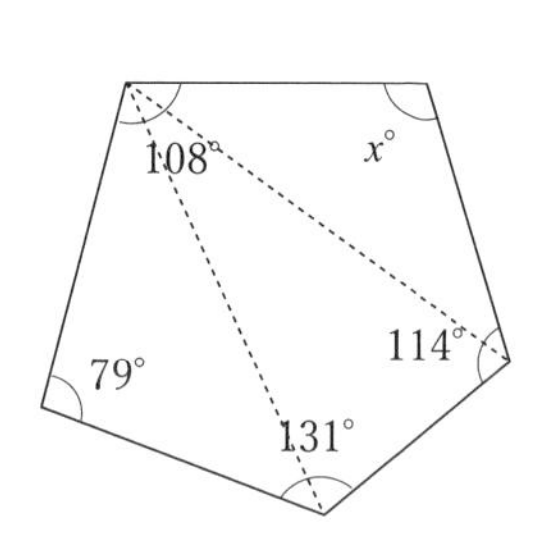

(2) 内角を求めると右図のようになるから,

$x = 360 - (97 + 74 + 104)$

$= 360 - 275 = 85$

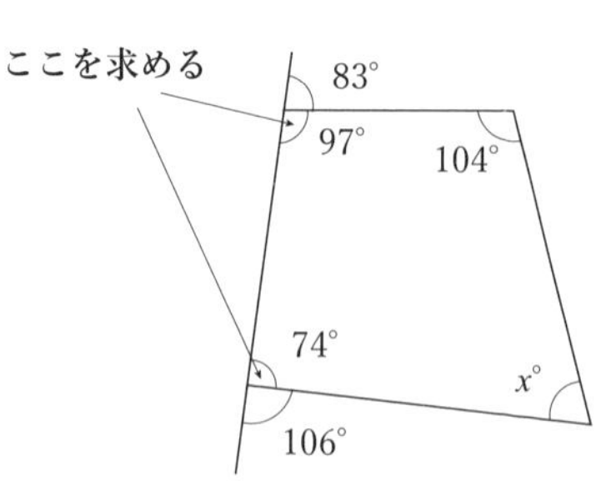

ポイント

多角形の内角の和を利用しよう

練習問題 16

$\angle x$ の大きさを求めよ。

(1)

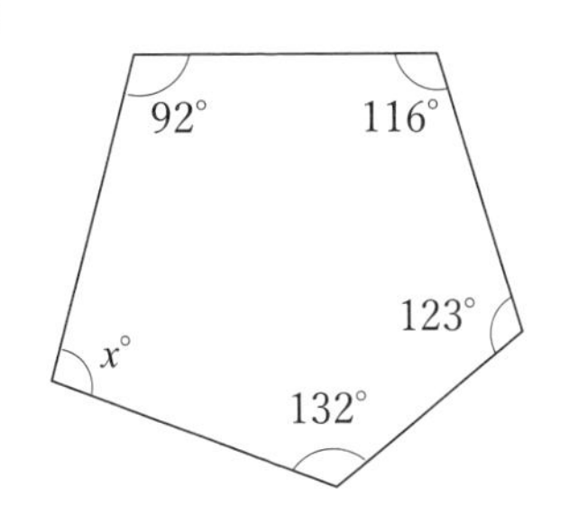

(2)

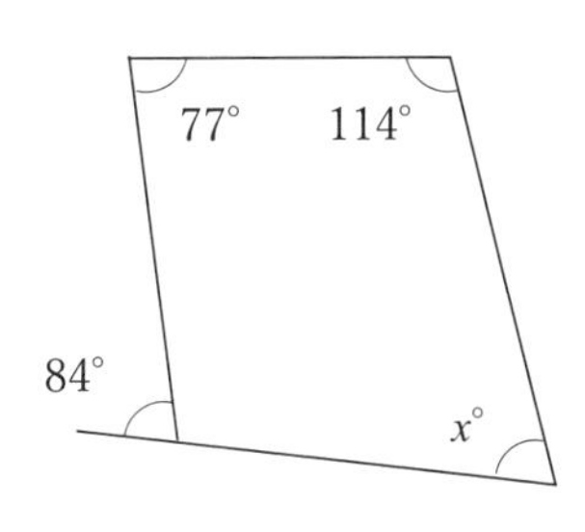

(3)

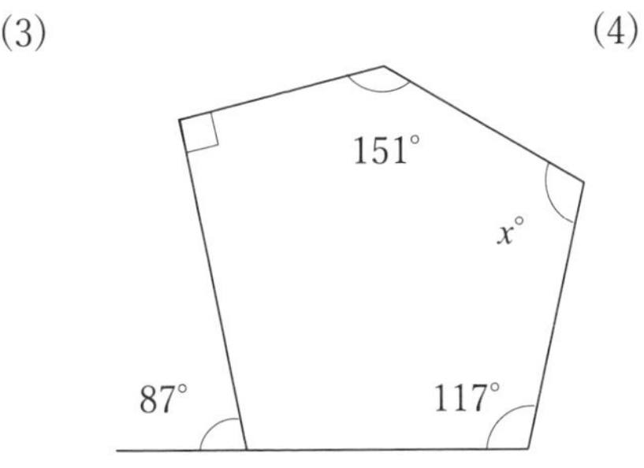

(4)

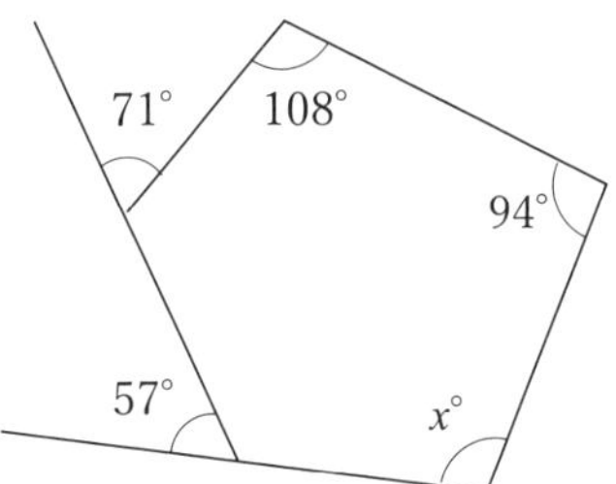

例題 17

$\angle x$ の大きさを求めよ。

(1)

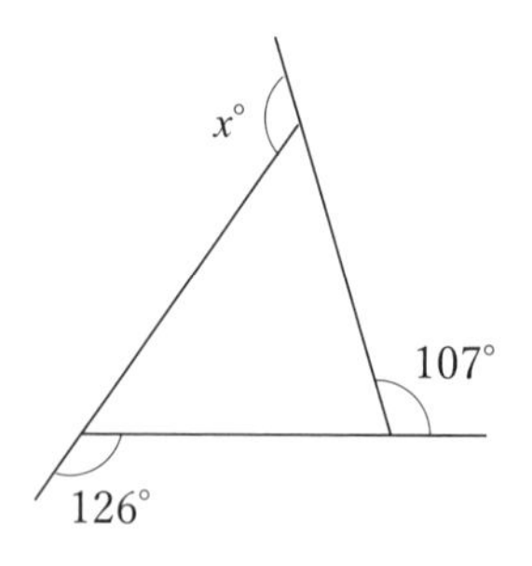

(2)

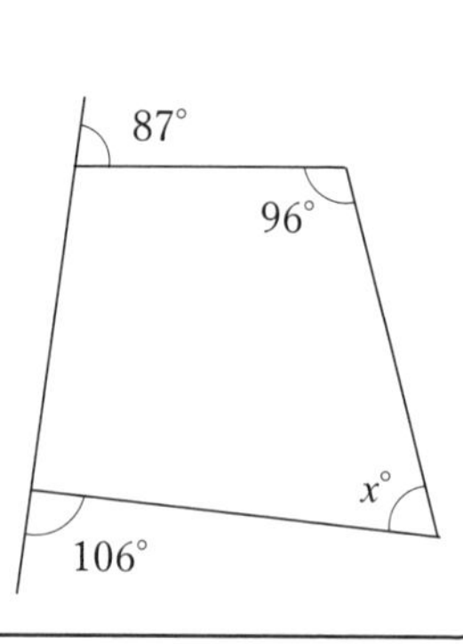

解答

多角形の外角の和は常に 360°

(1) 外角の和を利用する

$$
\begin{aligned}
x &= 360 - (126 + 107) \\
&= 360 - 233 \\
&= 127
\end{aligned}
$$

(2) 右図のようにして,
外角の和を利用する

$$
\begin{aligned}
&360 - (87 + 106 + 84) \\
&= 360 - 277 = 83 \\
x &= 180 - 83 = 97
\end{aligned}
$$

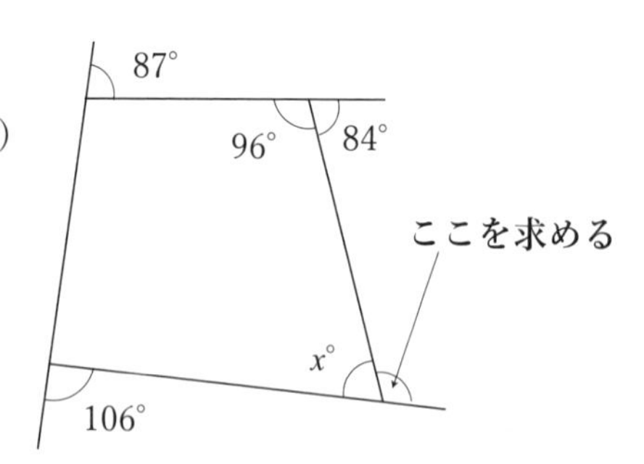

ポイント

360° である外角の和から求めよう

練習問題 17

$\angle x$ の大きさを求めよ。

(1)

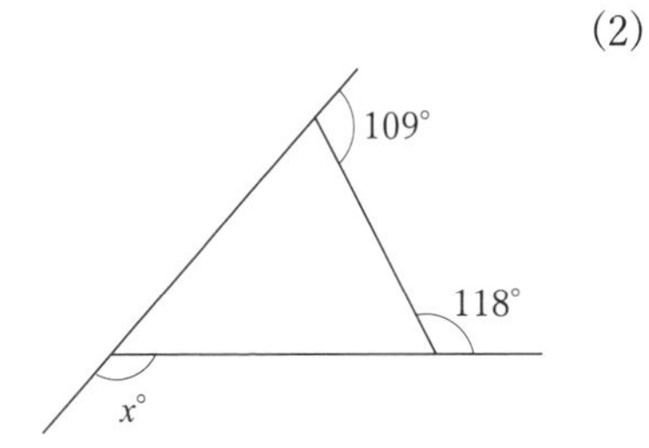

(2)

77°
66°
84°
x°

(3)

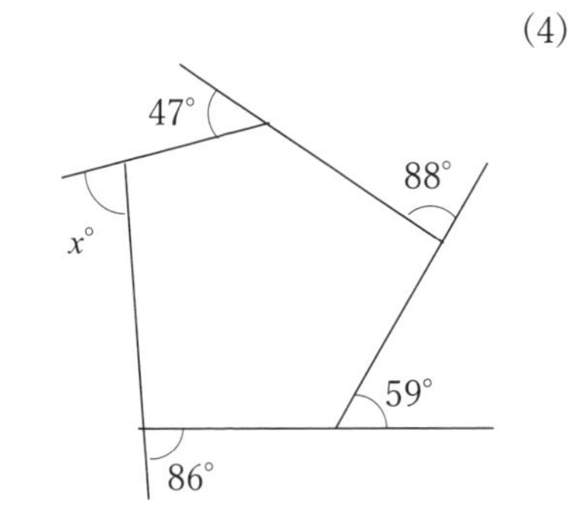

(4)

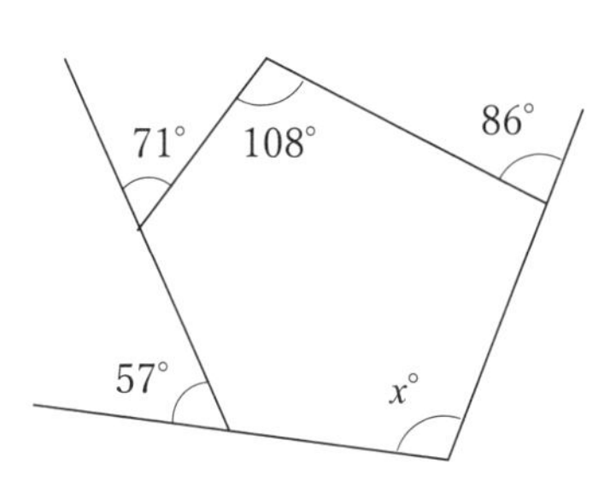

例題 18

長方形ＡＢＣＤを折り返したとき，∠xの大きさを求めよ。

(1)　折り目ＥＦ

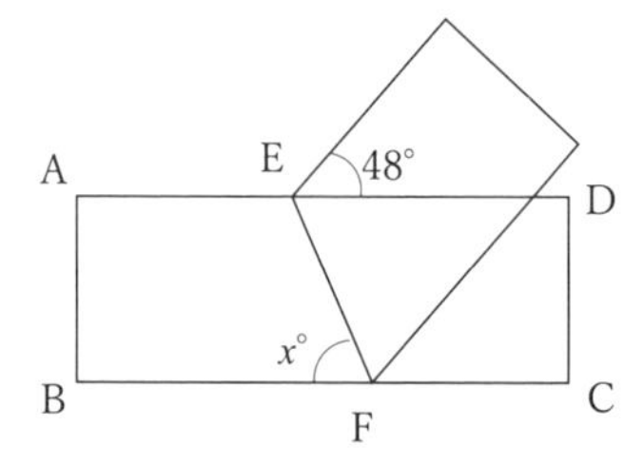

(2)　折り目ＢＤ

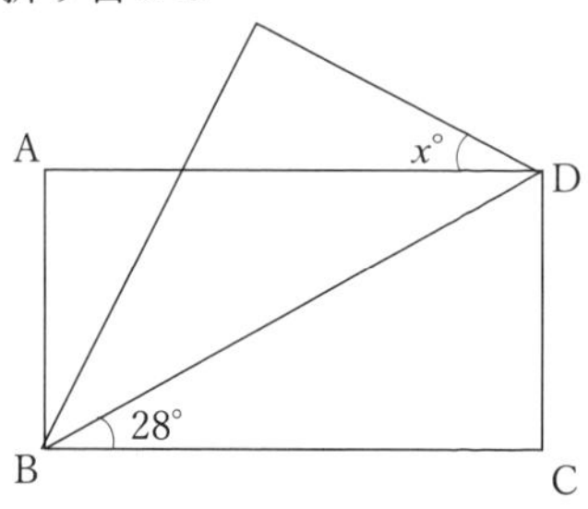

解答

(1)　太枠の四角形は，
もとの図形と合同
　それと右図より，

$$2x + 48 = 180$$
$$2x = 132,$$
$$x = 66$$

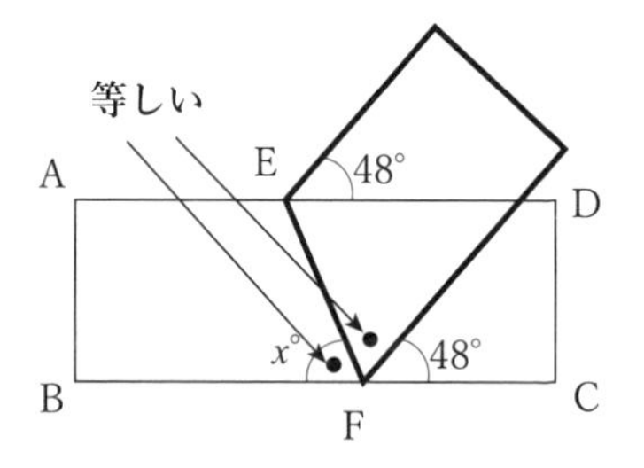

(2)　∠ＢＤＣ＝ 90 － 28 ＝ 62°
　太枠の三角形どうしは
合同だから，

$$x + 28 = 62,$$
$$x = 62 - 28 = 34$$

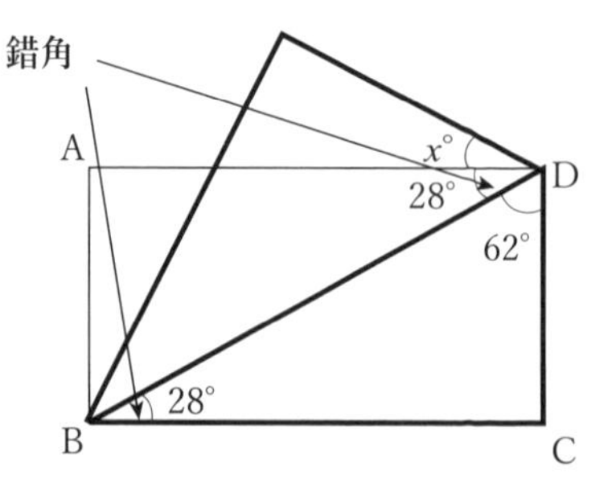

ポイント

元の図形と折り返し先の図形は合同になることに着目しよう

練習問題 18

長方形ＡＢＣＤを折り返したとき，∠xの大きさを求めよ。

(1)　ＥＦを折り目とする

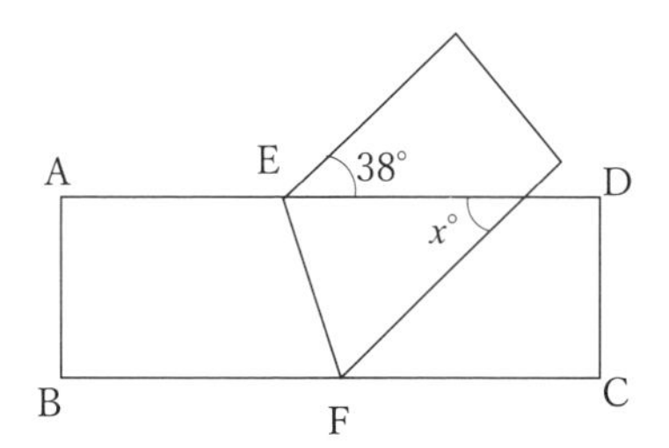

(2)　ＥＦを折り目とする

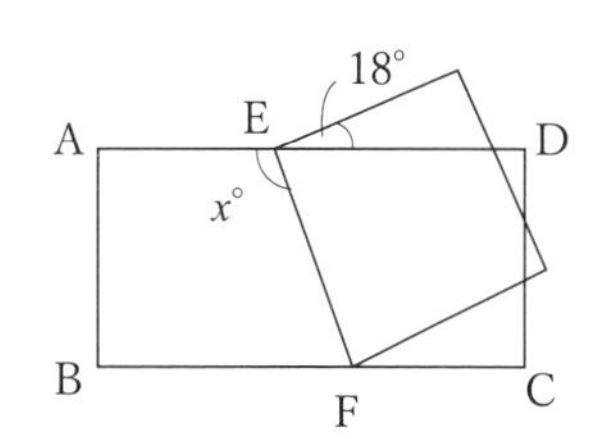

(3)　ＢＤを折り目とする

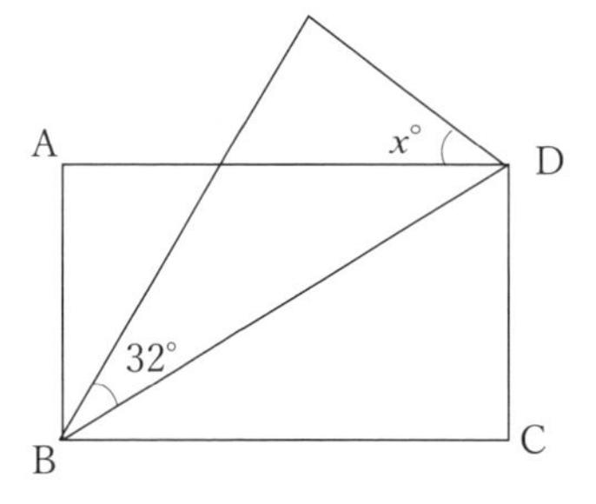

(4)　ＢＤを折り目とする

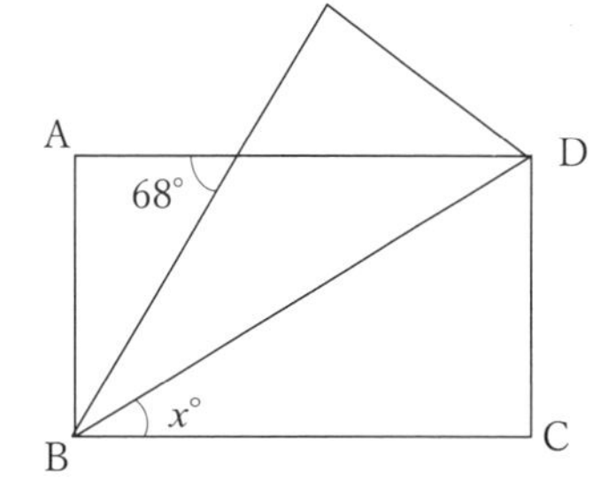

例題 19

$\angle x$ の大きさを求めよ。

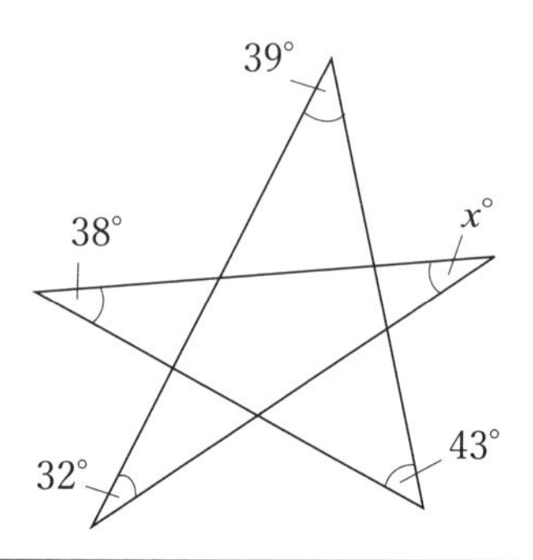

解答

下図のように，三角形の外角を使って角を集める

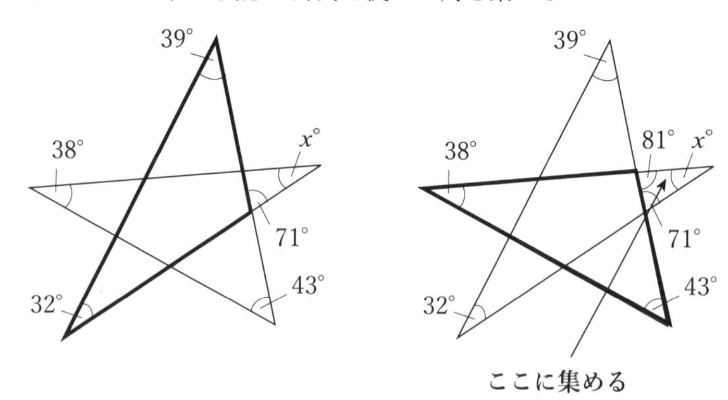

そして 1 つの三角形の内角を使い，

$x = 180 - (81 + 71) = 180 - 152 = 28$

ポイント

5 つの角の和は三角形 1 つ分の内角の和に等しいことに注意しよう

例題 20

四角形ＡＢＣＤは正方形，△ＥＢＣは正三角形であるとき，∠xの大きさを求めよ。

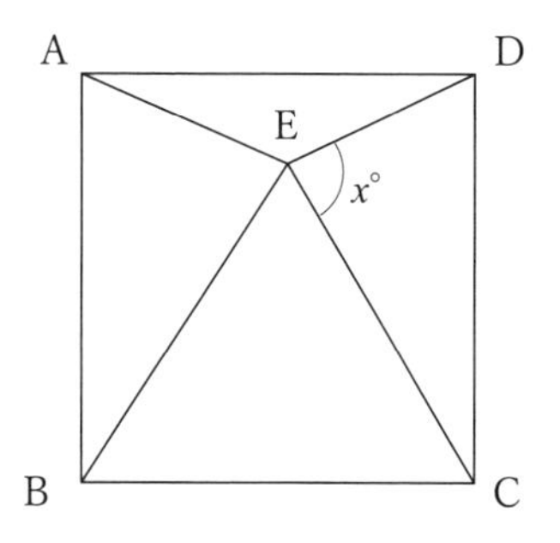

解答

△ＥＢＣは正三角形だから，∠ＥＣＤ＝30°

また△ＣＤＥはＣＤ＝ＣＥの二等辺三角形だから，右図のように，

$x = (180 - 30) \div 2$

$= 75$

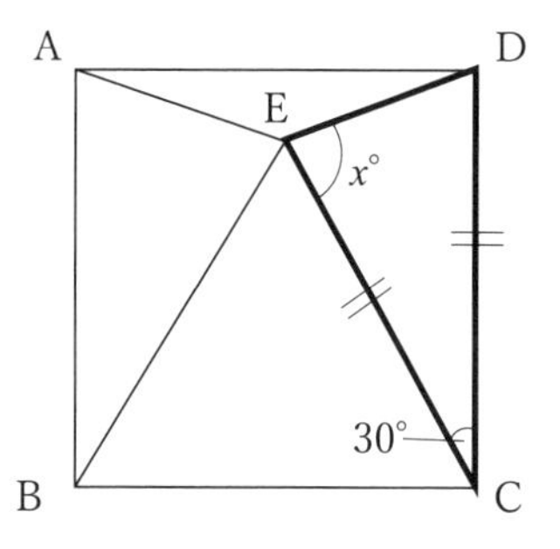

ポイント

正方形と正三角形の辺が等しいことに注意しよう

３章　　平行線と角

例題 1

$l /\!/ m$ のとき，$\angle x$ の大きさを求めよ。

(1)

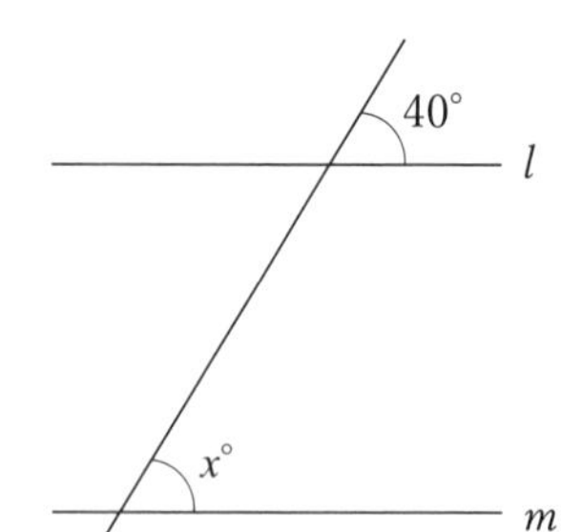

(2)

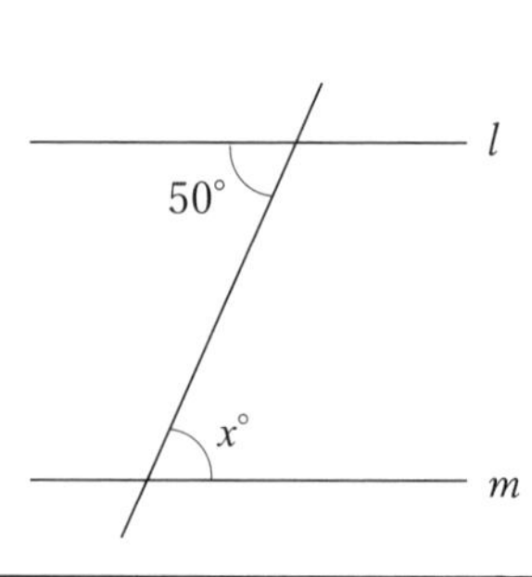

解答

(1)　$l /\!/ m$ のとき

同位角は等しく

$\angle a = \angle b$

　よって，$x = 40$

(2)　$l /\!/ m$ のとき

錯角は等しく

$\angle c = \angle d$

　よって，$x = 50$

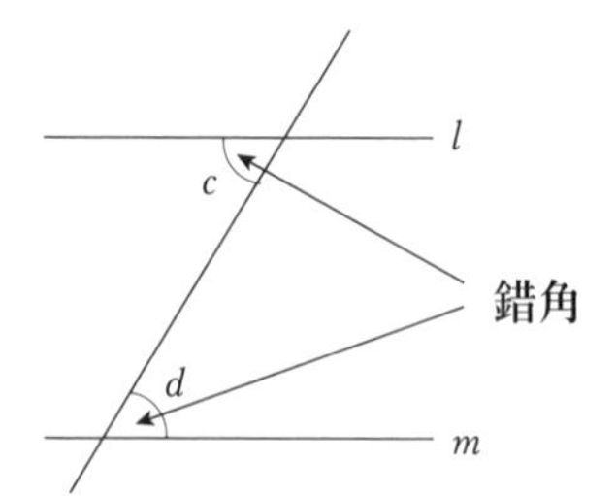

ポイント

平行線の同位角や錯角を使いこなそう

練習問題1

$l /\!/ m$ のとき，$\angle x$ の大きさを求めよ。

(1)

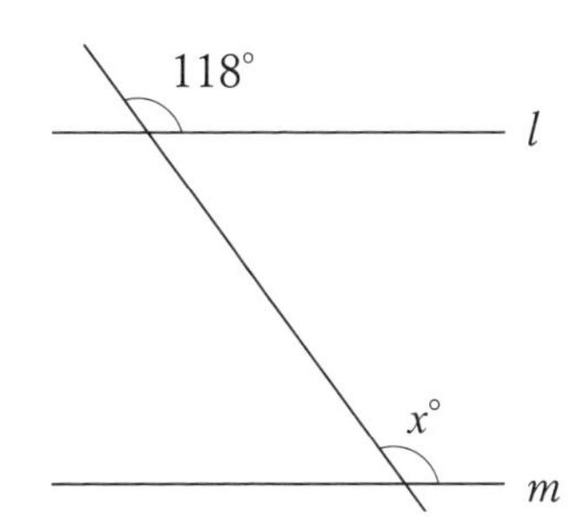

(2)

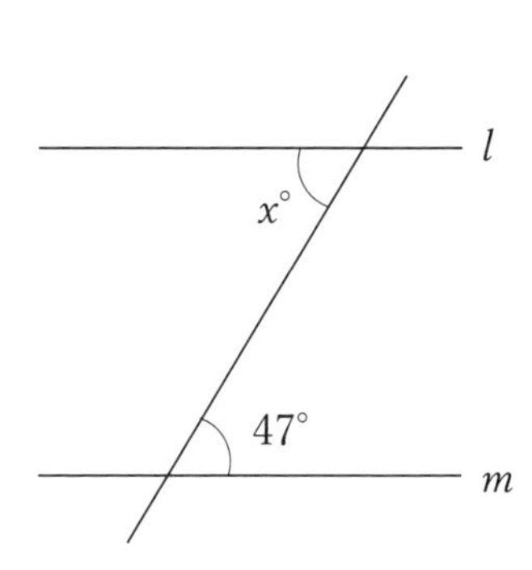

(3)

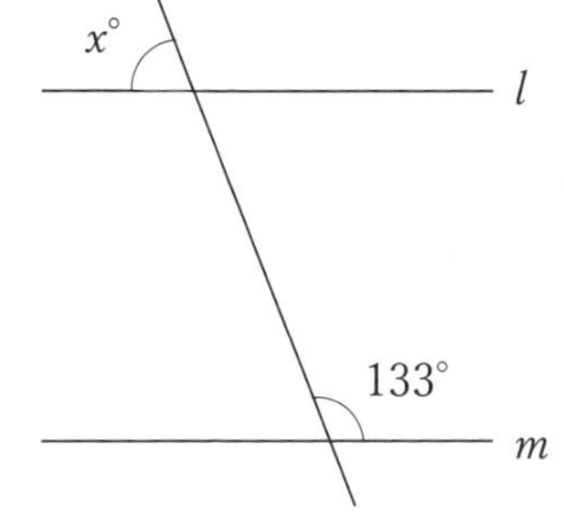

(4)

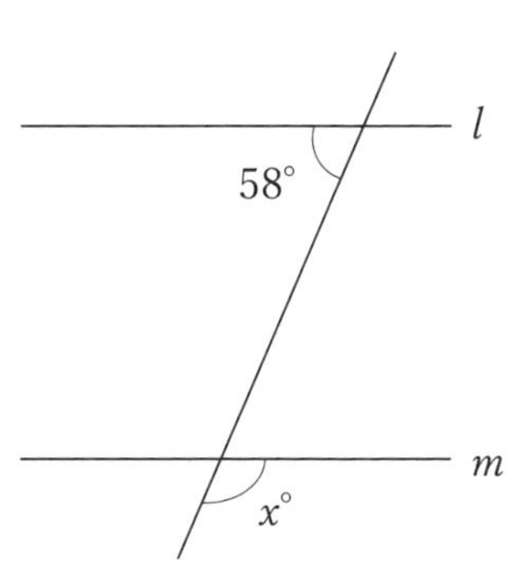

例題 2

$l /\!/ m$ のとき，$\angle x$ の大きさを求めよ。

(1)

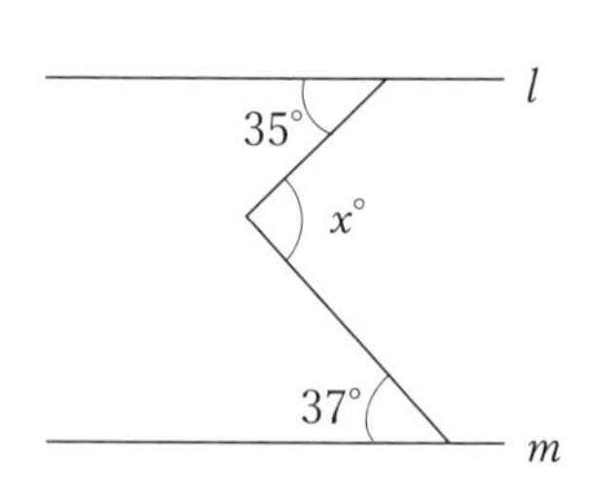

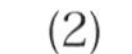

(2)

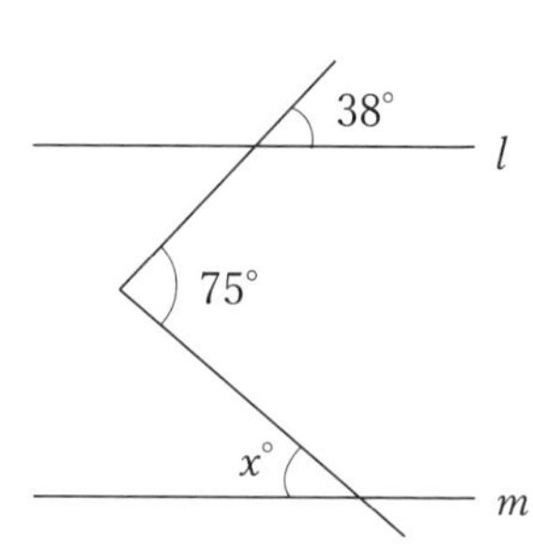

解答

(1)　右図のように平行線の錯角を利用する

そこで三角形の外角から，

$$x = 35 + 37$$
$$= 72$$

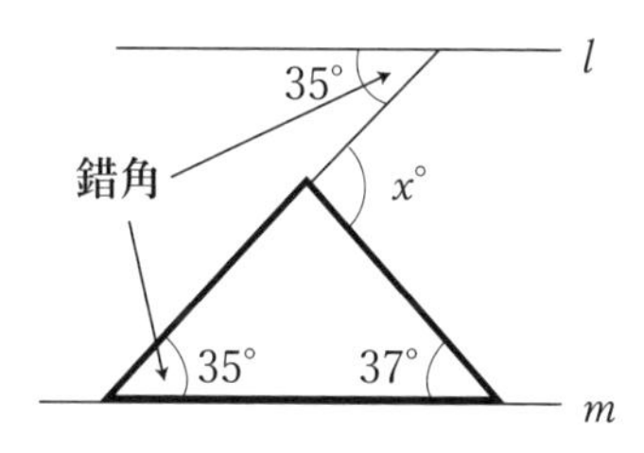

(2)　右図のように平行線の同位角を利用する

そこで三角形の外角から，

$$x = 75 - 38$$
$$= 37$$

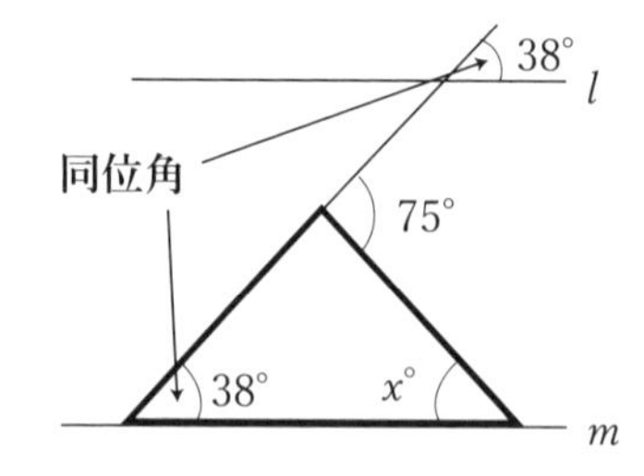

ポイント

折れ線を延長して，平行線の同位角や錯角を使おう

練習問題2

$l /\!/ m$ のとき，$\angle x$ の大きさを求めよ。

(1)

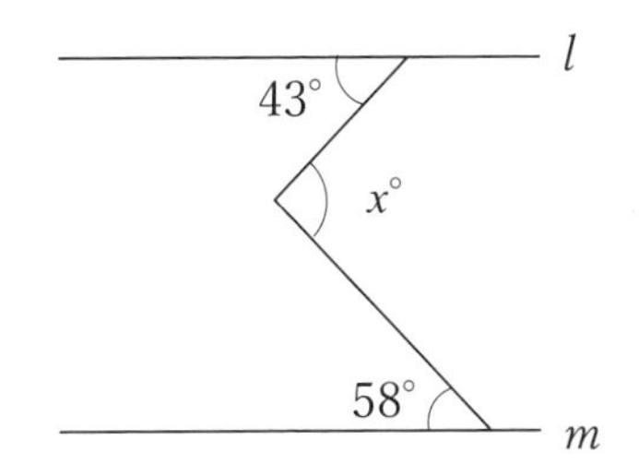

(2)

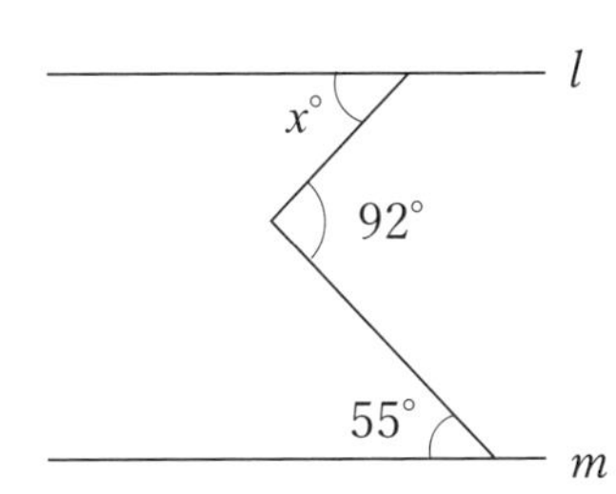

(3)

(4)

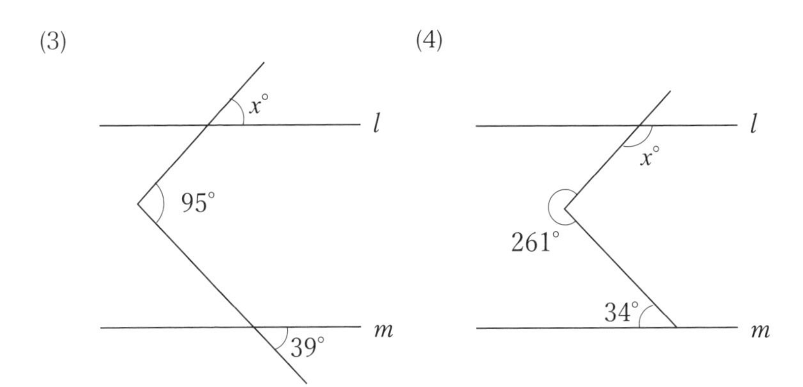

例題3

$l /\!/ m$ のとき，$\angle x$ の大きさを求めよ。

(1)

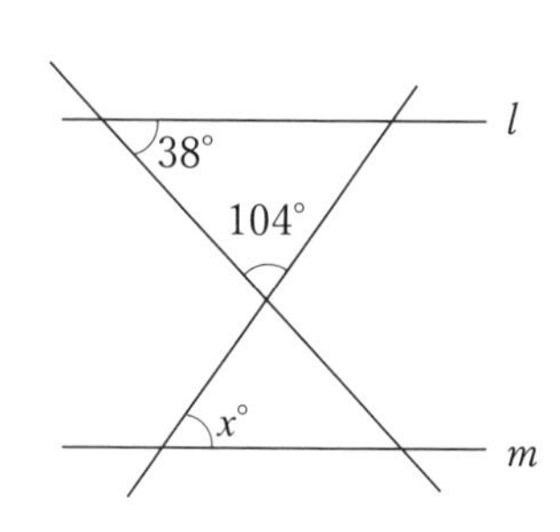

(2)

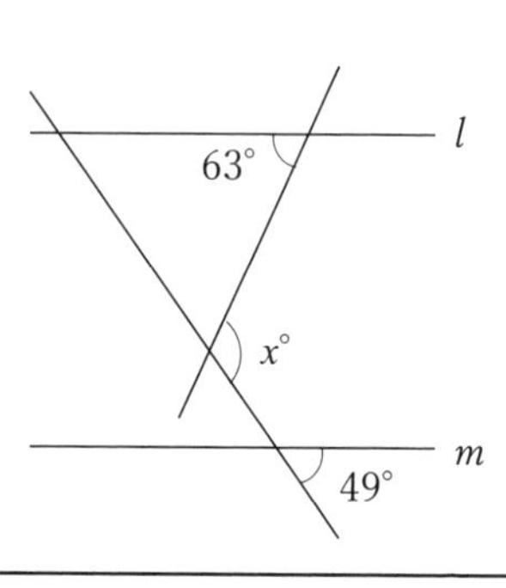

解答

(1)　右図のように平行線の錯角を利用する

三角形の内角の和から，

$x = 180 - (38 + 104) = 38$

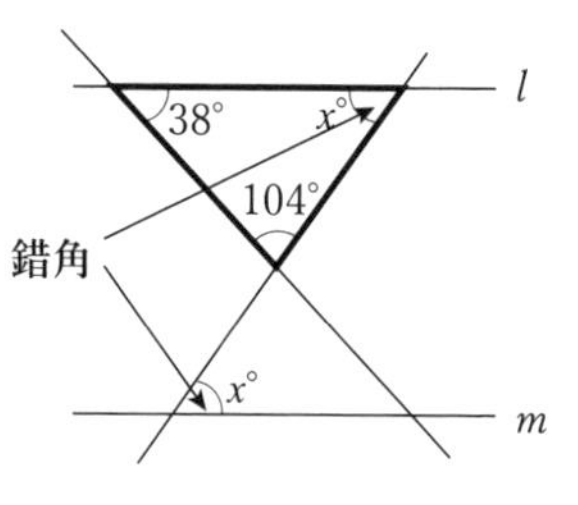

(2)　右図のように平行線の同位角を利用する

三角形の外角から，

$x = 49 + 63 = 112$

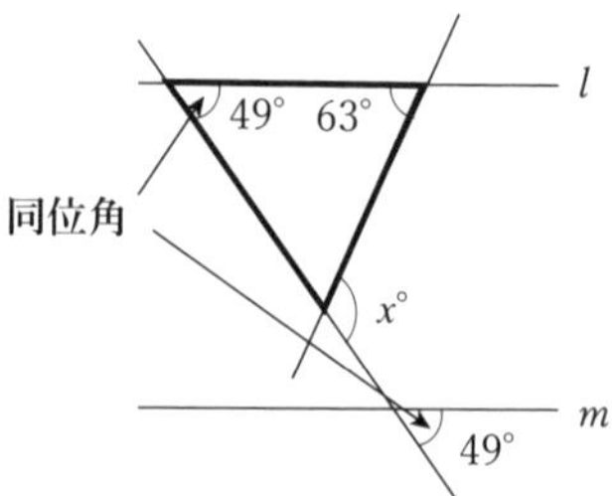

ポイント

平行線の同位角や錯角と三角形の内角の和や外角を組み合わせて，解法の幅を広げよう

練習問題3

$l /\!/ m$ のとき，$\angle x$ の大きさを求めよ。

(1)

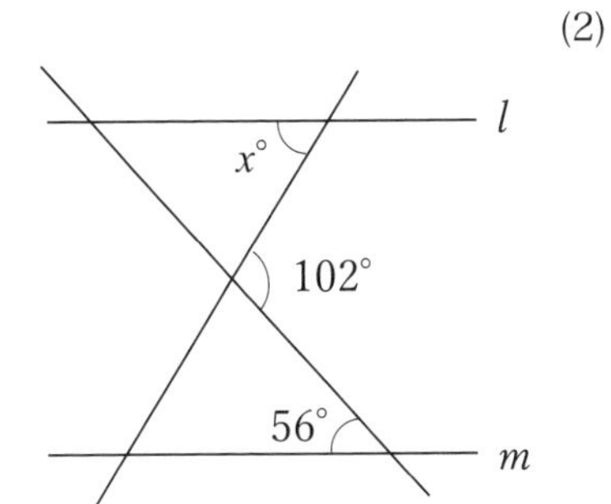

(2)

(3)

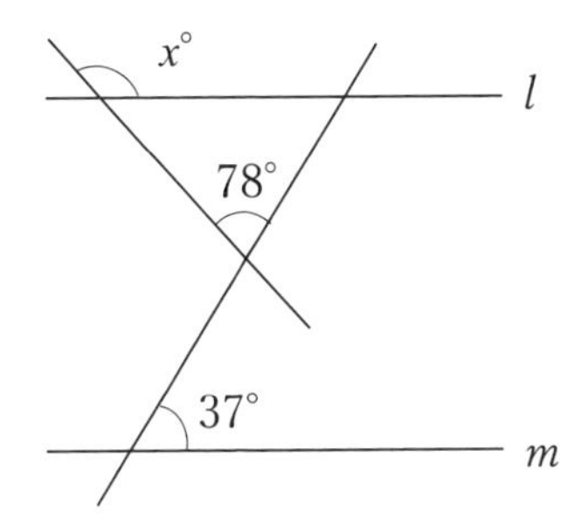

(4)

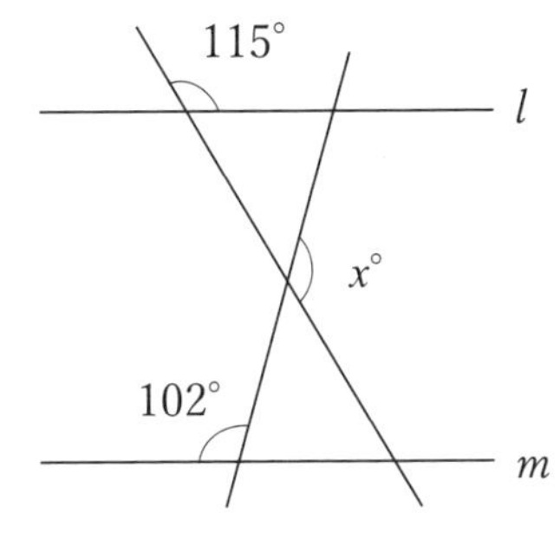

例題4

$l /\!/ m$ のとき，$\angle x$ の大きさを求めよ。

(1)

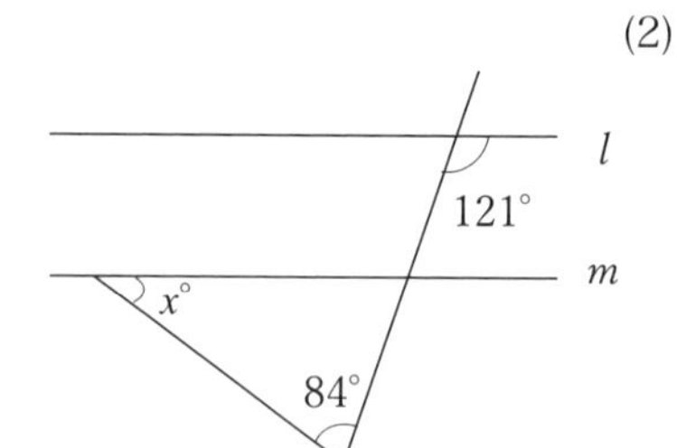

(2)

解答

(1)　右図のように平行線の同位角を利用する

三角形の外角から，

$x = 121 - 84 = 37$

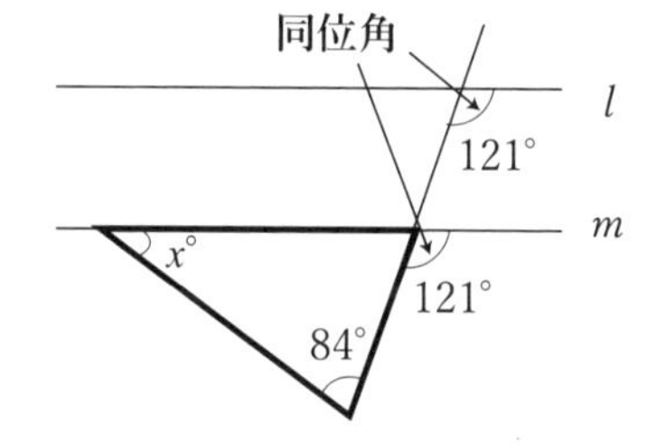

(2)　右図のように平行線の錯角を利用する

三角形の内角の和から，

$x = 180 - (43 + 78)$

$= 180 - 121$

$= 59$

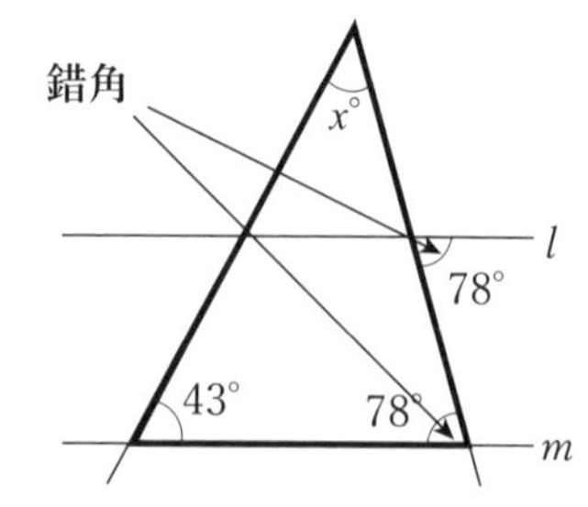

ポイント

三角形の内外角を使えるよう，平行線の同位角や錯角を動かそう

練習問題4

$l /\!/ m$ のとき，$\angle x$ の大きさを求めよ。

(1)

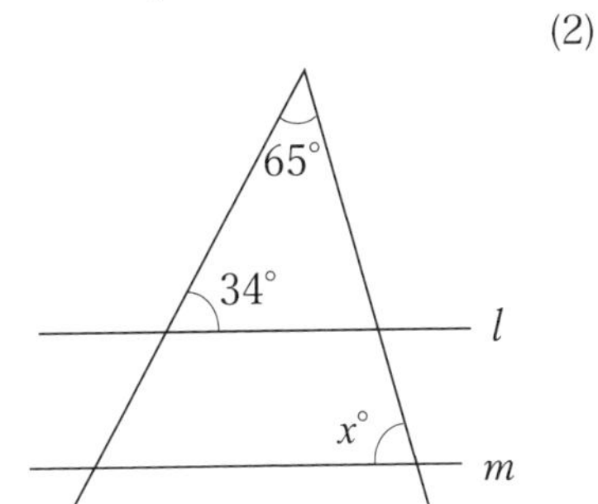

(2)

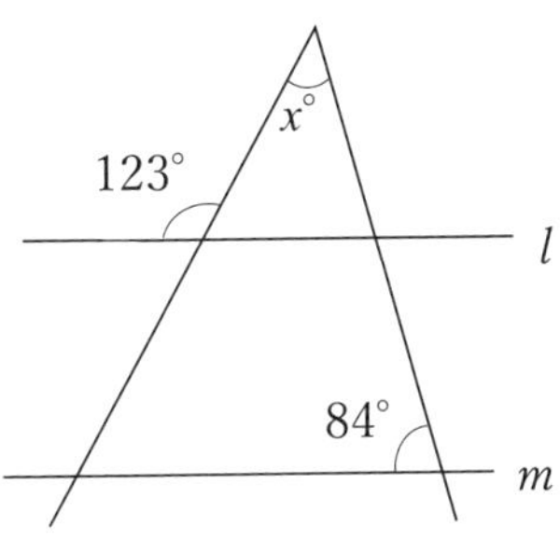

(3)

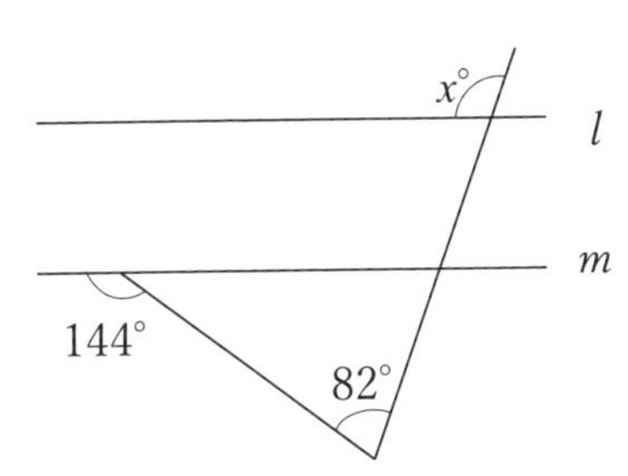

(4)

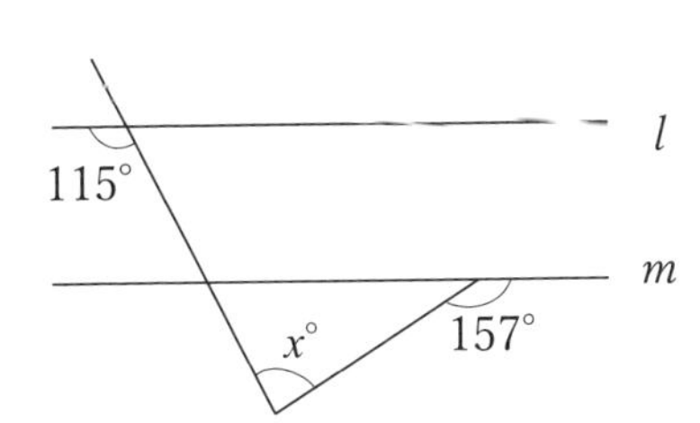

例題5

$l /\!/ m$ のとき，
$\angle x$ の大きさを求めよ。

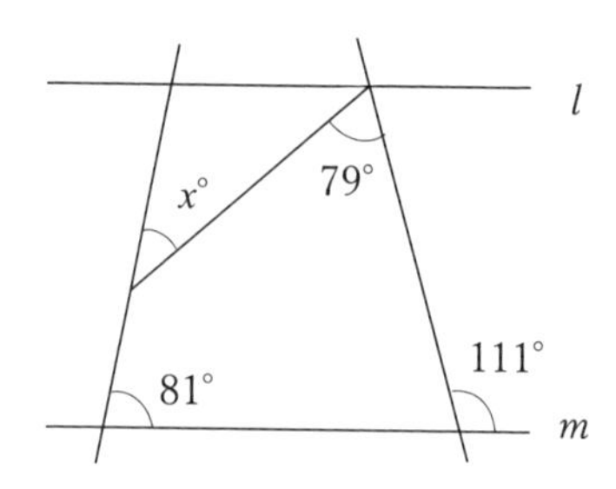

解答

右図のように平行線の同位角や錯角を利用

太枠の三角形の外角から，

$x = 81 - 32 = 49$

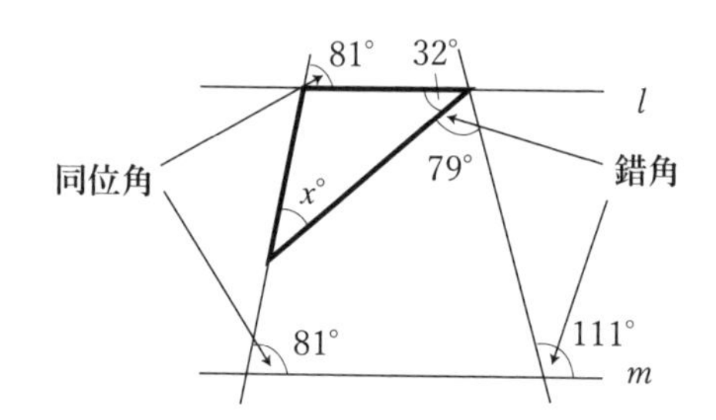

［**別解**］

太枠の四角形の内角の和を用いて，$\angle y$ を求める

$y = 360 - (81 + 69 + 79)$
$= 360 - 229 = 131$

よって，$x = 180 - 131 = 49$

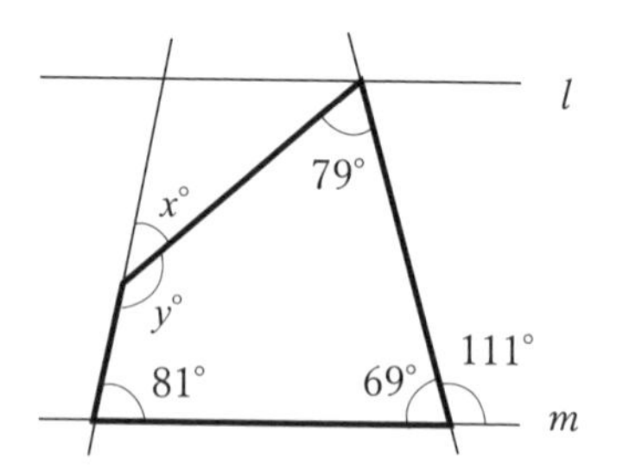

ポイント

平行線の同位角や錯角と四角形の内角の和なども利用しよう

練習問題5

$l /\!/ m$ のとき，$\angle x$ の大きさを求めよ。

(1)

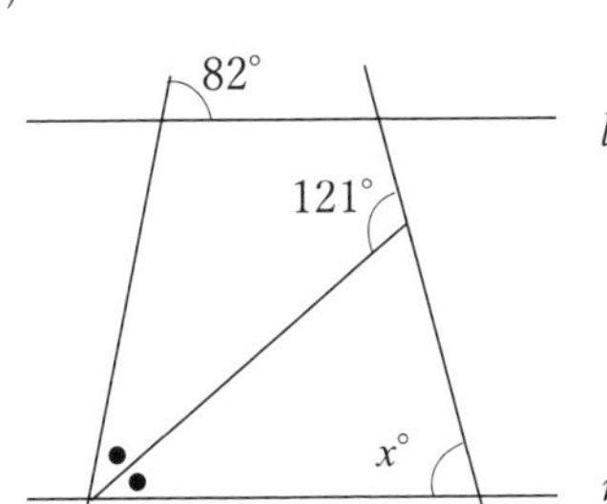

(2)

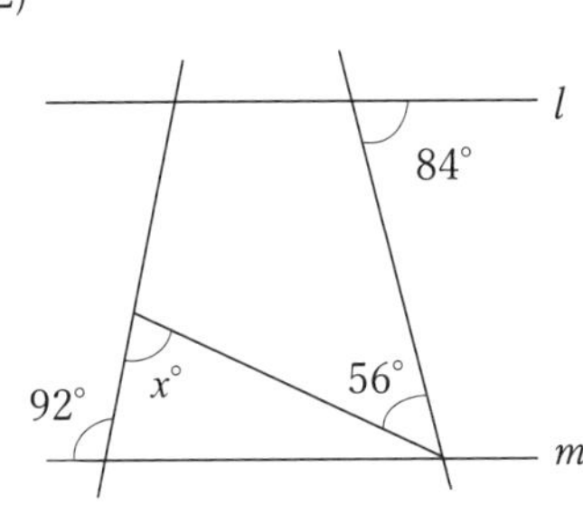

(3)

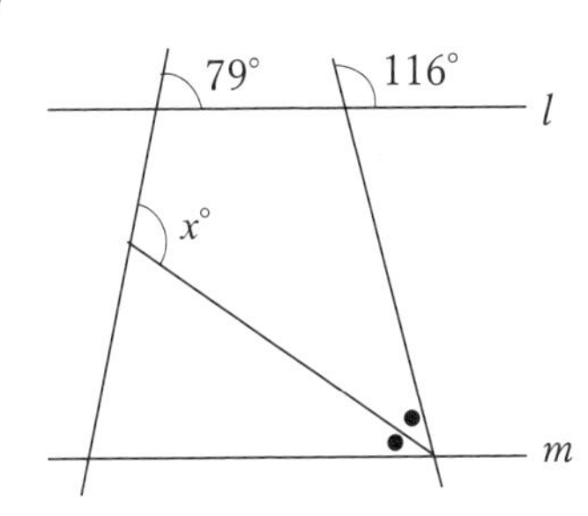

(4)

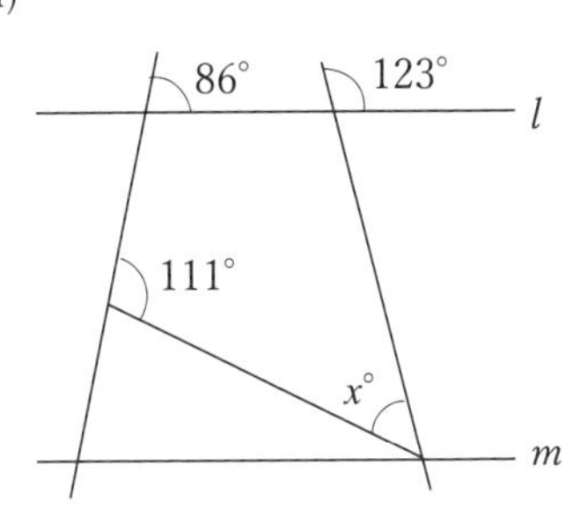

例題６

$l /\!/ m$ のとき，$\angle x$ の大きさを求めよ。

(1)

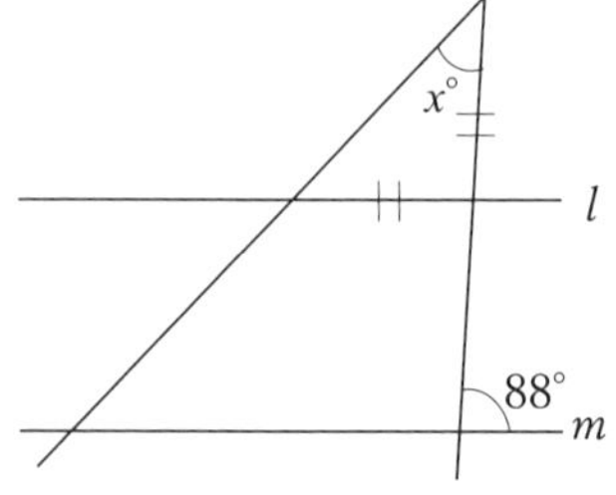

(2)

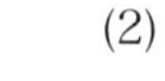

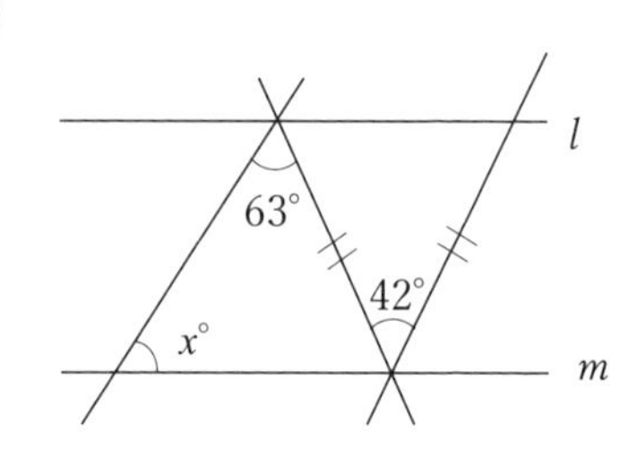

解答

(1)　右図のように平行線の同位角を利用する

三角形の外角から，

$x = 88 \div 2 = 44$

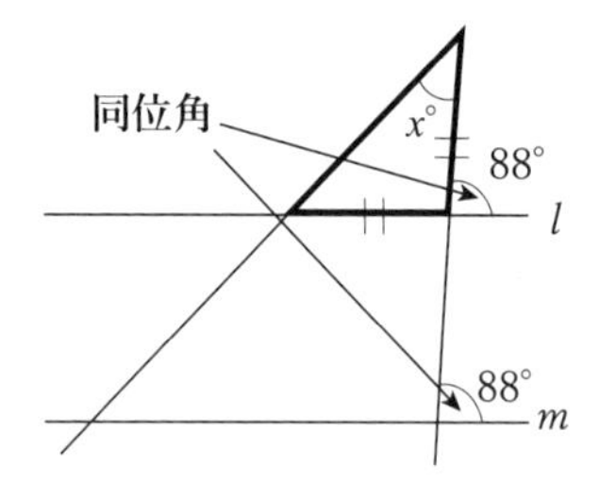

(2)　太枠の二等辺三角形の内角の和と，平行線の錯角から右図のようになる

$x = 180 - (63 + 69)$

$= 180 - 132 = 48$

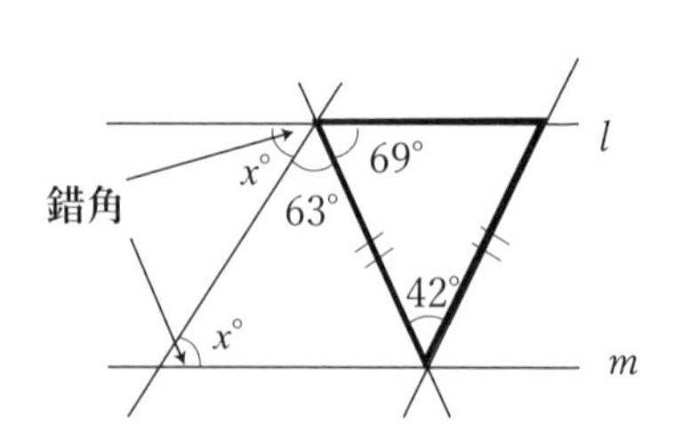

ポイント

平行線の同位角や錯角と二等辺三角形の性質を利用しよう

練習問題6

$l /\!/ m$ のとき，$\angle x$ の大きさを求めよ。

(1)

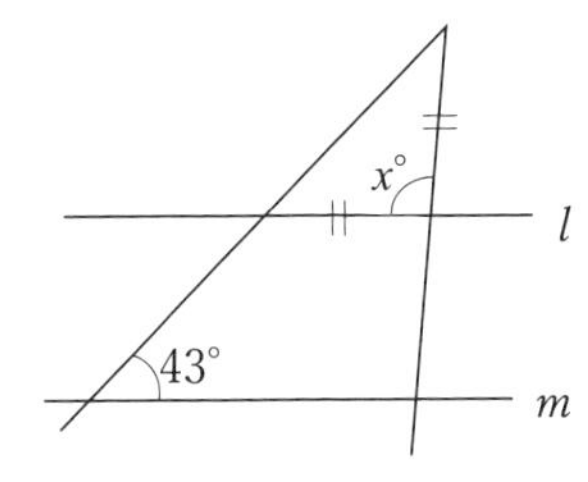

(2)

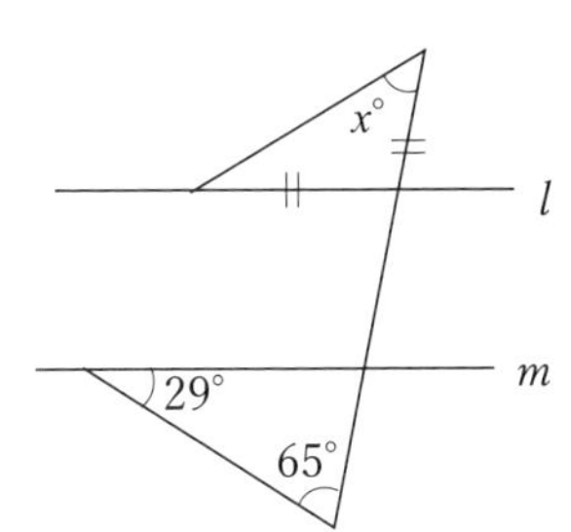

(3)

(4)

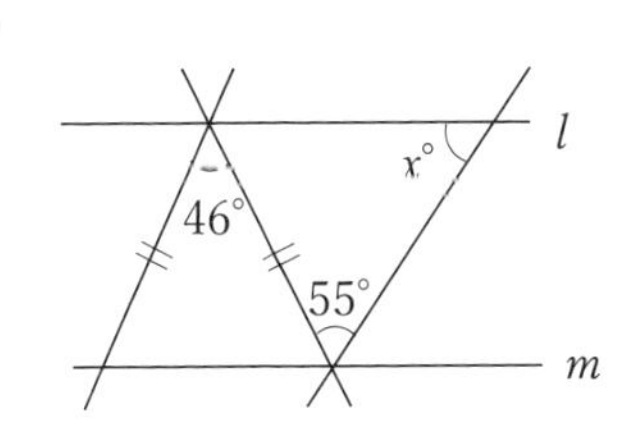

例題 7

$l /\!/ m$ のとき，$\angle x$ の大きさを求めよ。

(1)

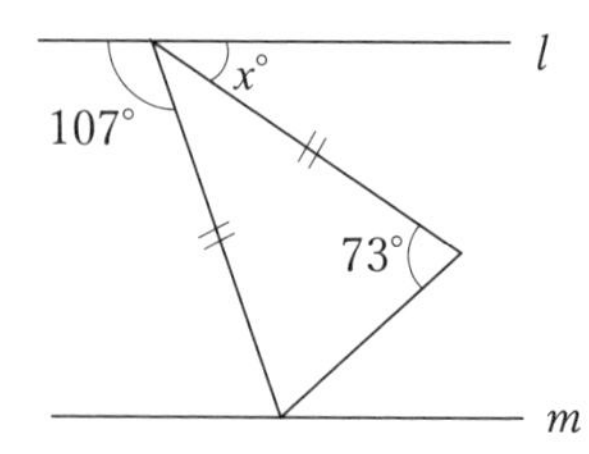

(2)

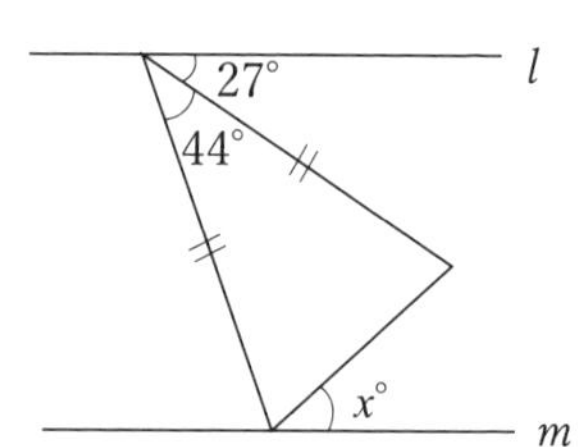

解答

(1)　太枠の二等辺三角形を利用することで，右図のようになるから，

$x = 180 - (107 + 34)$
$= 39$

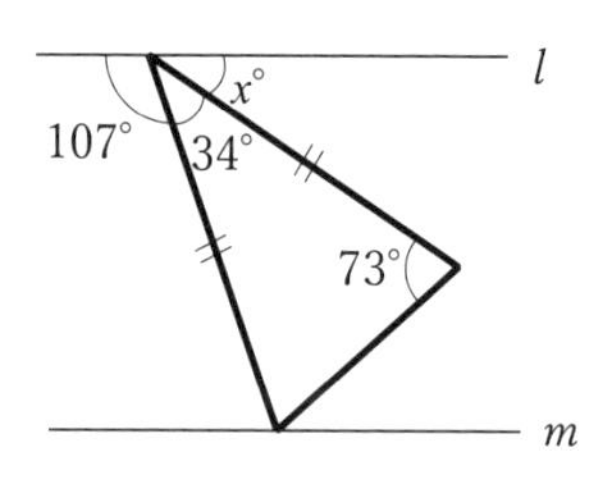

(2)　太枠の二等辺三角形を利用することで，右図のようになるから，

$x = 180 - (71 + 68)$
$= 180 - 139 = 41$

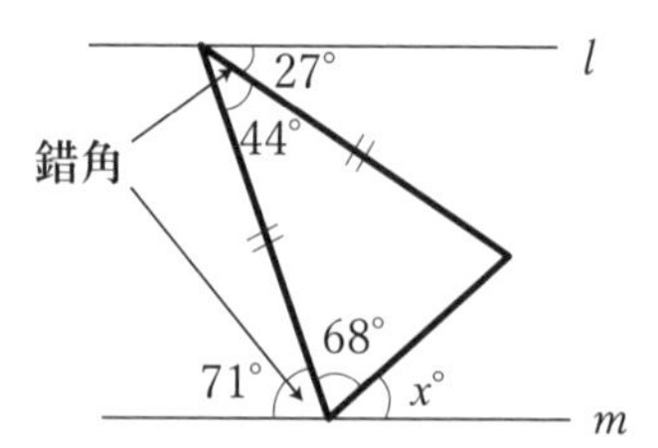

ポイント

二等辺三角形の内角を求め平行線の錯角などを使おう

練習問題7

$l /\!/ m$ のとき，$\angle x$ の大きさを求めよ。

(1)

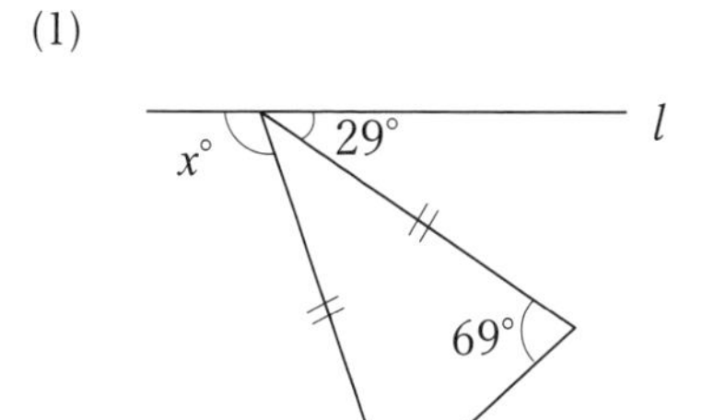

(2)

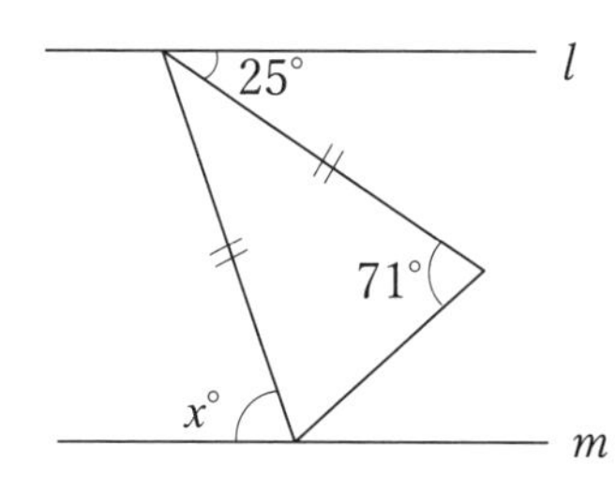

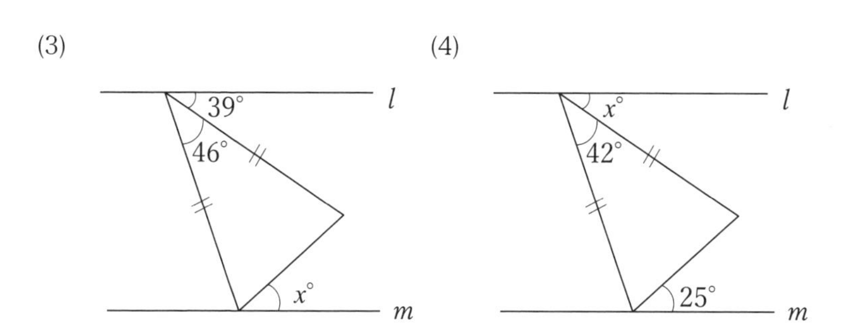

例題8

$l /\!/ m$ のとき，$\angle x$ の大きさを求めよ。

(1)

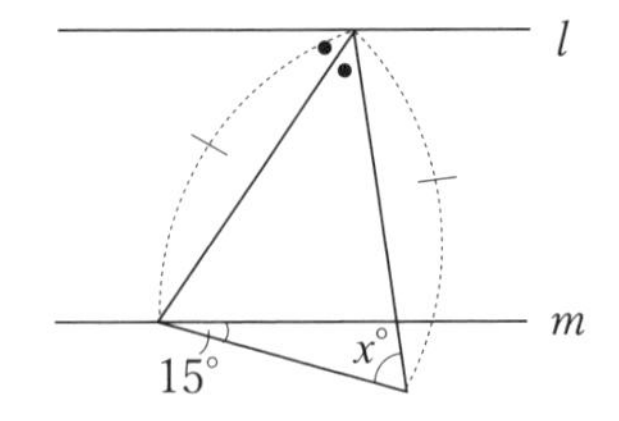

(2)

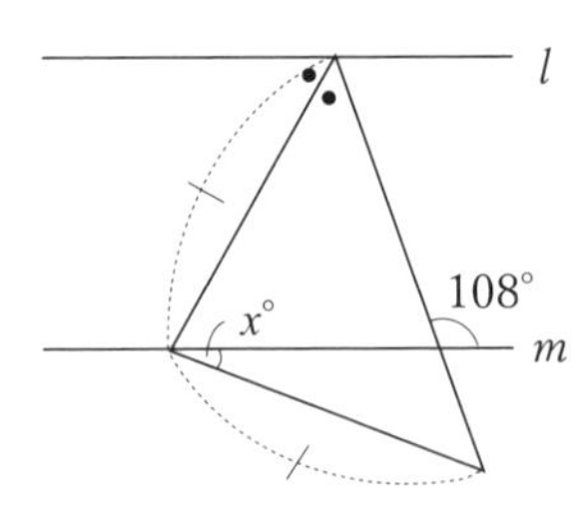

解答

(1)　二等辺三角形の 2 つの等しい角は，●＋ 15°

三角形の内角の和を利用すれば，

3 ●＋ 15 × 2 ＝ 180,

3 ●＝ 150,　●＝ 50

x ＝●＋ 15 ＝ 50 ＋ 15 ＝ 65

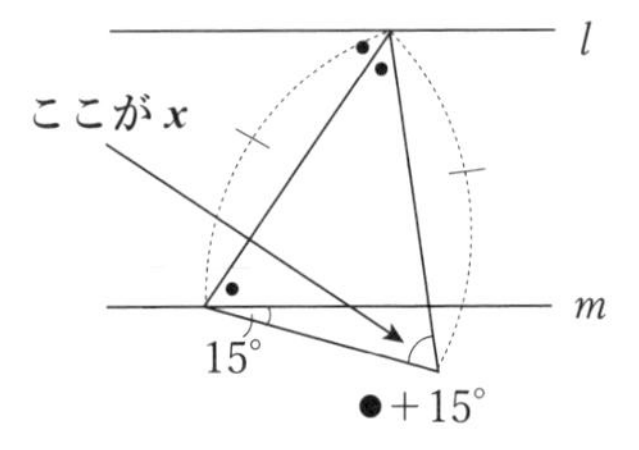

(2)　平行線の同位角を利用すれば，2 ●＝ 108,　●＝ 54

太枠の三角形の内角の和から，

x ＝ 180 − (108 ＋●)

＝ 180 − (108 ＋ 54)

＝ 180 − 162 ＝ 18

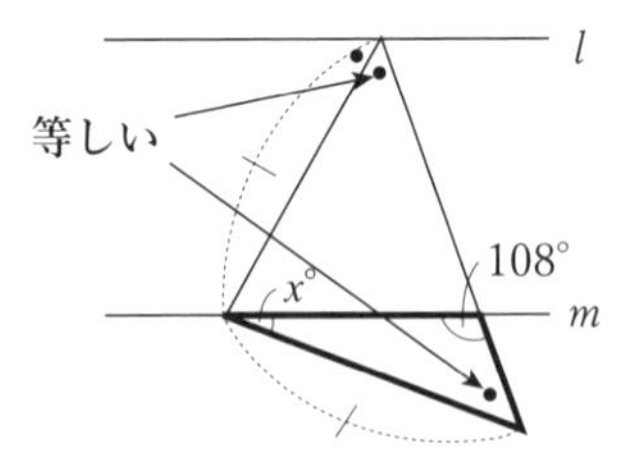

ポイント

二等辺三角形の性質から●を求めよう

練習問題8

$l /\!/ m$ のとき，$\angle x$ の大きさを求めよ。

(1)

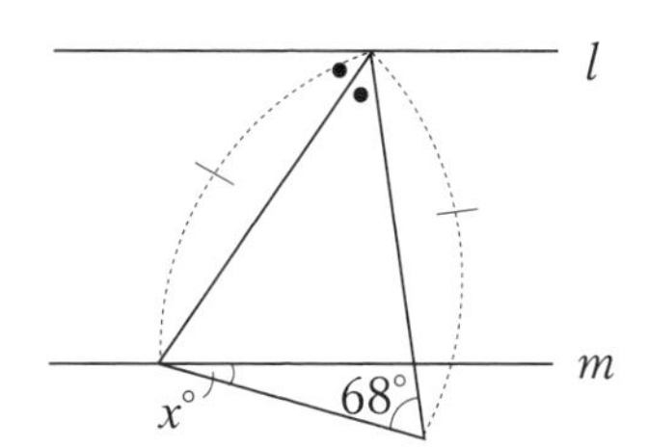

(2)

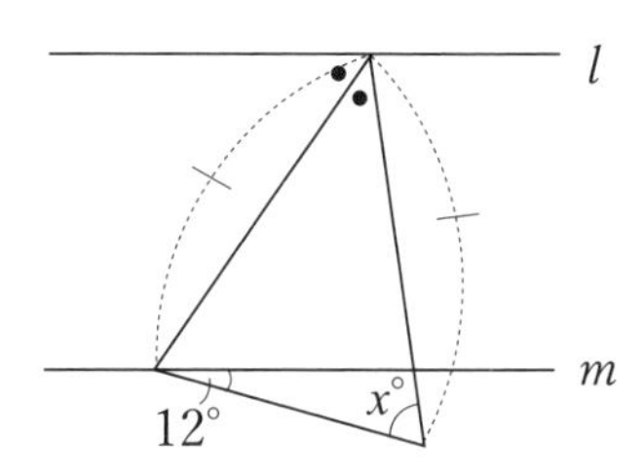

(3)

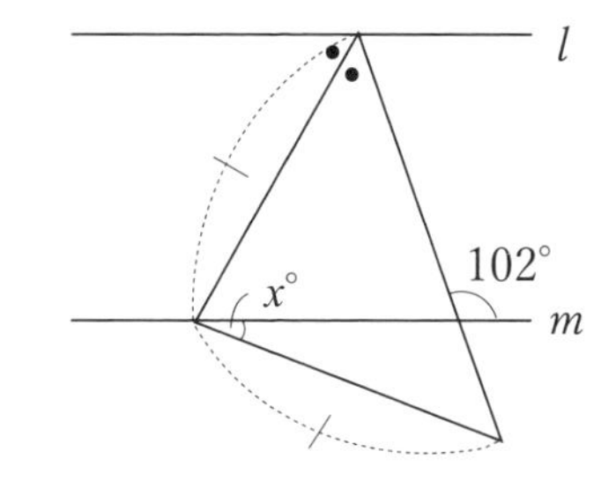

(4)

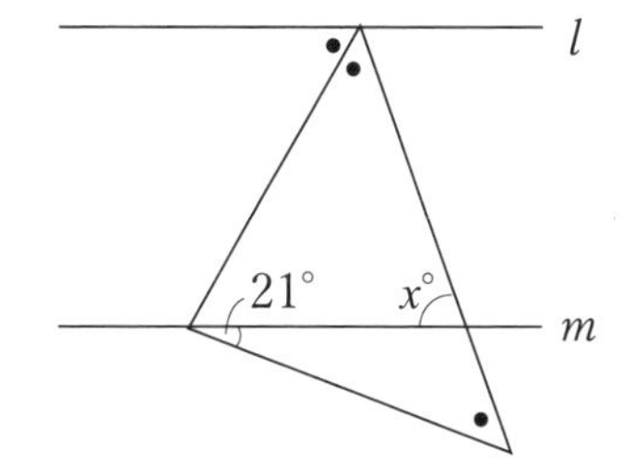

例題 9

$l /\!/ m$ のとき，$\angle x$ の大きさを求めよ。

(1)

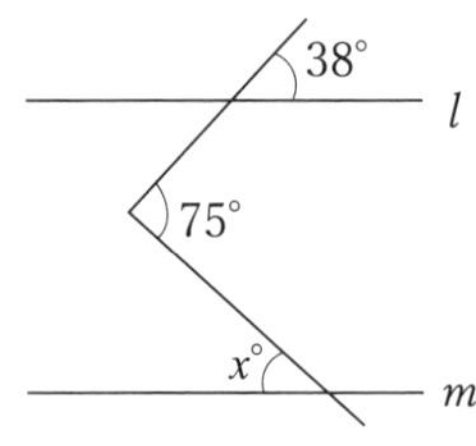

(2)

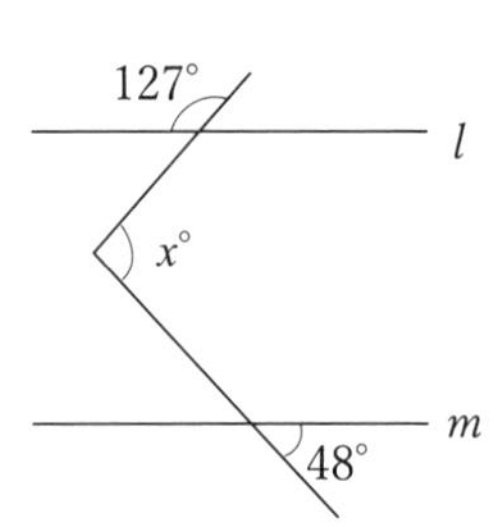

解答

(1)　直線 l，m に平行な直線 n を引く

　平行線の同位角と錯角を利用すれば，右図のようになるから，

$x = 75 - 38 = 37$

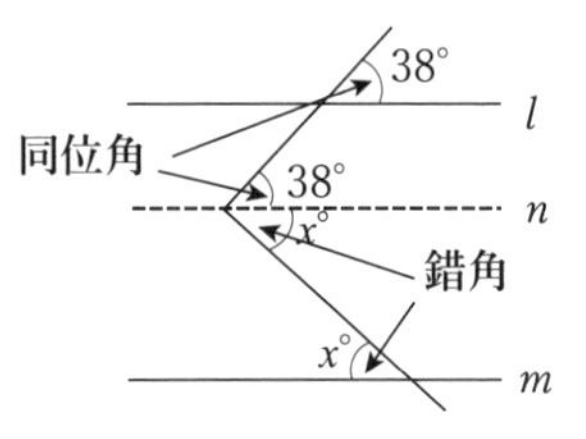

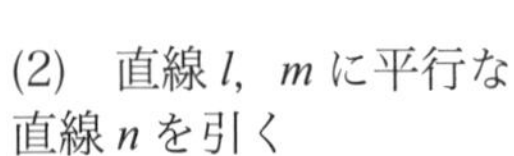

(2)　直線 l，m に平行な直線 n を引く

　平行線の同位角を利用すれば，右図のようになるから，

$x = 53 + 48 = 101$

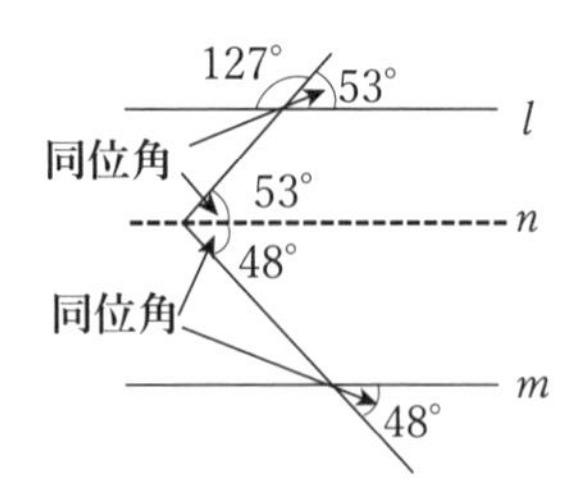

ポイント

平行線を引いて同位角や錯角を利用しよう

練習問題9

$l /\!/ m$ のとき，$\angle x$ の大きさを求めよ。

(1)

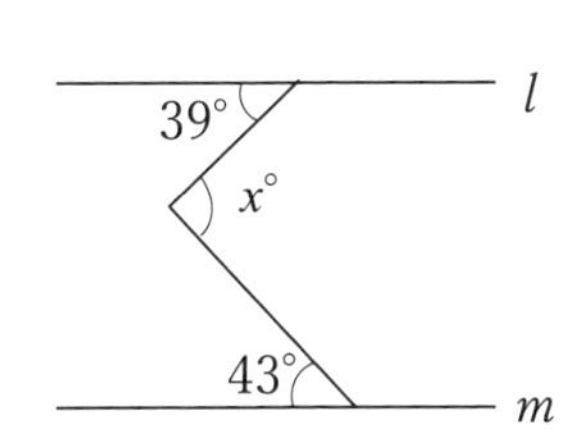

(2)

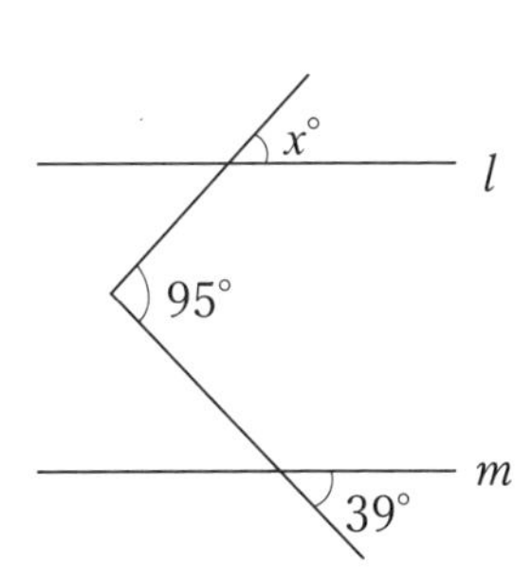

(3)

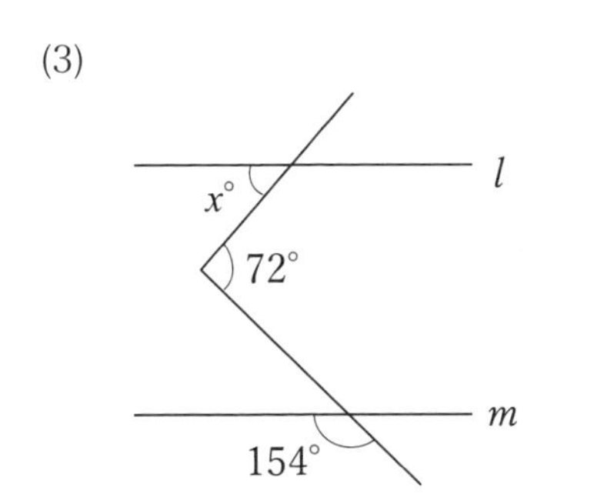

(4)

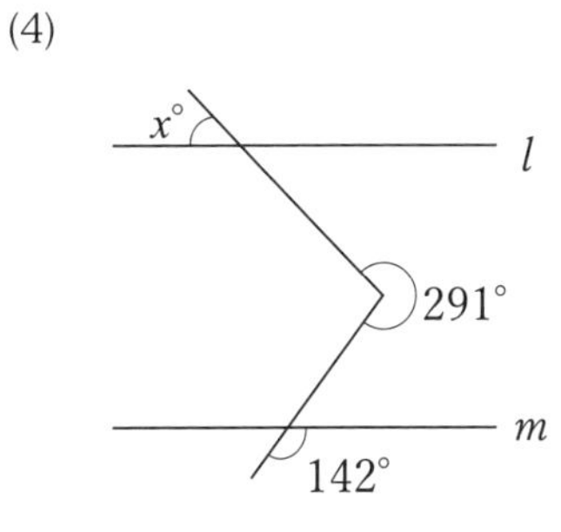

例題 10

$l /\!/ m$ のとき，$\angle x$ の大きさを求めよ。

(1)

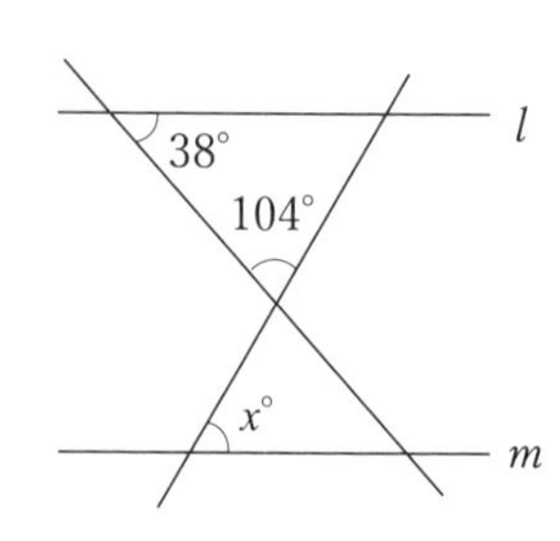

(2)

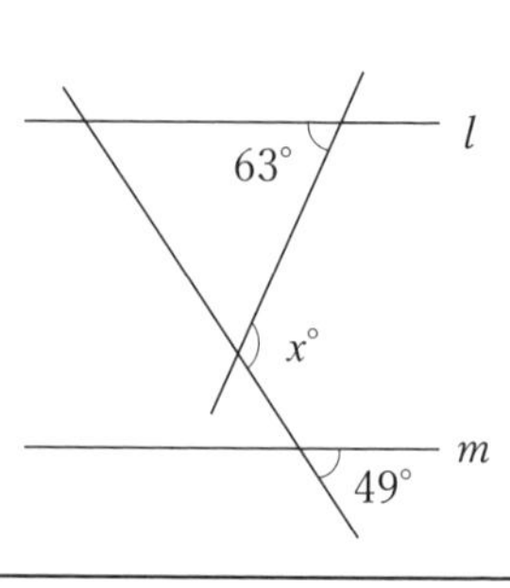

解答

(1)　直線 l, m に平行な直線 n を引く

平行線の同位角と錯角を利用すれば，右図のようになるから，

$x = 180 - (104 + 38) = 38$

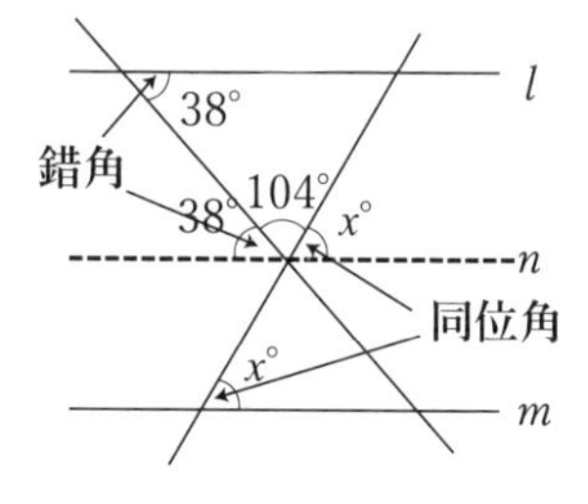

(2)　直線 l, m に平行な直線 n を引く

平行線の同位角と錯角を利用すれば，右図のようになるから，

$x = 63 + 49 = 112$

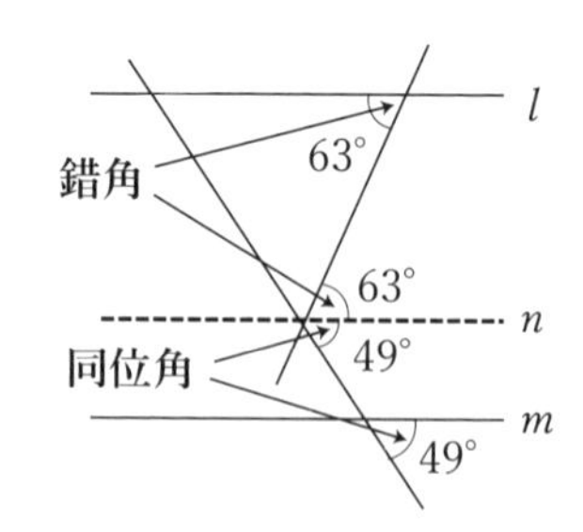

ポイント

2 直線の交点を通る平行線を引いて，同位角や錯角を使おう

練習問題 10

$l /\!/ m$ のとき，$\angle x$ の大きさを求めよ。

(1)

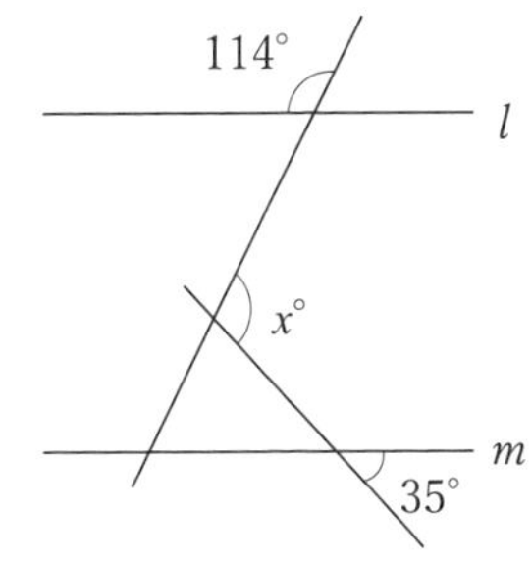

(2)

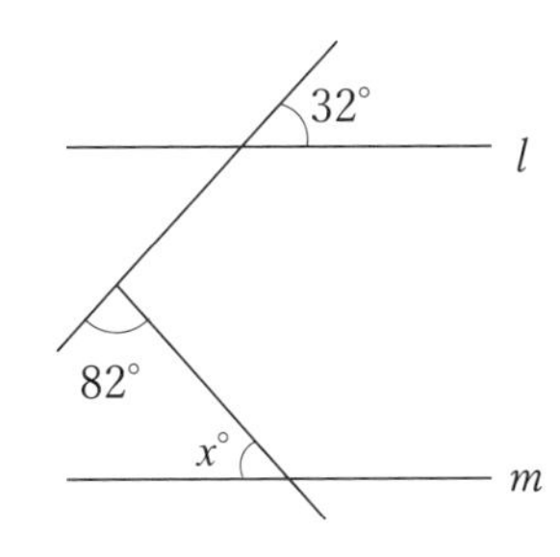

(3)

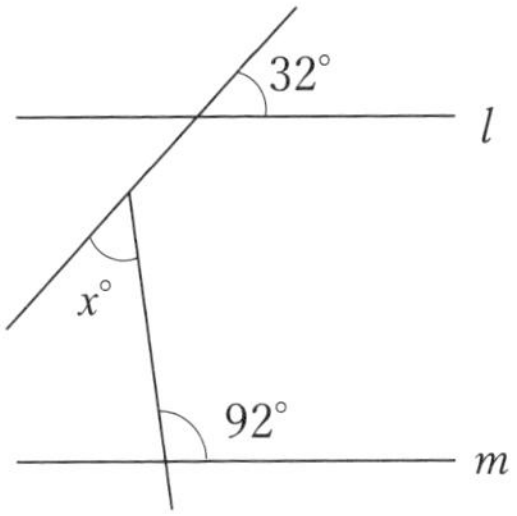

(4)

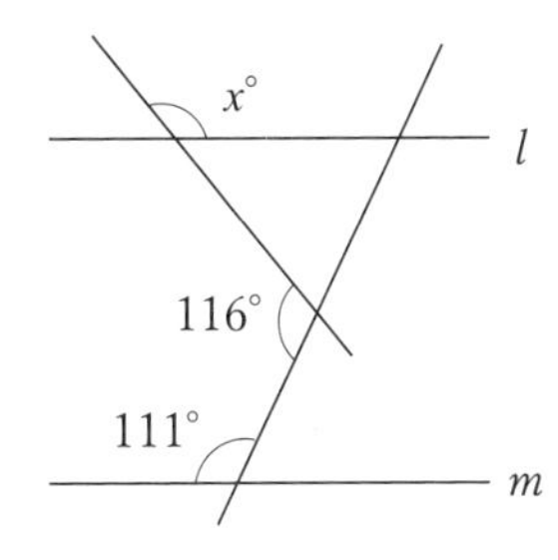

例題 11

$l /\!/ m$ のとき，$\angle x$ の大きさを求めよ。

(1)

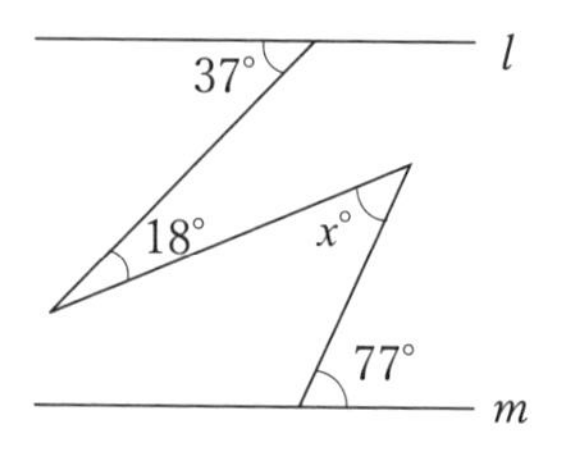

(2)

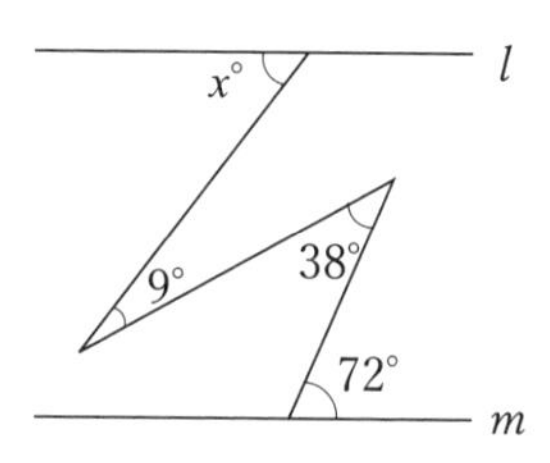

解答

(1)　直線 l，m に平行な直線 n を引く

　太枠で囲った三角形の外角を利用すれば，

$$
\begin{aligned}
x &= 77 - 19 \\
&= 58
\end{aligned}
$$

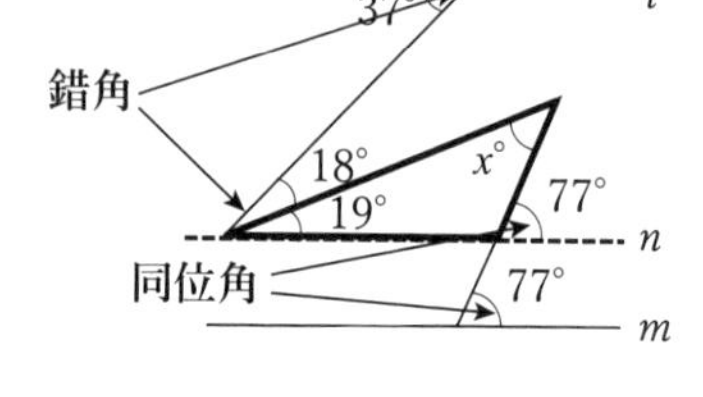

(2)　直線 l，m に平行な直線 n を引く

　太枠で囲った三角形の外角を利用すれば，

$$
\begin{aligned}
x &= 34 + 9 \\
&= 43
\end{aligned}
$$

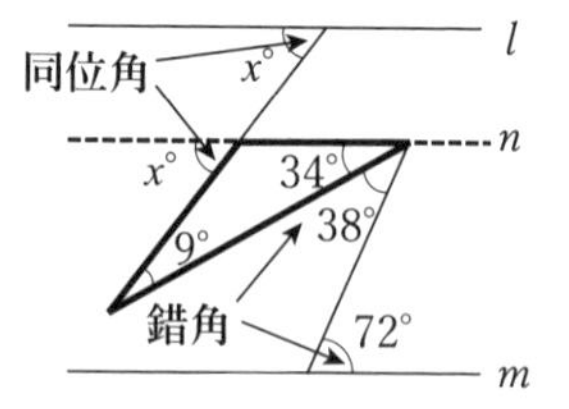

ポイント

尖ったところを通る平行線を引いて，同位角や錯角を使おう

練習問題 11

$l /\!/ m$ のとき，$\angle x$ の大きさを求めよ。

(1)

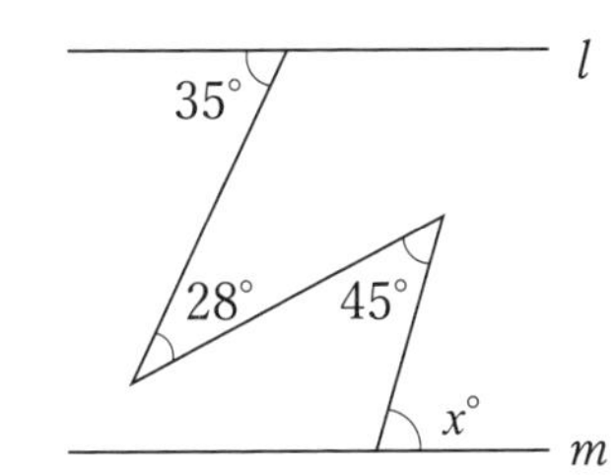

(2)

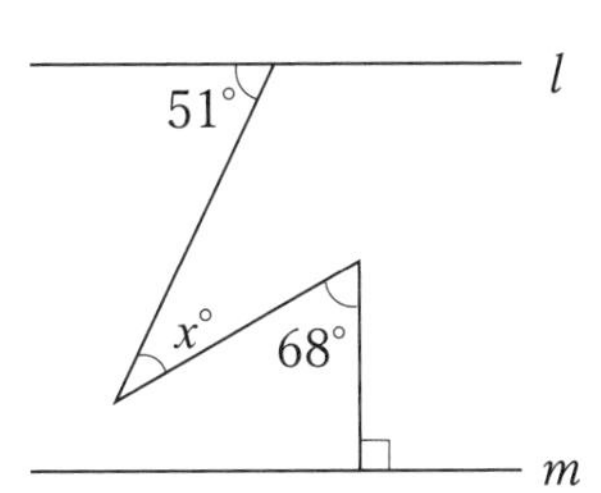

(3)

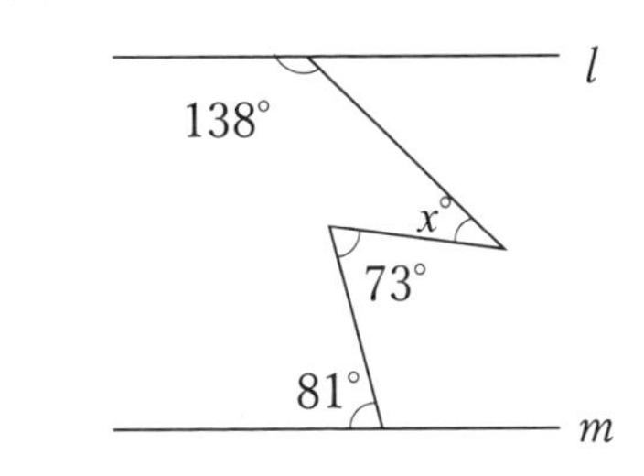

(4)

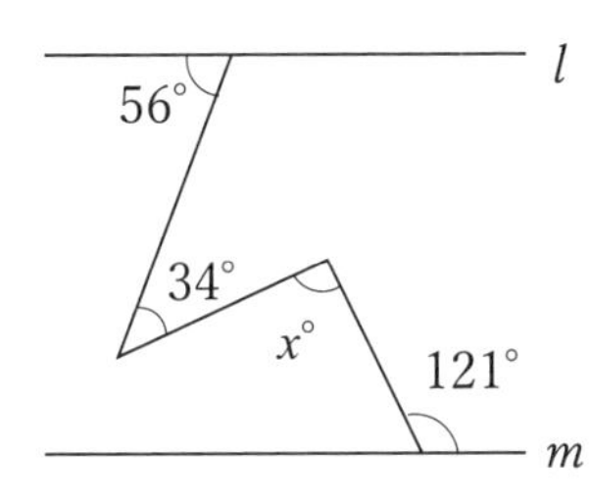

例題 12

$l /\!/ m$ のとき，$\angle x$ の大きさを求めよ。

(1)

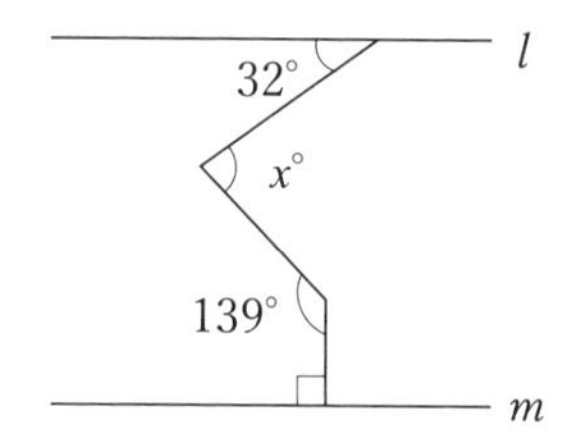

(2)

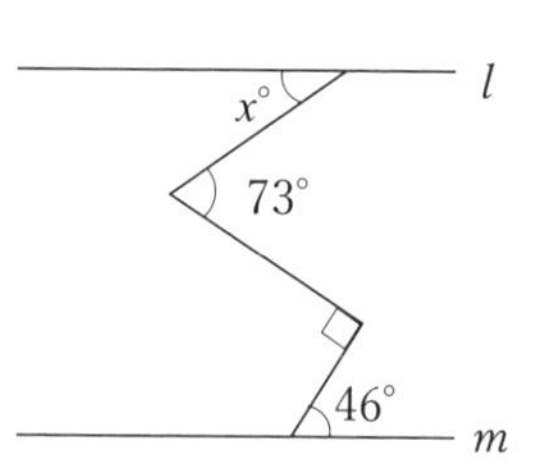

解答

(1)　直線 l，m に平行な直線 n，k を引く

$x = 32 + 49 = 81$

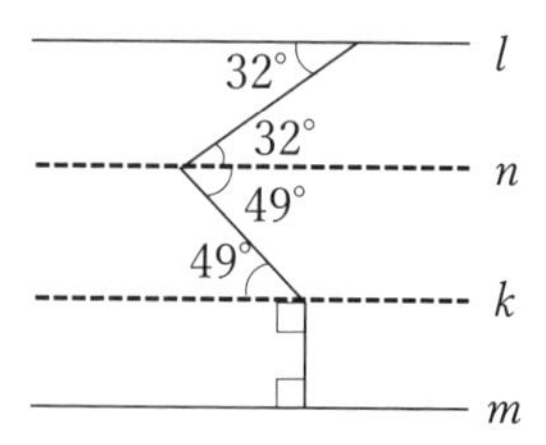

(2)　直線 l，m に平行な直線 n，k を引く

$x = 29$

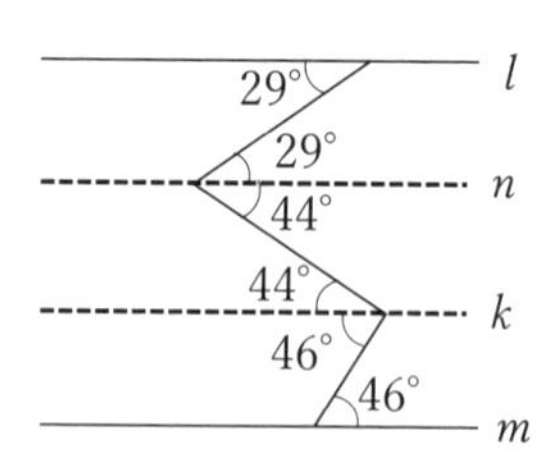

ポイント

1 本の補助平行線で解決しなければ，このように補助平行線を追加して考えよう

練習問題 12

$l /\!/ m$ のとき，$\angle x$ の大きさを求めよ。

(1)

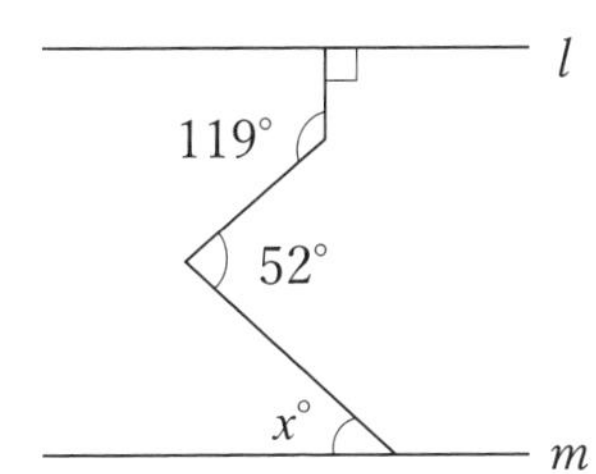

(2)

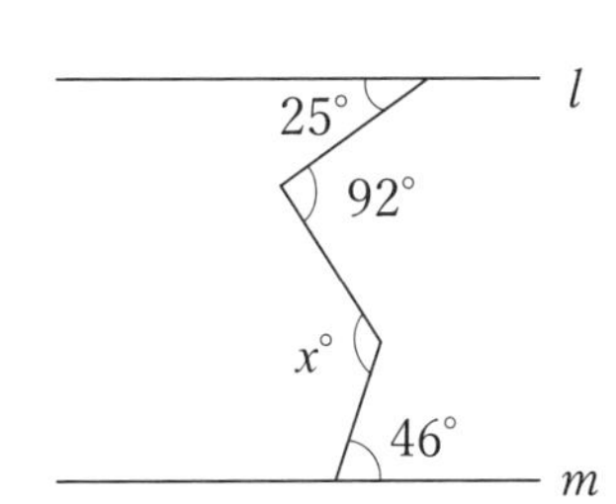

(3)

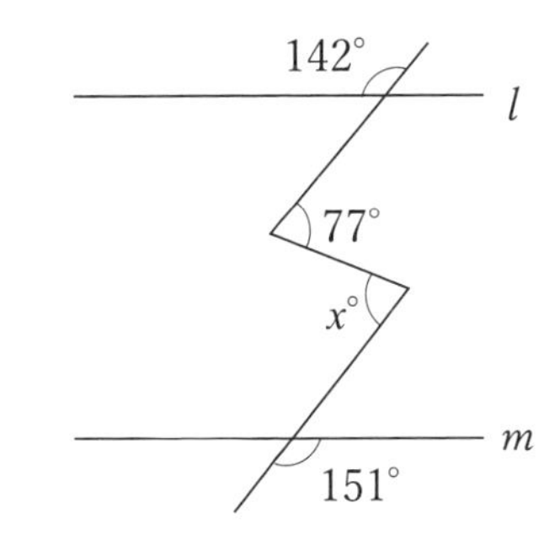

(4)

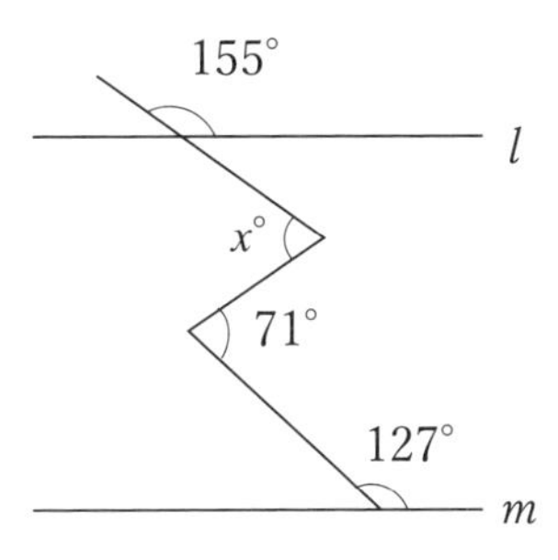

例題 13

$l /\!/ m$ のとき，
$\angle x$ の大きさを求めよ。

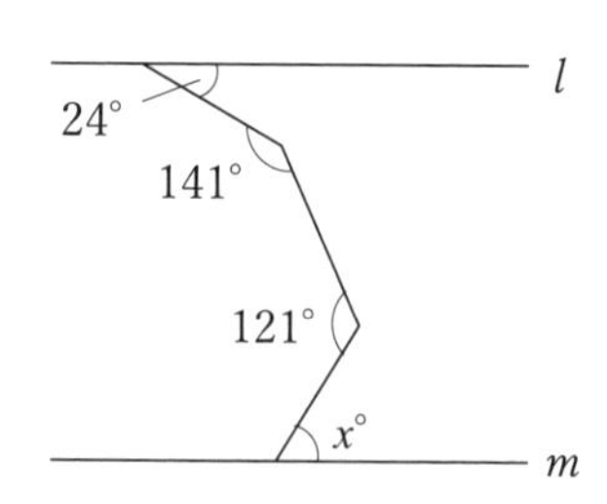

解答

直線 l，m に平行な
直線 n，k を引く

$x = 58$

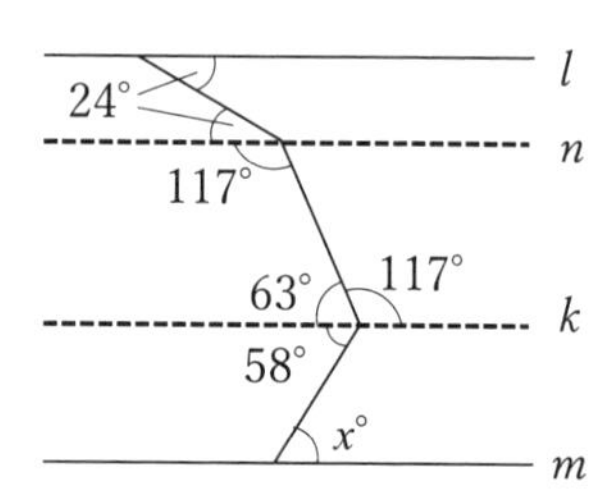

［別解］

直線 l，m に平行な
直線 n を引く

太枠の三角形の内角
の和から，

$$x = 180 - (39 + 59 + 24)$$
$$= 180 - 122 = 58$$

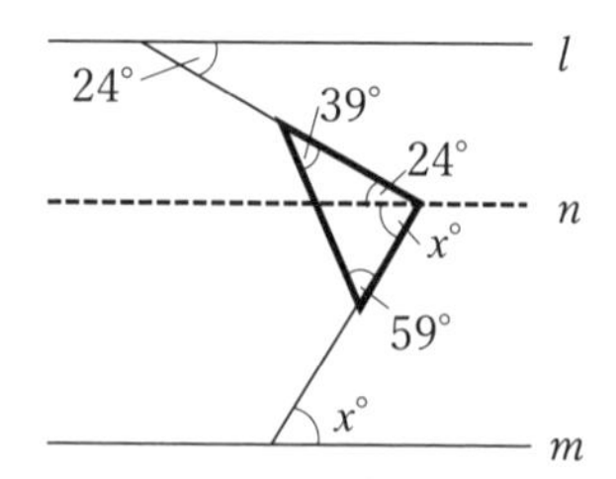

ポイント

補助平行線や三角形の内外角を自在に使えるようにしよう

練習問題 13

$l /\!/ m$ のとき，$\angle x$ の大きさを求めよ。

(1)

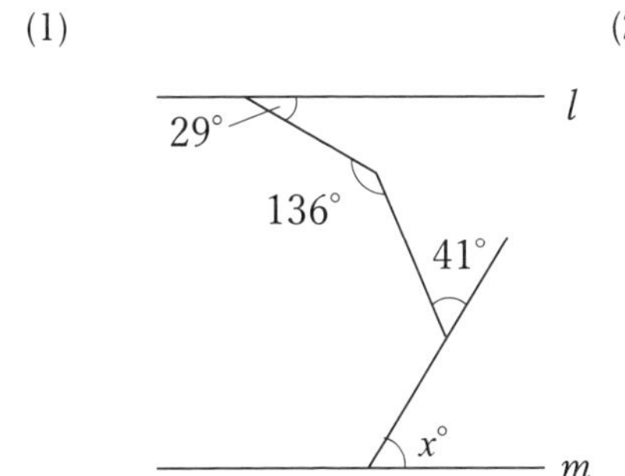

(2)

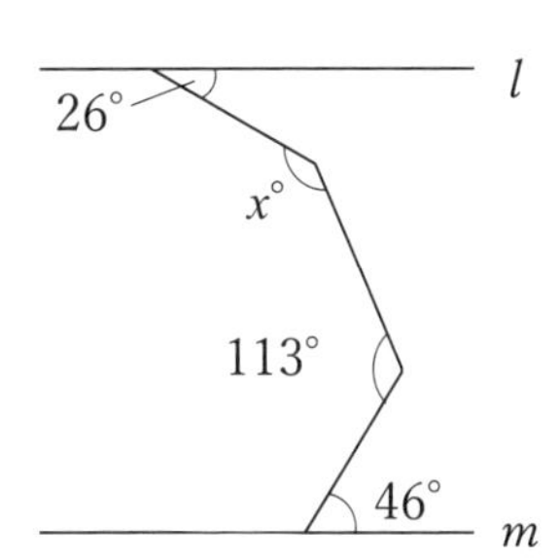

(3)

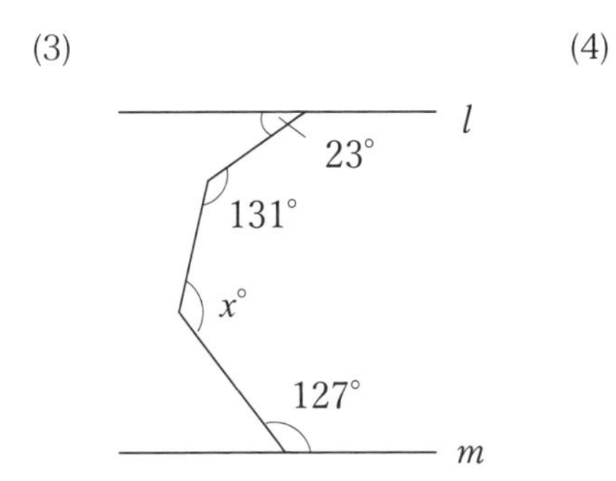

(4)

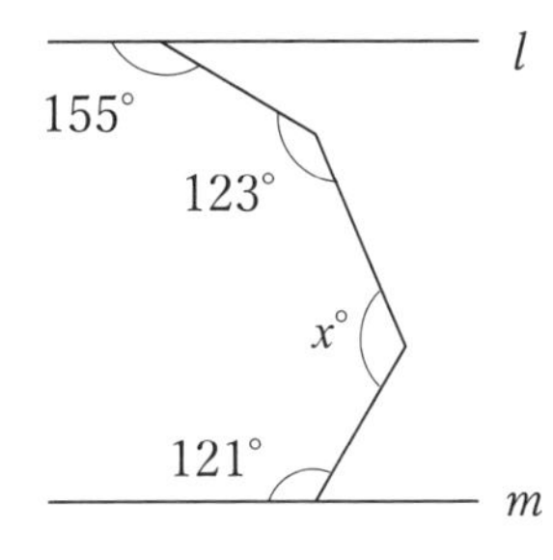

例題 14

△ABCは正三角形，$l /\!/ m$ のとき，$\angle x$ の大きさを求めよ。

(1)

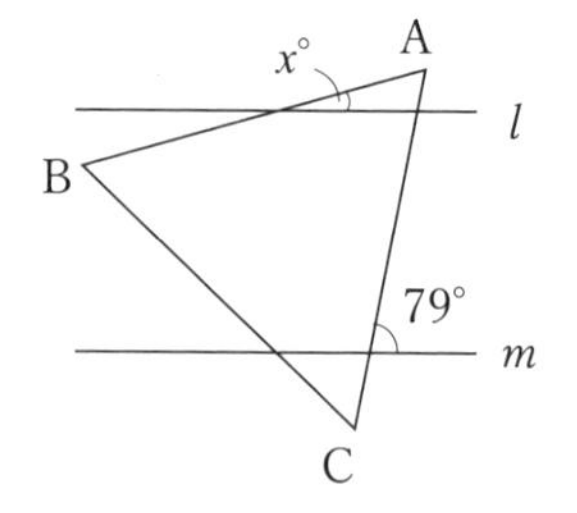

(2)

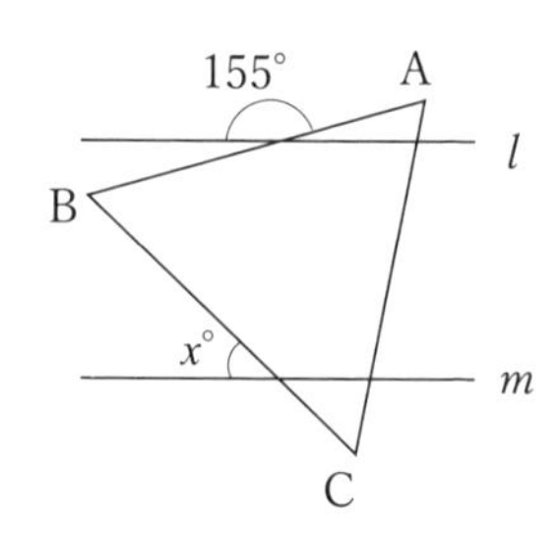

解答

正三角形の 1 つの角は 60°

(1)　右図のように，
平行線の同位角と太枠
の三角形の外角を使い，

$x = 79 - 60 = 19$

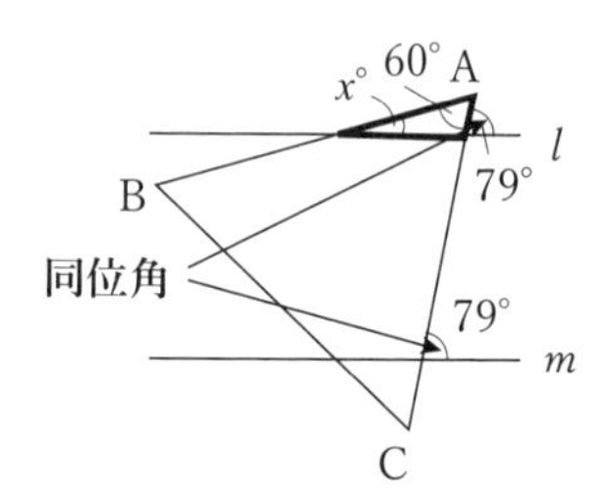

(2)　直線 l，m に平行
な直線 n を引く

平行線の錯角を使えば，

$x = 60 - 25 = 35$

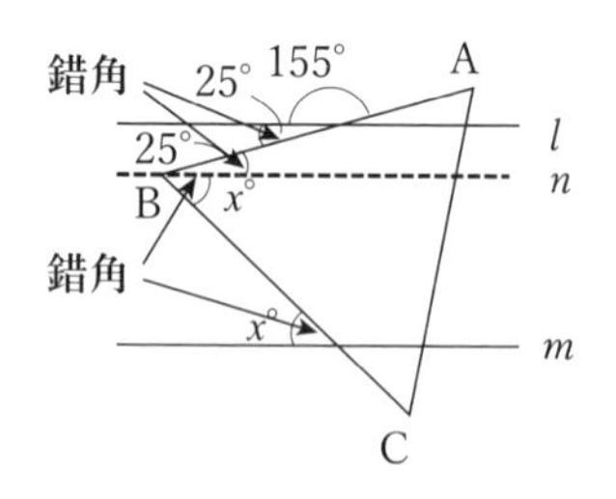

ポイント

正三角形の 1 つの角 60° と平行線の錯角や同位角を利用しよう

練習問題 14

△ＡＢＣは正三角形，$l /\!/ m$ のとき，$\angle x$ の大きさを求めよ。

(1)

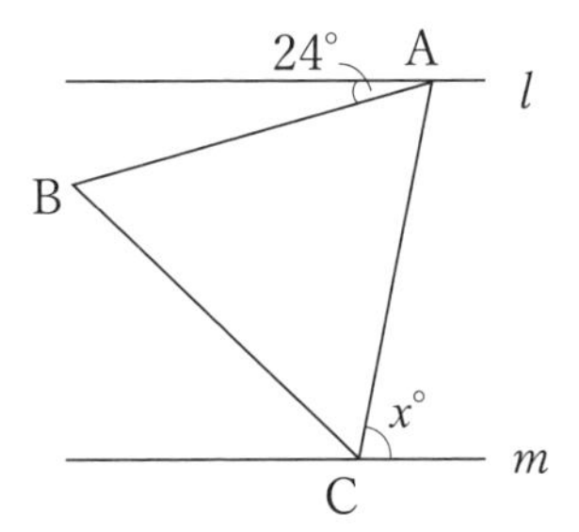

(2)

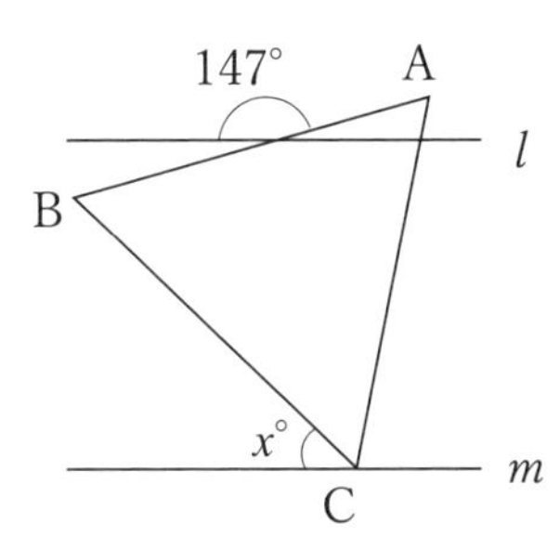

(3)　　(4)

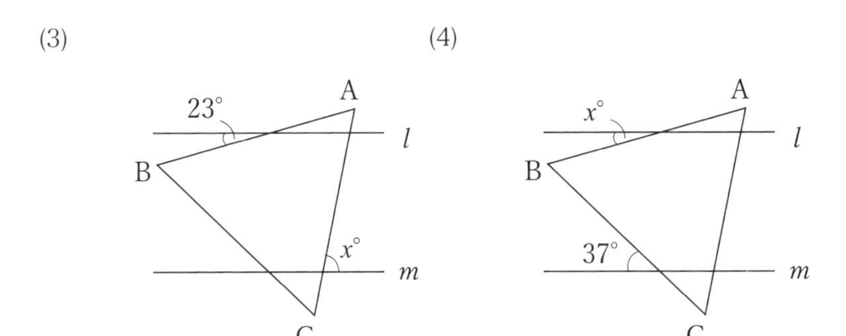

例題 15

ＡＢＣＤＥは正五角形,
$l /\!/ m$ のとき,
$\angle x$ の大きさを求めよ。

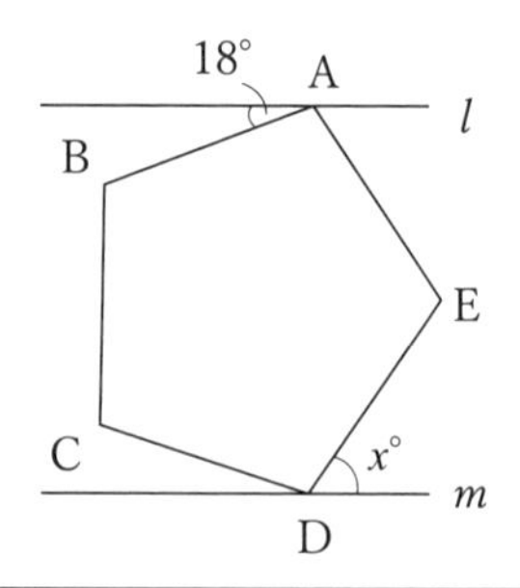

解答

正五角形の１つの角は108°
右図のように，正五角形の１つの内角と平行線の錯角を使い，太枠の三角形の外角から,
$x = 108 - 54 = 54$

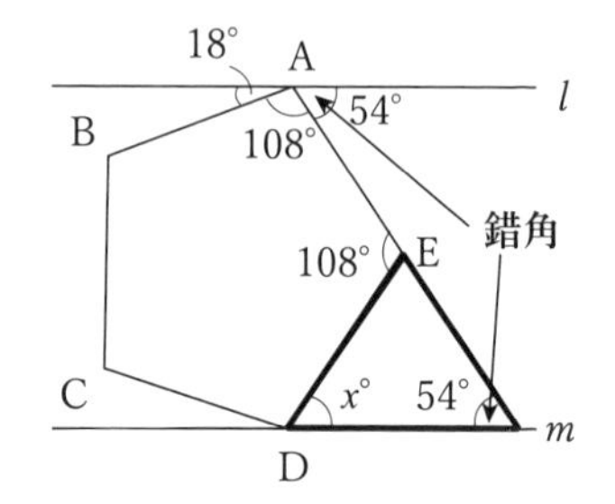

［別解］
直線 l, m に平行な直線 n, k を引く
正五角形の１つの内角と平行線の錯角を利用すれば,
$x = 54$

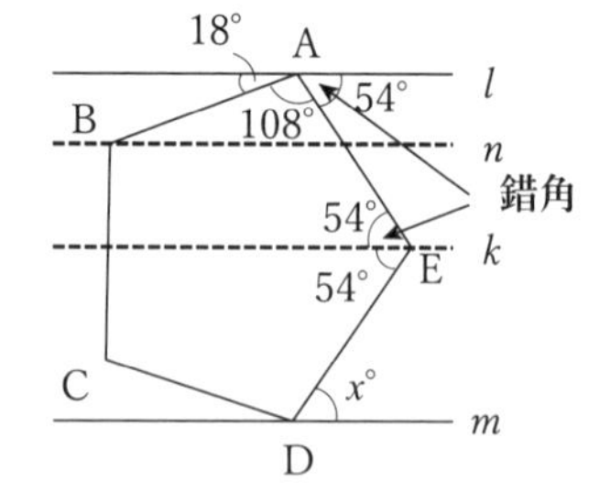

ポイント
正五角形の１つの角 108° と平行線の錯角や同位角を有効に使おう

練習問題 15

ＡＢＣＤＥは正五角形，$l /\!/ m$ のとき，$\angle x$ の大きさを求めよ。

(1)

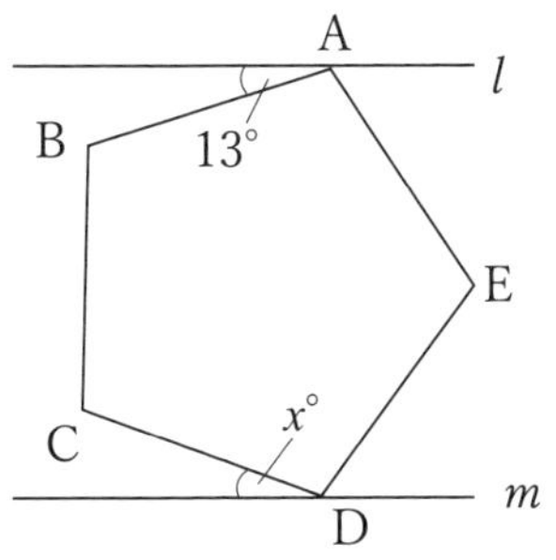

(2)

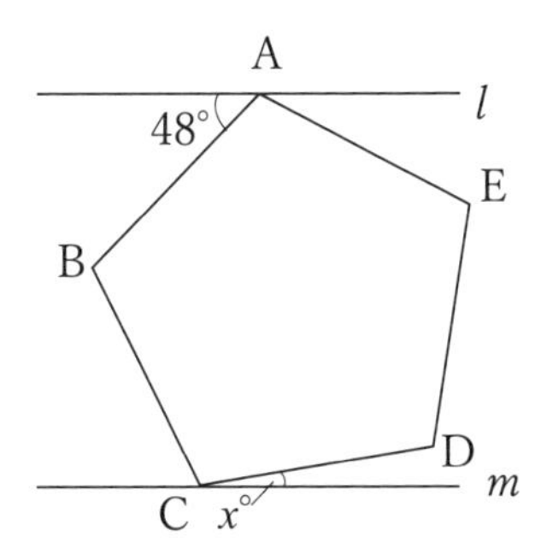

(3)

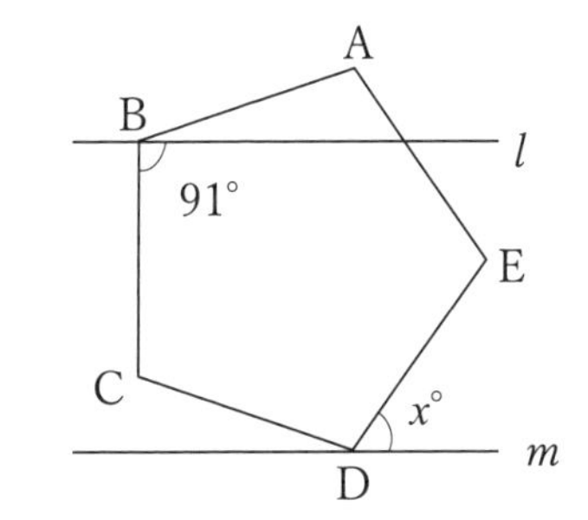

(4)

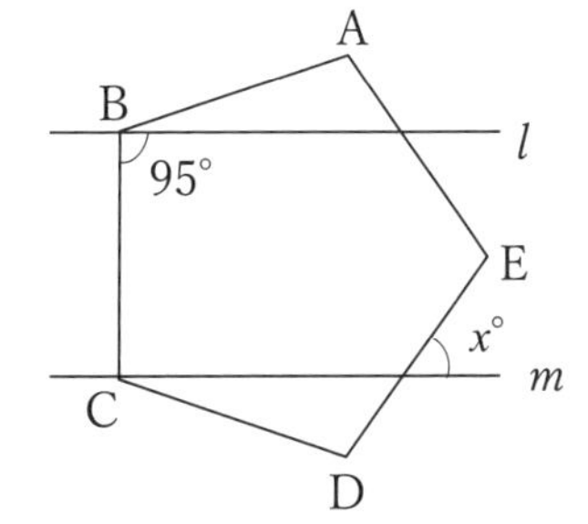

例題 16

$l /\!/ m$ のとき，$\angle x$ の大きさを求めよ。

(1)

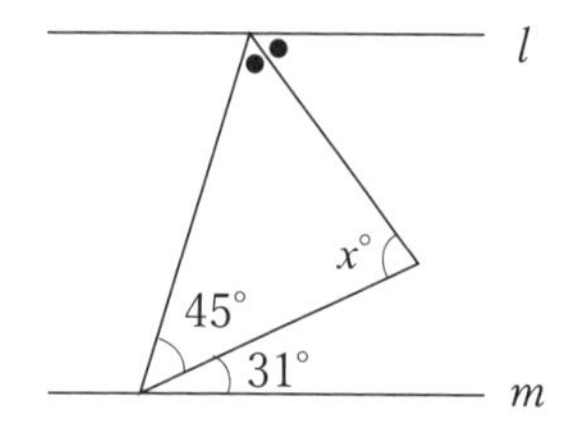

(2)

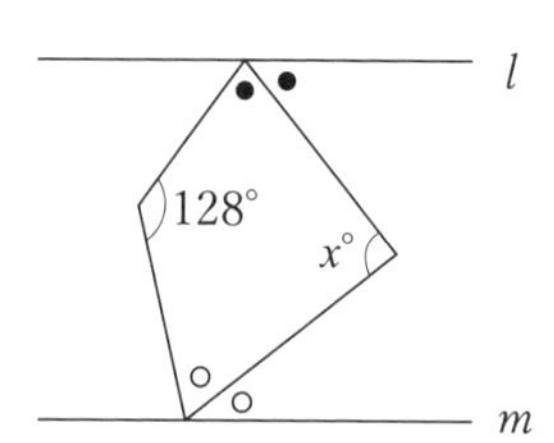

解答

(1)　直線 l 上の角から，

$2●+76=180$，$●=52$

そこで太枠の三角形の内角の和から，

$x=180-(45+●)$

$=180-(45+52)=180-97=83$

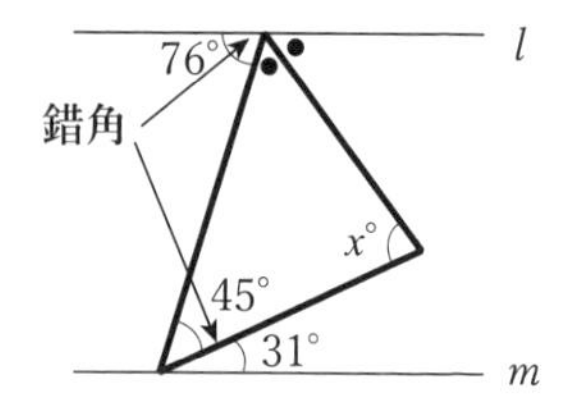

(2)　$l /\!/ n /\!/ m$ として，

平行線の錯角を利用する

四角形の内角の和をから，

$2●+2○+128=360$

$2●+2○=232$

$x=●+○=116$

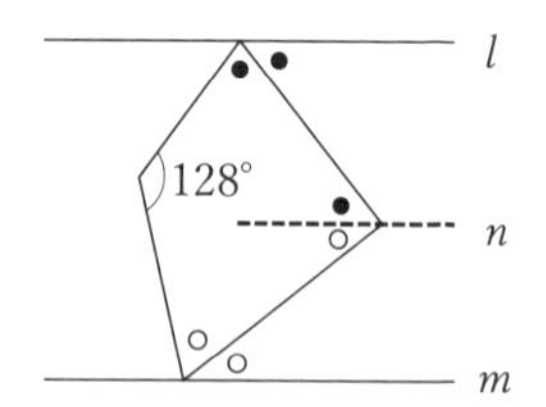

ポイント

平行線の同位角や錯角を使って，●や（●+○）を求めよう

練習問題 16

$l /\!/ m$ のとき，$\angle x$ の大きさを求めよ。

(1)

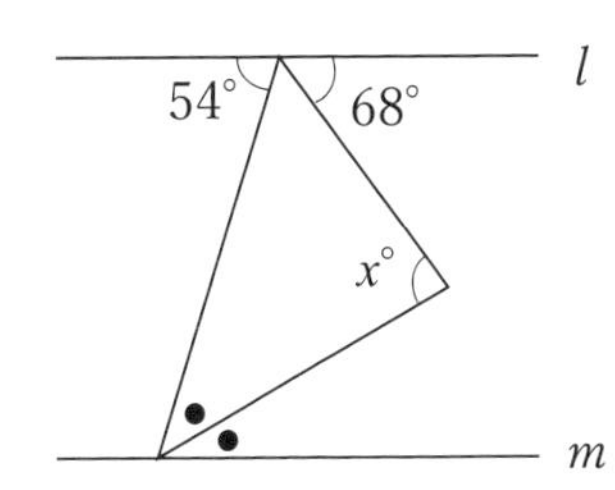

(2)

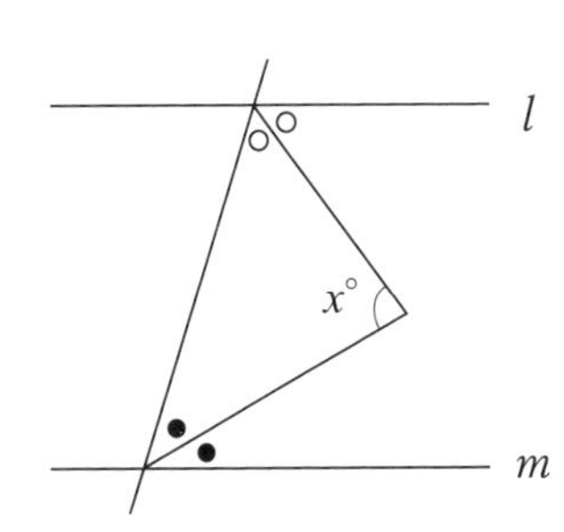

(3)

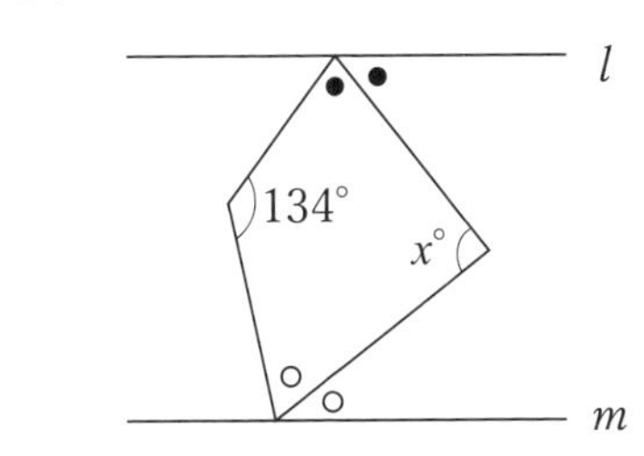

(4)

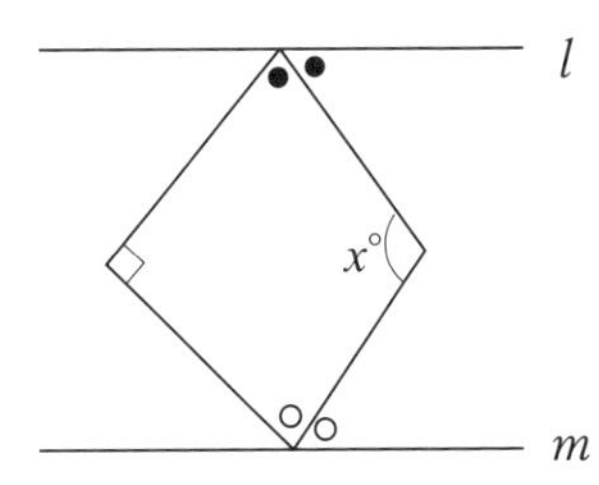

例題 17

$l /\!/ m$ のとき，
$\angle x$ の大きさを求めよ。

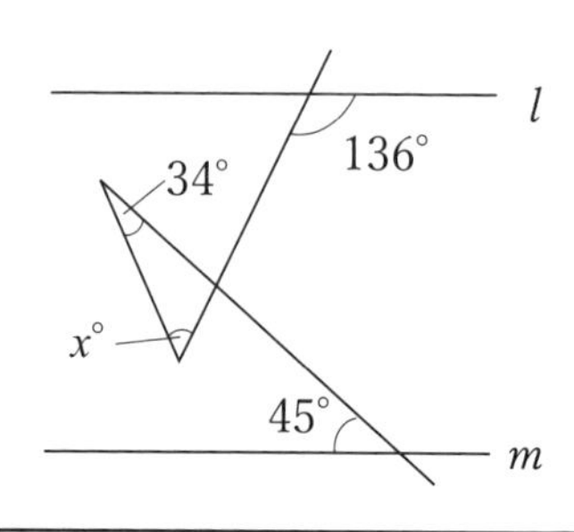

解答

右図のように，
$l /\!/ n /\!/ m$ とすると，
平行線の同位角や錯角より，角を移動する

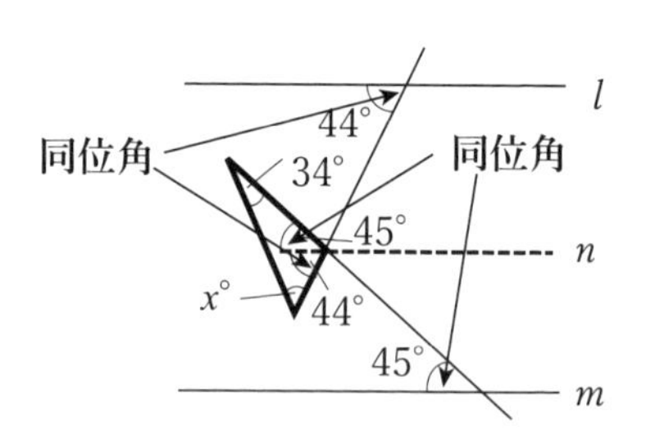

太枠の三角形の内角の和を利用すれば，

$$
\begin{aligned}
x &= 180 - (34 + 44 + 45) \\
&= 180 - 123 \\
&= 57
\end{aligned}
$$

ポイント
平行線の同位角や錯角を使って，一カ所に必要な角を集めよう

4章　円と角

例題 1

$\angle x$ の大きさを求めよ。

(1)

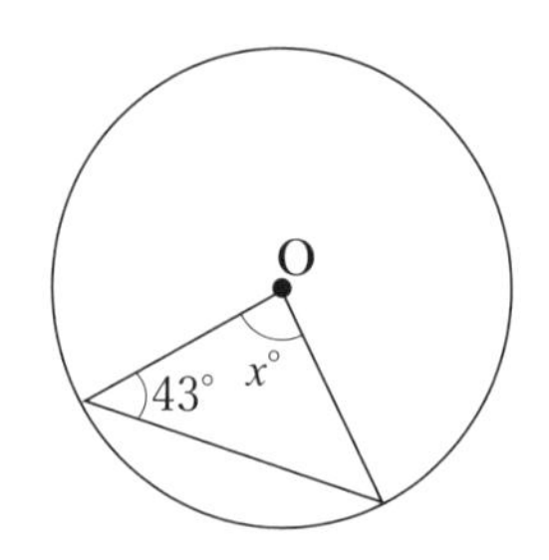

(2)

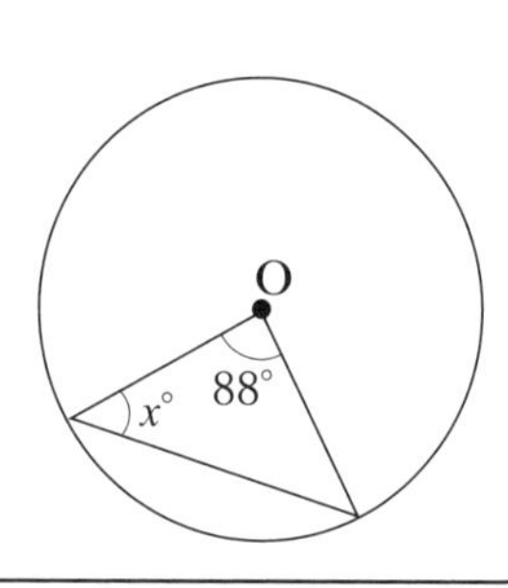

解答

(1)　二等辺三角形だから,

$$
\begin{aligned}
x &= 180 - 43 \times 2 \\
&= 180 - 86 \\
&= 94
\end{aligned}
$$

半径

O

43°

x°

(2)　二等辺三角形だから,

$$
\begin{aligned}
x &= (180 - 88) \div 2 \\
&= 92 \div 2 \\
&= 46
\end{aligned}
$$

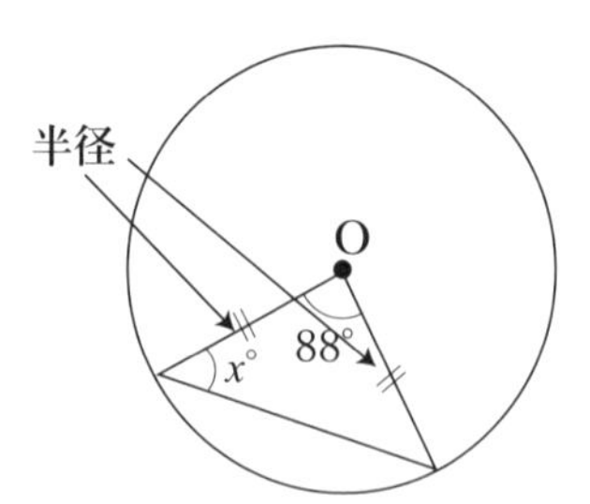

ポイント

円の半径に着目することで，二等辺三角形になることを使おう

練習問題1

$\angle x$の大きさを求めよ。

(1)

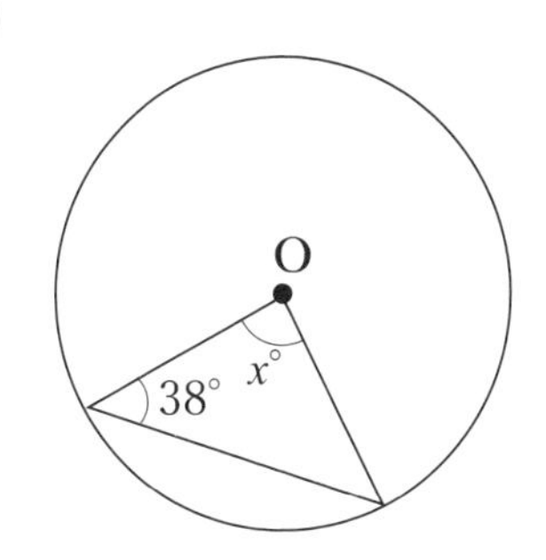

(2)

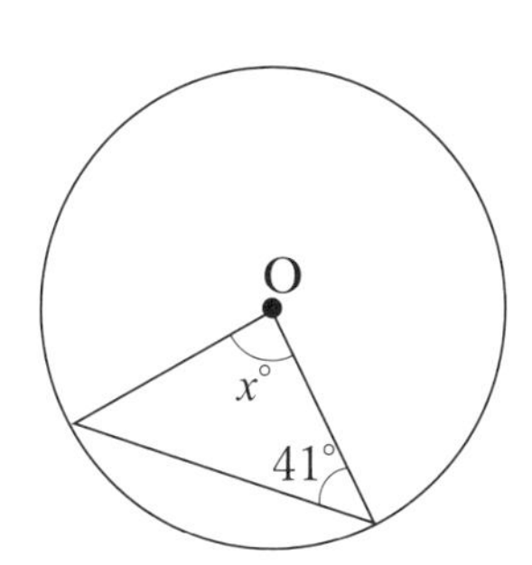

(3)

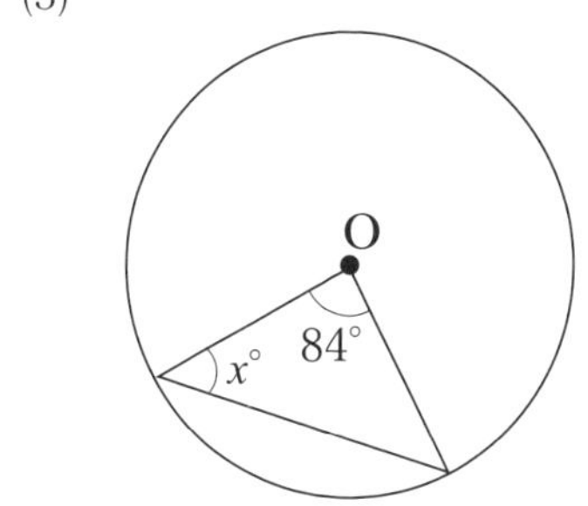

(4)

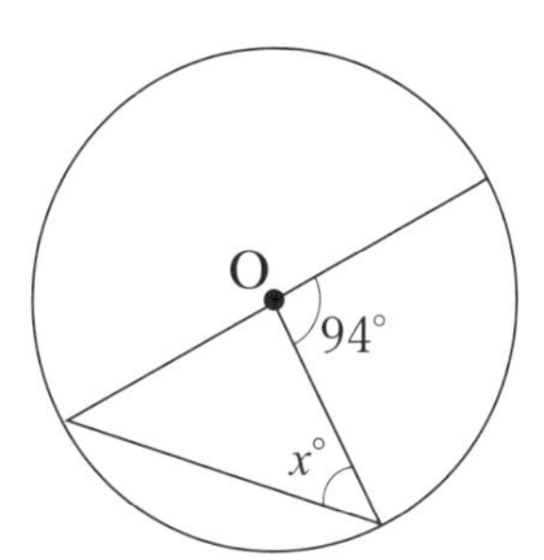

例題 2

∠ x の大きさを求めよ。

(1)

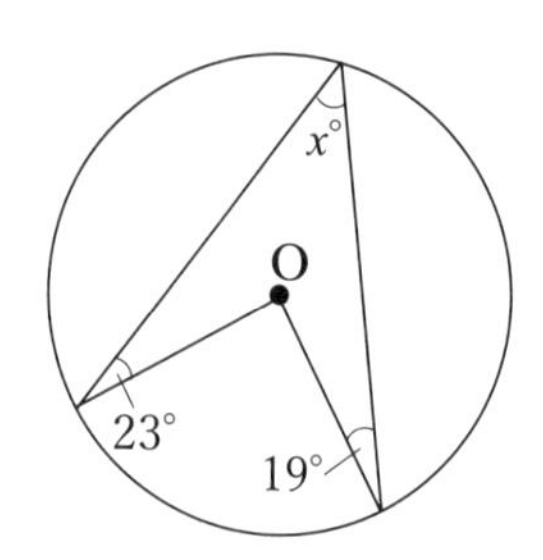

(2)

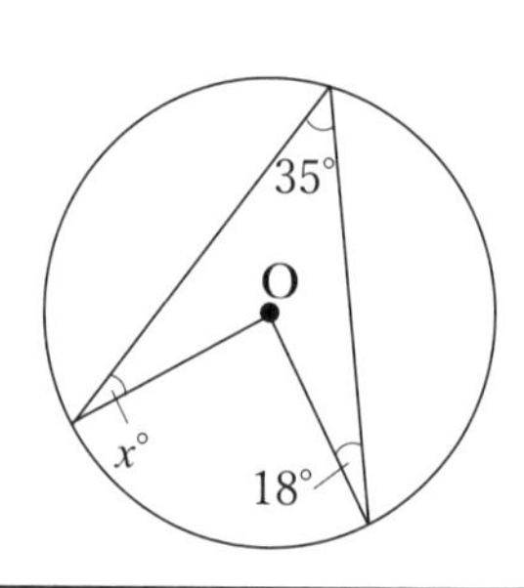

解答

(1)　二等辺三角形を利用して，

$x = 23 + 19 = 42$

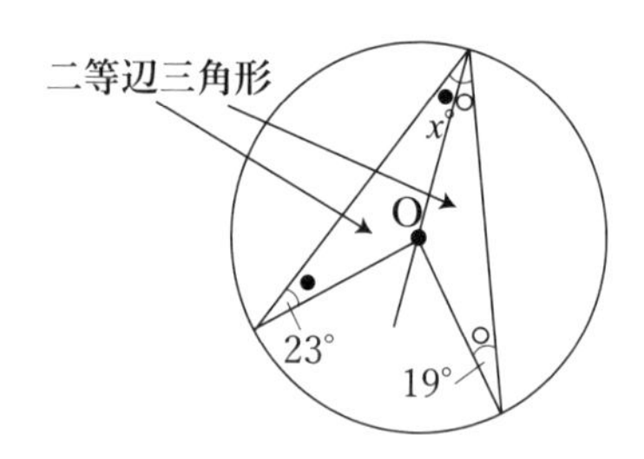

(2)　二等辺三角形を利用して，

● ＝ 35 －○

＝ 35 － 18 ＝ 17

x ＝●＝ 17

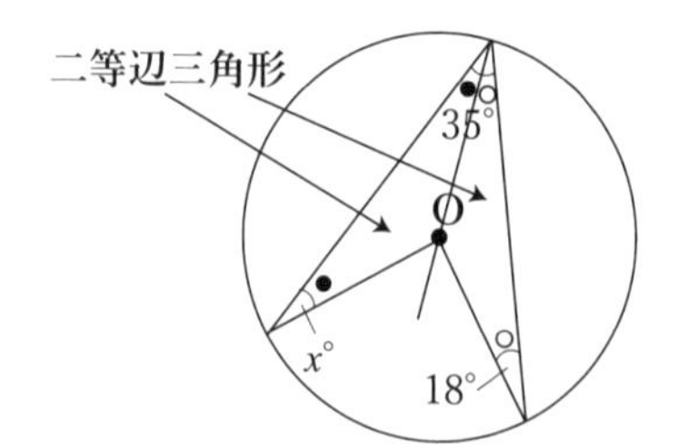

ポイント

二等辺三角形の貼り合わせに気づこう

練習問題 2

∠x の大きさを求めよ。

(1)

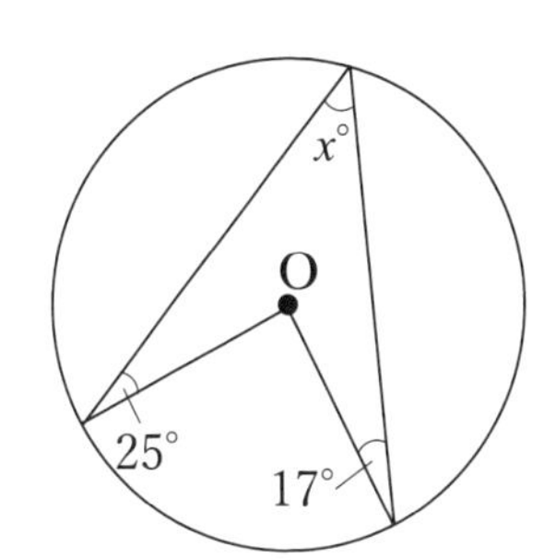

(2)

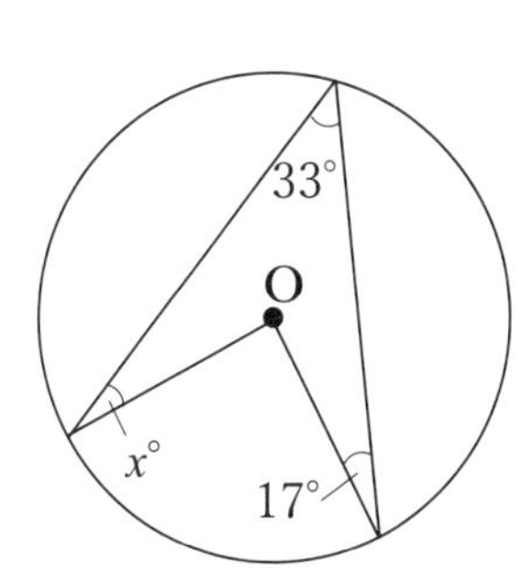

(3)

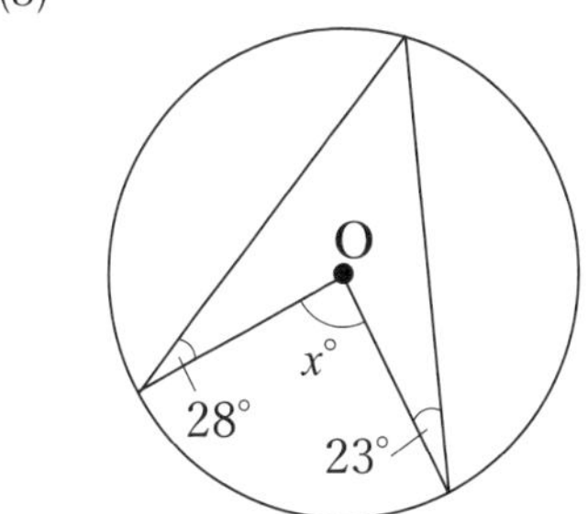

(4)

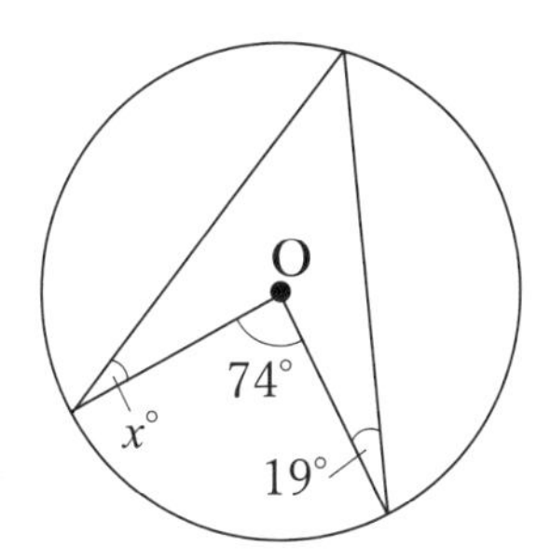

例題 3

∠x の大きさを求めよ。

(1)

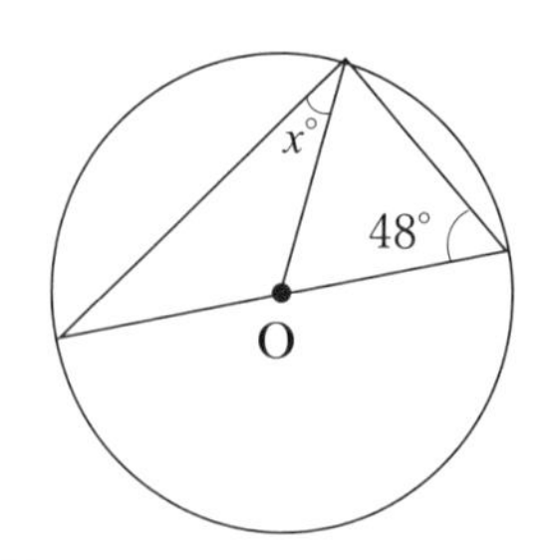

(2)

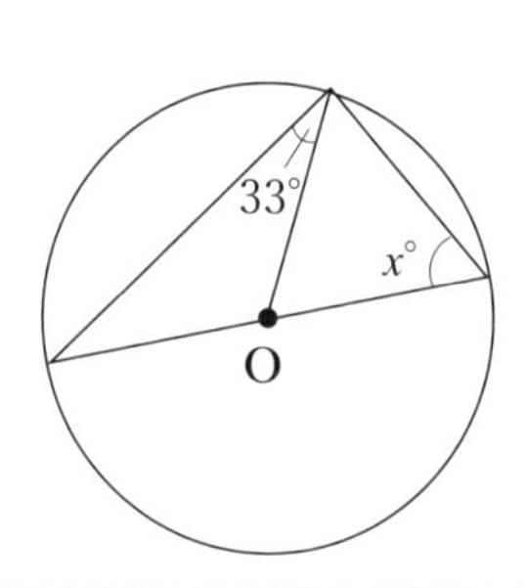

解答

(1)　右図のような二等辺三角形の組み合わせになるから,

$x = (180 - 96) \div 2$
$= 42$

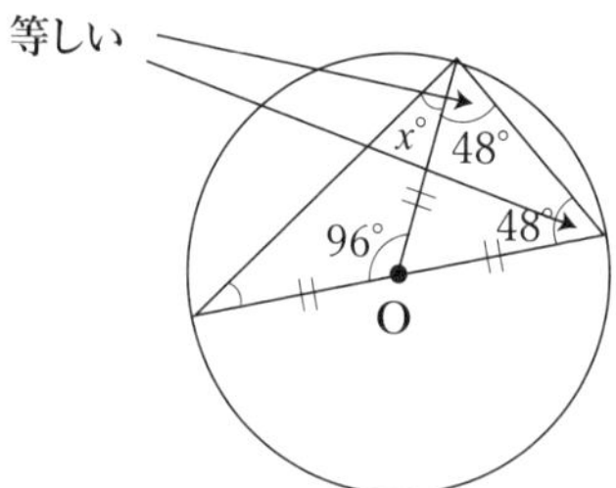

(2)　右図のような二等辺三角形の組み合わせになるから,

$x = (180 - 66) \div 2$
$= 57$

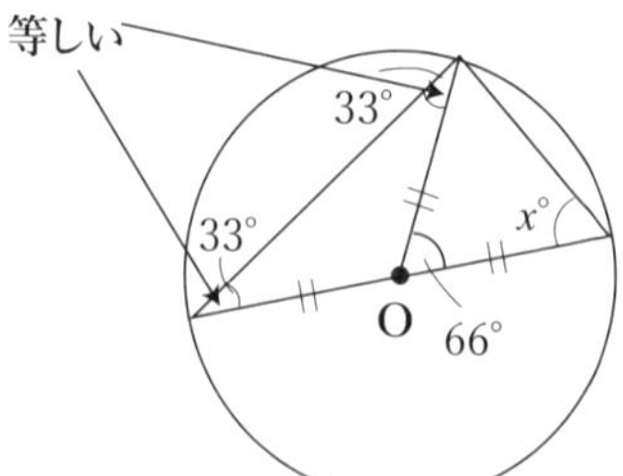

ポイント

二等辺三角形が 2 つできることに着目しよう

練習問題3

$\angle x$ の大きさを求めよ。

(1)

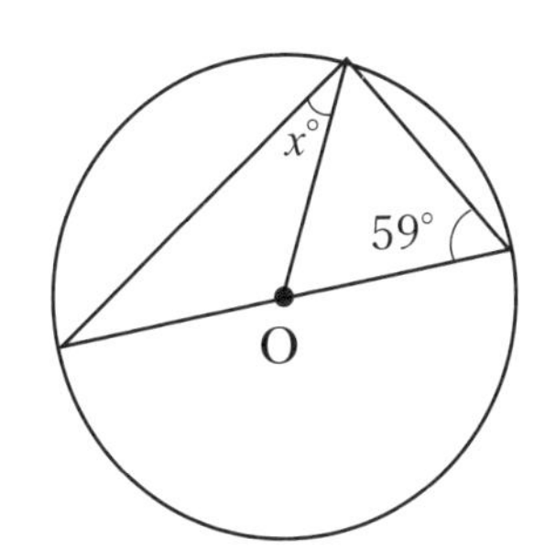

(2)

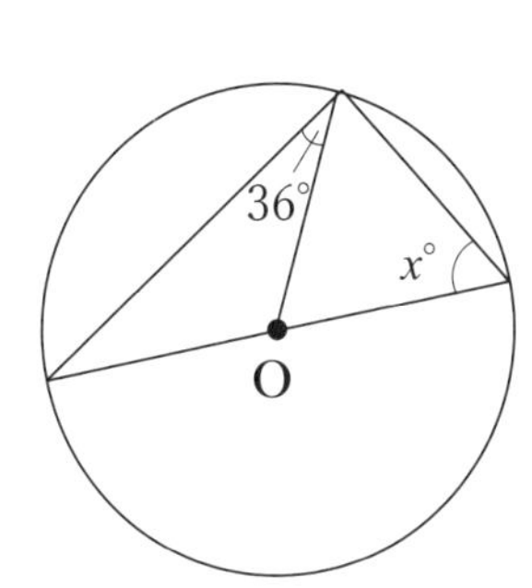

(3)

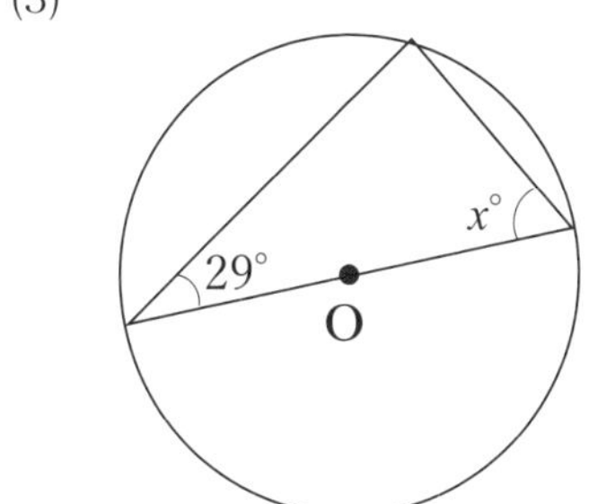

(4)

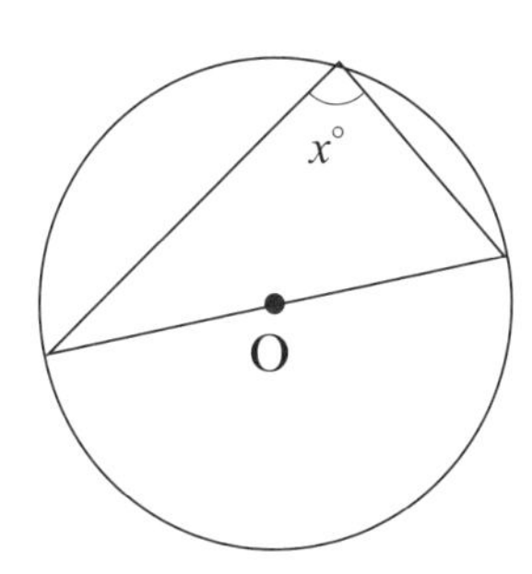

例題4

$\angle x$ の大きさを求めよ。

(1)

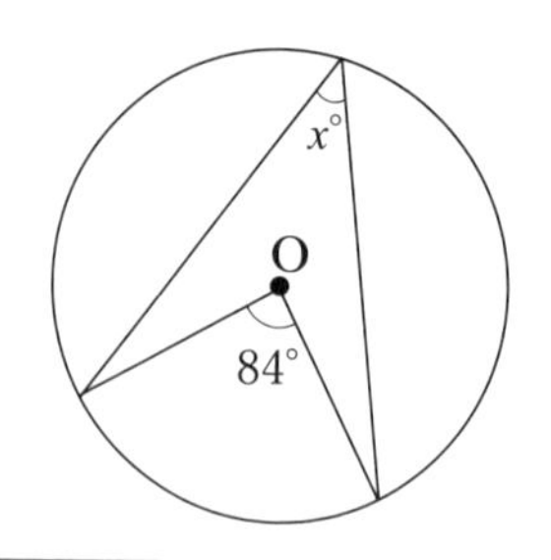

(2)

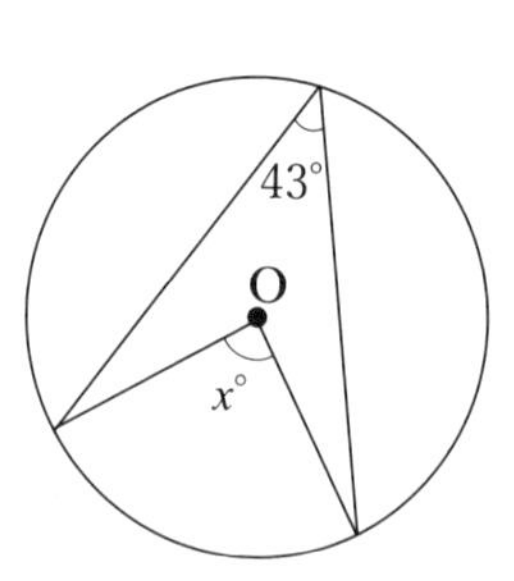

解答

右図の

中心角と円周角の関係

を利用する

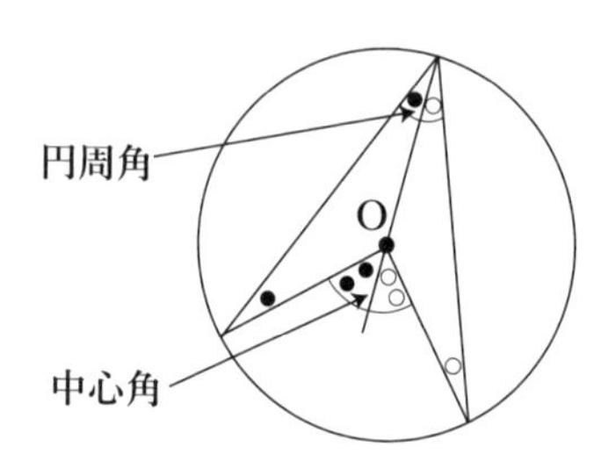

(1) 円周角と中心角の関係から，

$x = 84 \div 2 = 42$

(2) 円周角と中心角の関係から，

$x = 43 \times 2 = 86$

ポイント

円の中心角と円周角の関係を頭に入れておこう

練習問題4

∠xの大きさを求めよ。

(1)

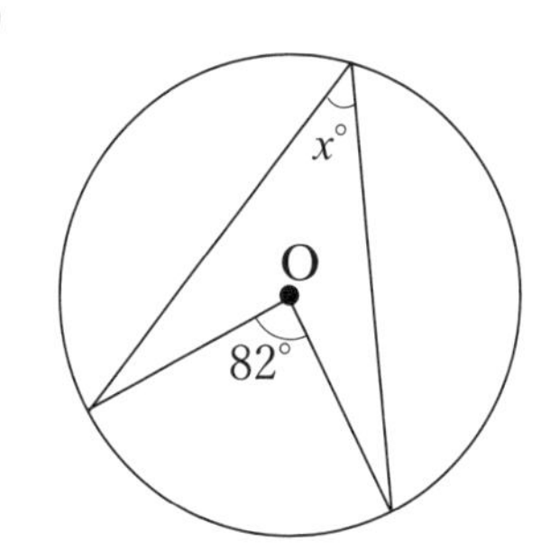

(2)

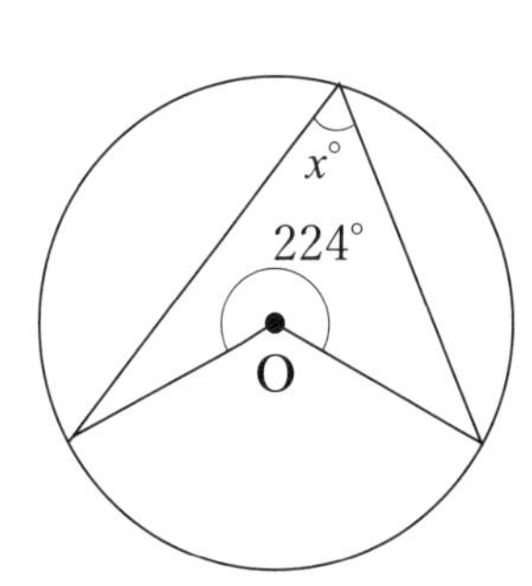

(3)

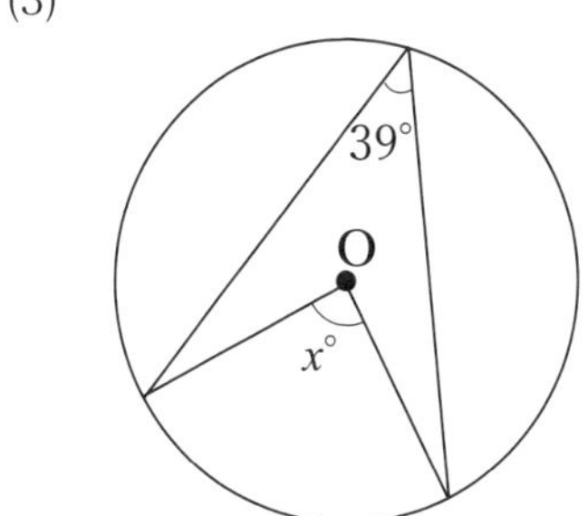

(4)

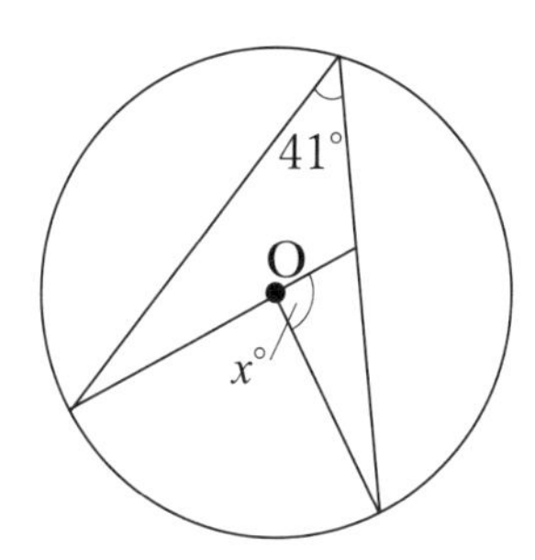

例題 5

$\angle x$ の大きさを求めよ。

(1)

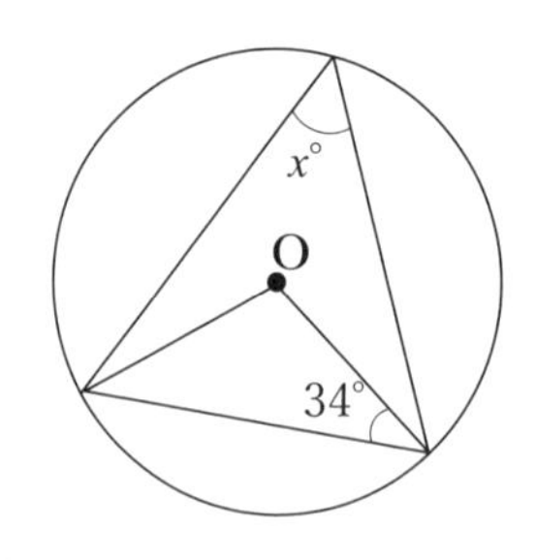

(2)

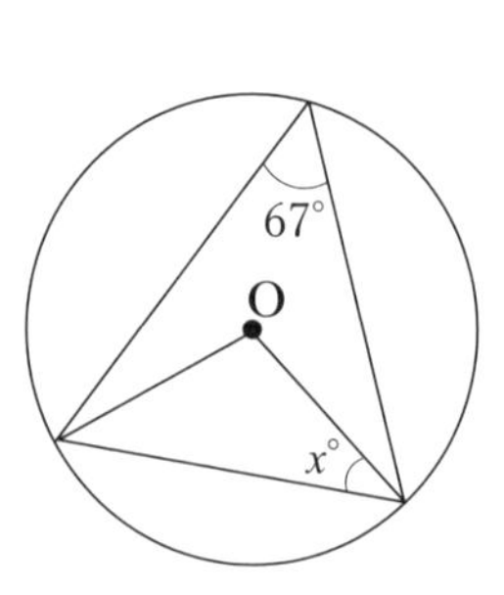

解答

(1)　太枠の二等辺三角形の内角から，中心角は 112°

中心角と円周角の関係から，円周角は，

$x = 112 \div 2 = 56$

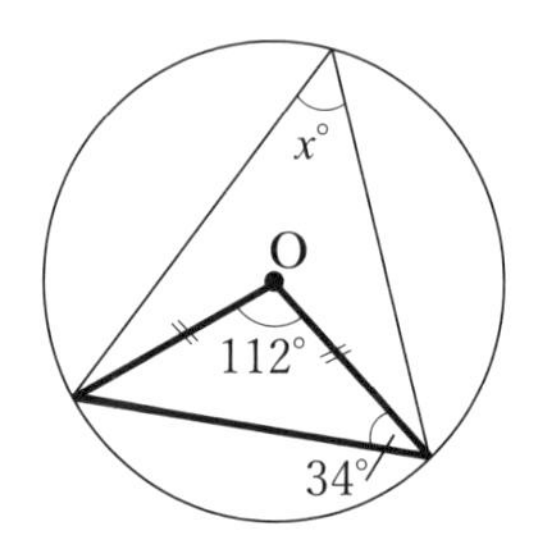

(2)　中心角と円周角の関係から，中心角は，

$67 \times 2 = 134°$

太枠の二等辺三角形の内角から，

$x = (180 - 134) \div 2$

$= 46 \div 2 = 23$

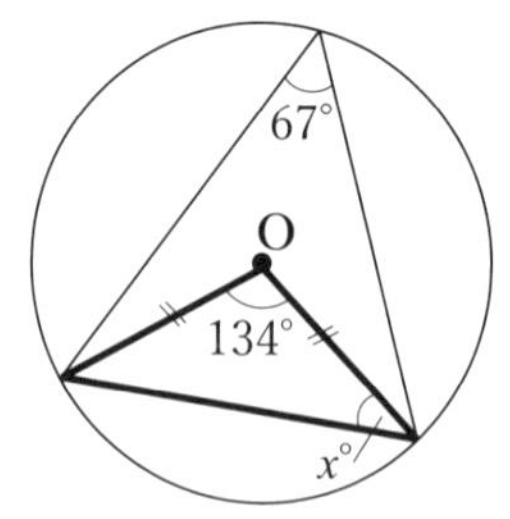

ポイント

中心角と円周角の関係と，三角形の内角の和を使おう

練習問題 5

∠xの大きさを求めよ。

(1)

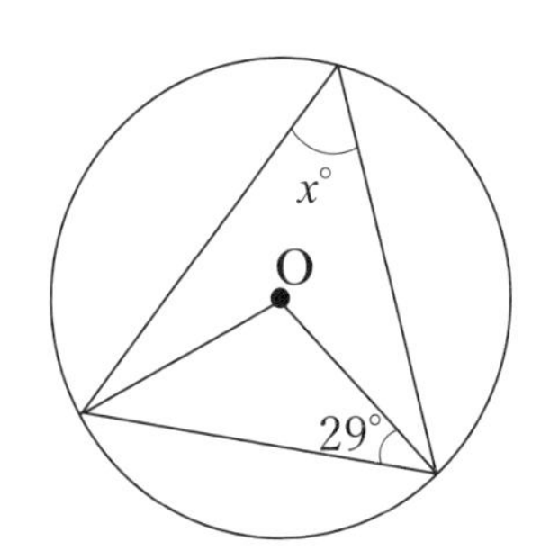

(2)

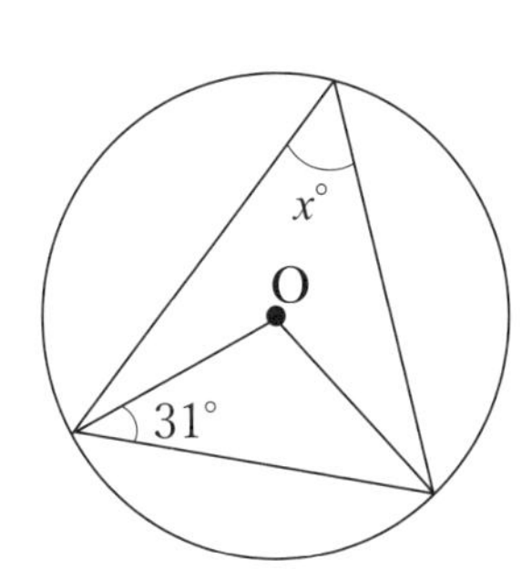

(3)

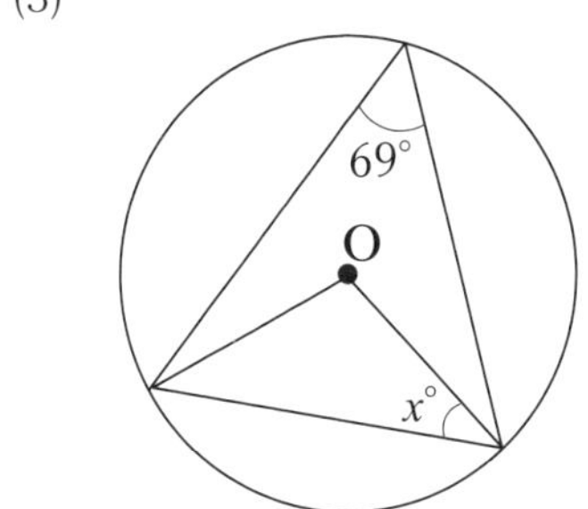

(4)

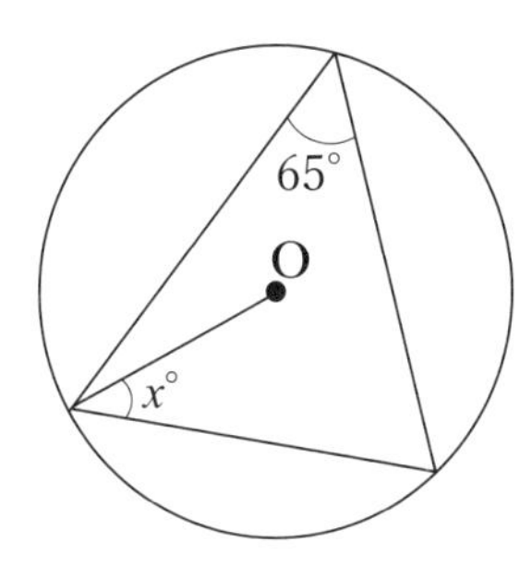

例題 6

$\angle x$ の大きさを求めよ。

(1)

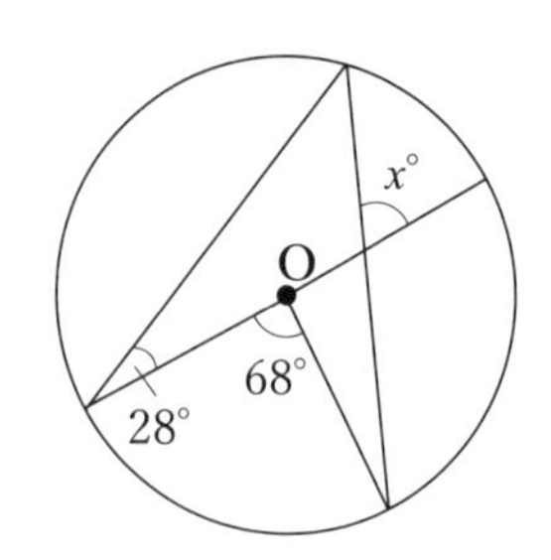

(2)

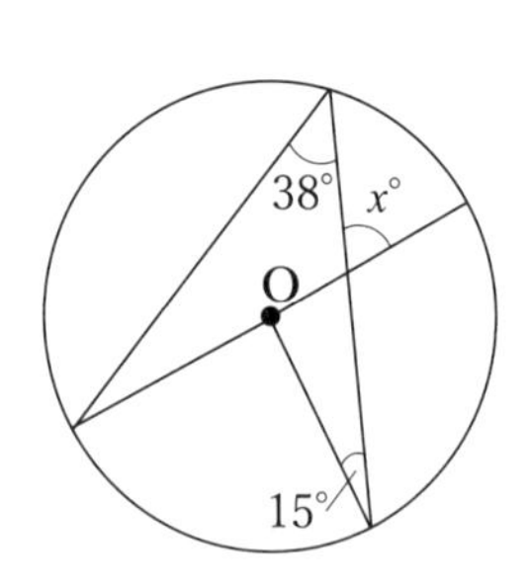

解答

(1)　太線の弧の中心角と円周角の関係と，太枠の三角形の外角を利用して，

$x = 34 + 28 = 62$

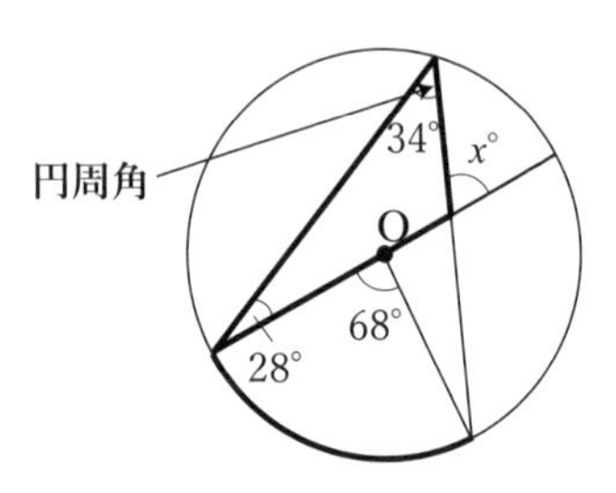

(2)　太線の弧の中心角と円周角の関係と，太枠の三角形の外角を利用して，

$x = 76 - 15 = 61$

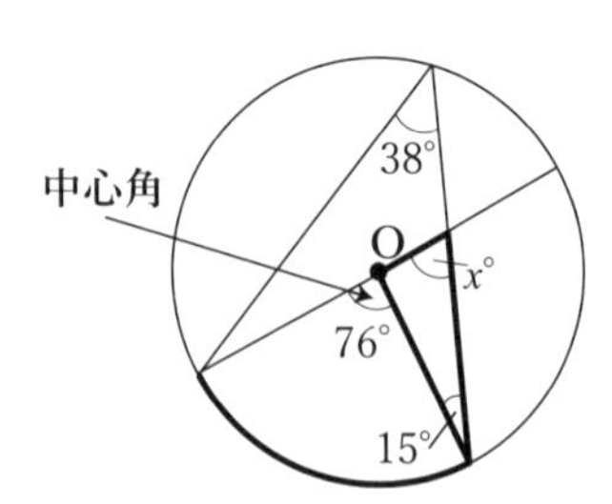

ポイント

中心角と円周角の関係と，三角形の内外角を使おう

練習問題 6

∠xの大きさを求めよ。

(1)

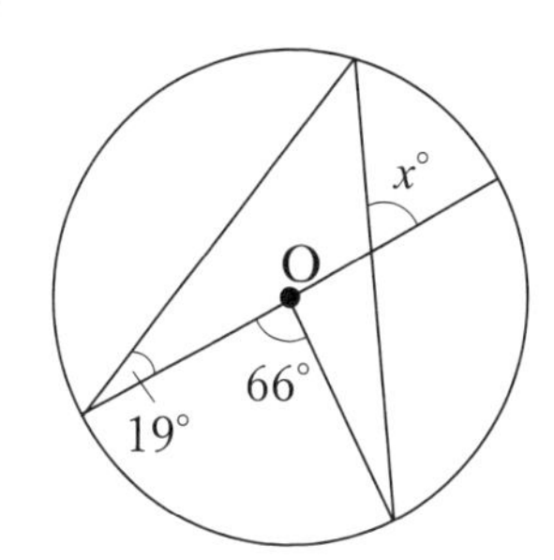

(2)

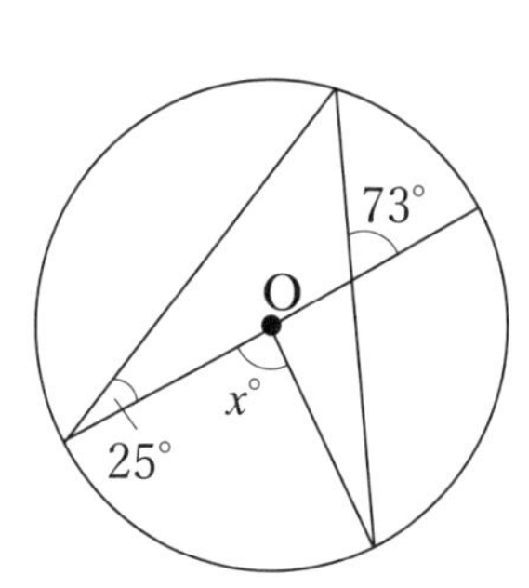

(3)

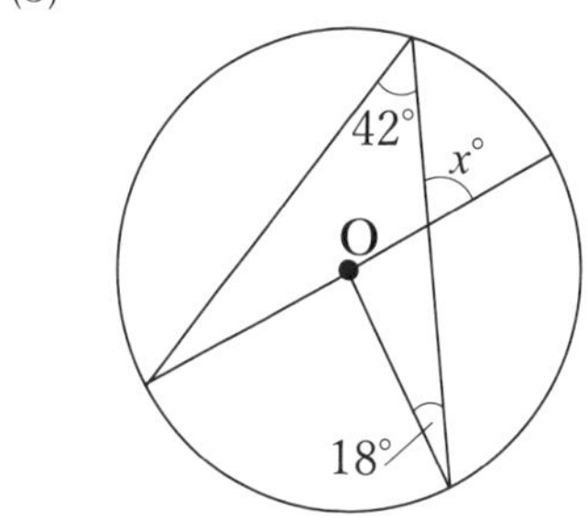

(4)

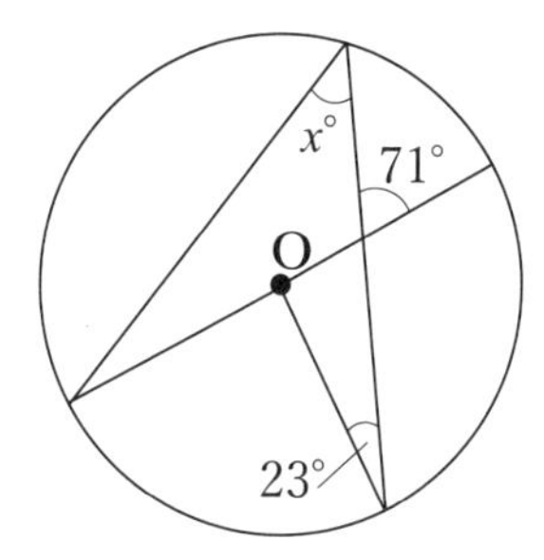

例題 7

$\angle x$ の大きさを求めよ。

(1)

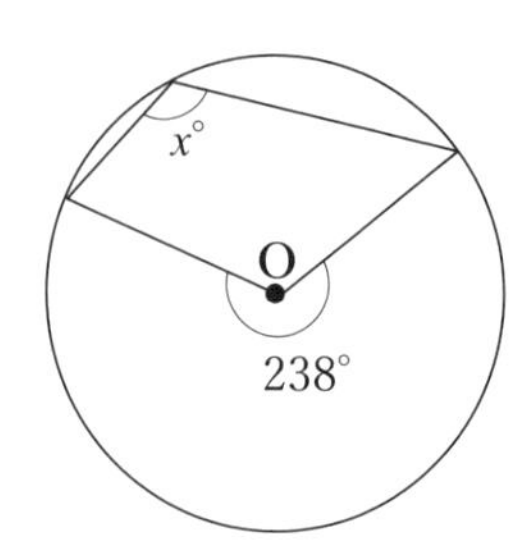

(2)

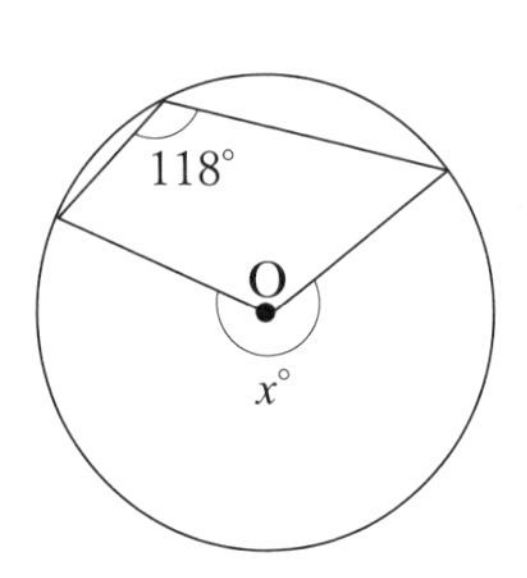

解答

右図の

中心角と円周角の関係

を利用する

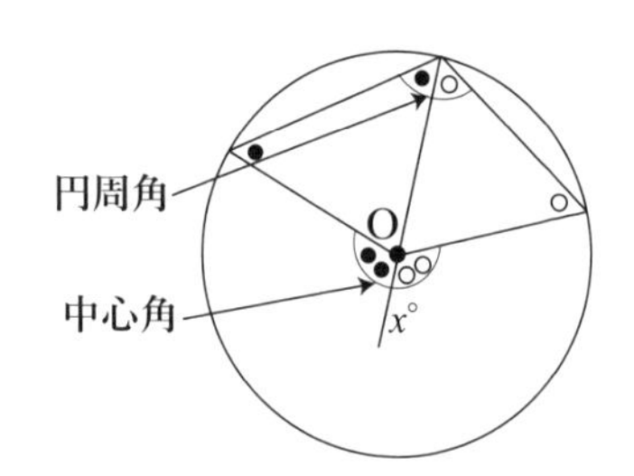

(1)　円周角と中心角の関係から,

$x = 238 \div 2 = 119$

(2)　円周角と中心角の関係から,

$x = 118 \times 2 = 236$

ポイント

中心角が鈍角も鋭角も同じように考えよう

練習問題 7

$\angle x$ の大きさを求めよ。

(1)

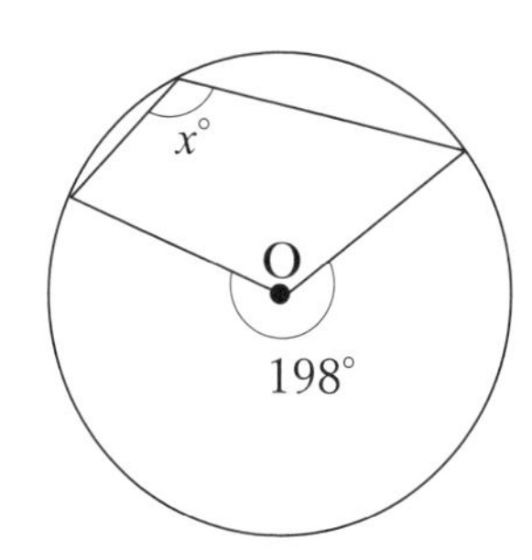

(2)

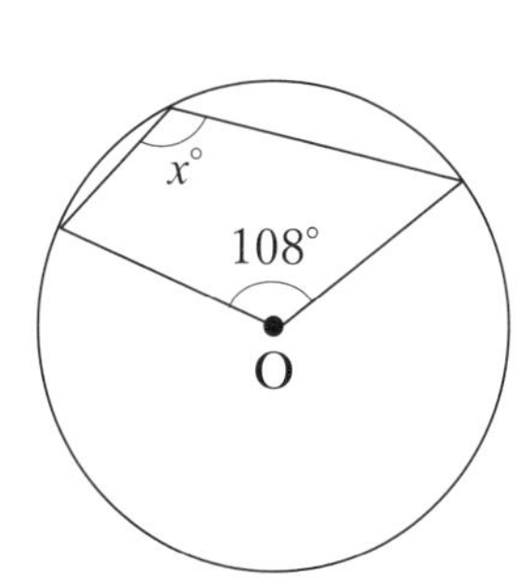

(3)

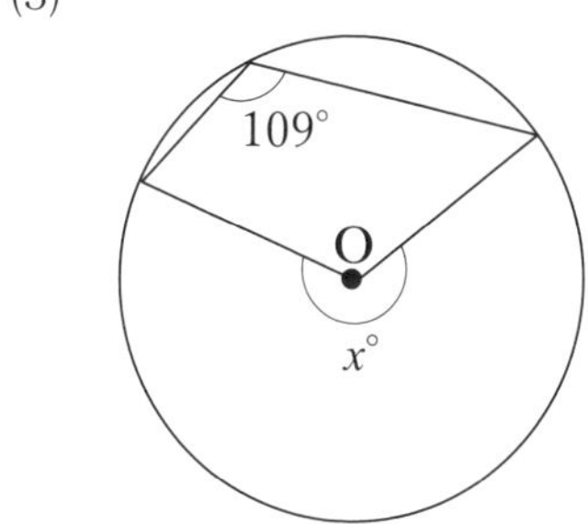

(4)

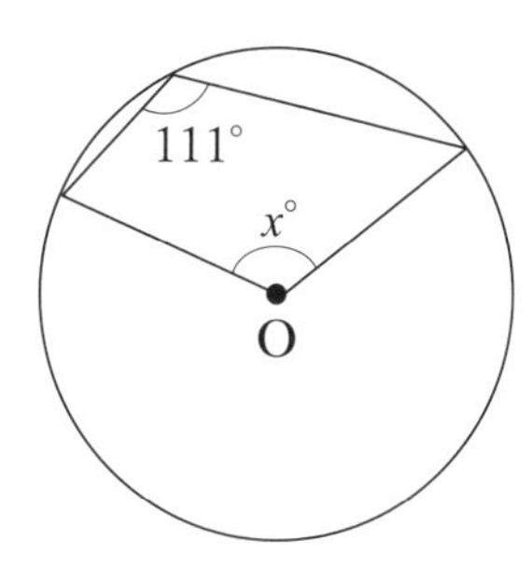

例題 8

$\angle x$ の大きさを求めよ。

(1)

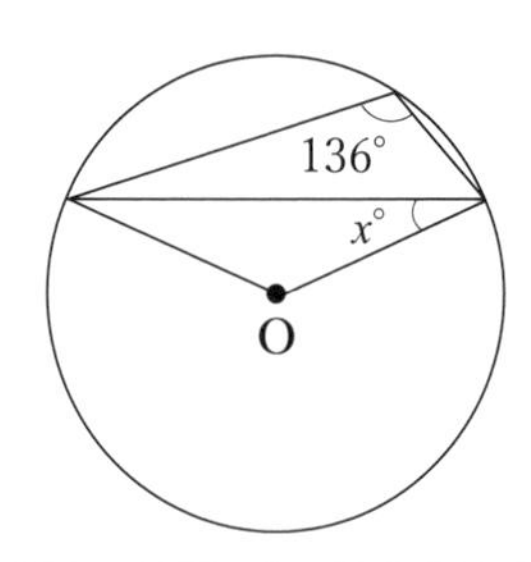

(2)

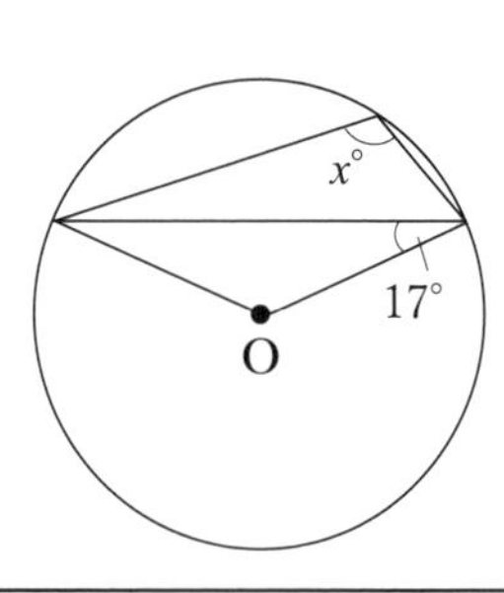

解答

(1)　太線の弧の中心角と円周角の関係と，太枠の二等辺三角形の内角より，

$$x = \{180 - (360 - 272)\} \div 2$$
$$= \{180 - 88\} \div 2 = 46$$

(2)　太枠の二等辺三角形の外角の和を利用して，太線の弧の中心角は，

$$17 \times 2 + 180 = 214°$$

中心角と円周角の関係から，

$$x = 214 \div 2 = 107$$

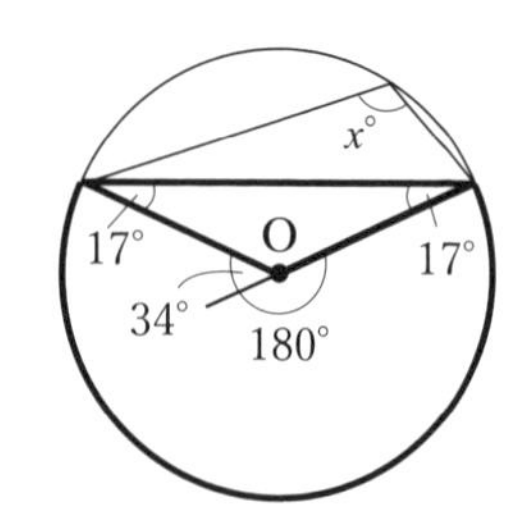

ポイント

二等辺三角形の内外角と，中心角と円周角の関係に着目しよう

練習問題 8

$\angle x$ の大きさを求めよ。

(1)

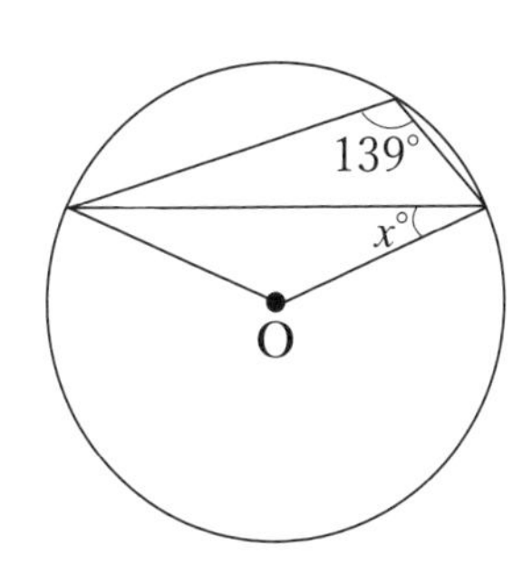

(2)

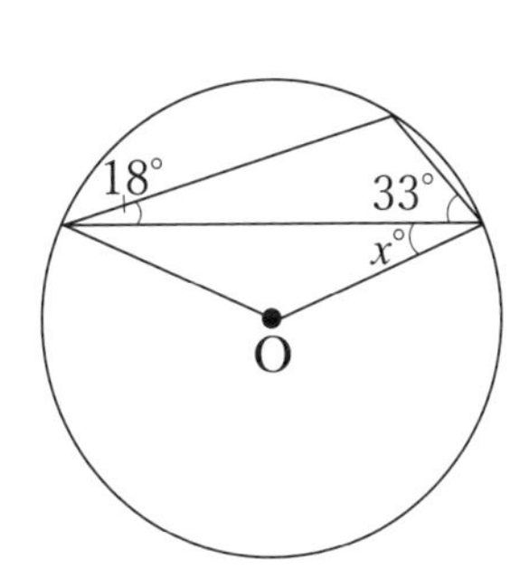

(3)

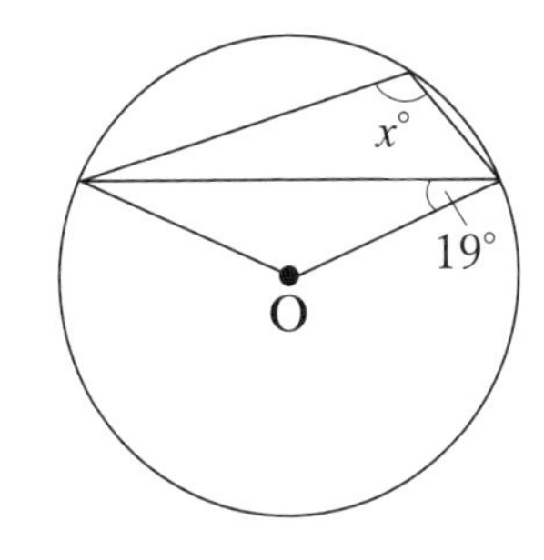

(4)

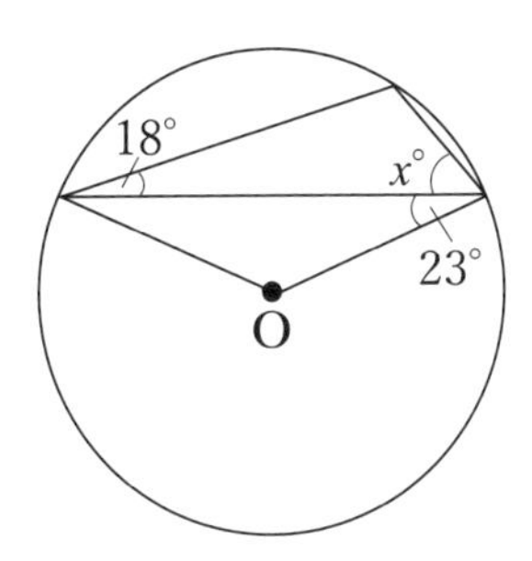

例題 9

∠xの大きさを求めよ。

(1)

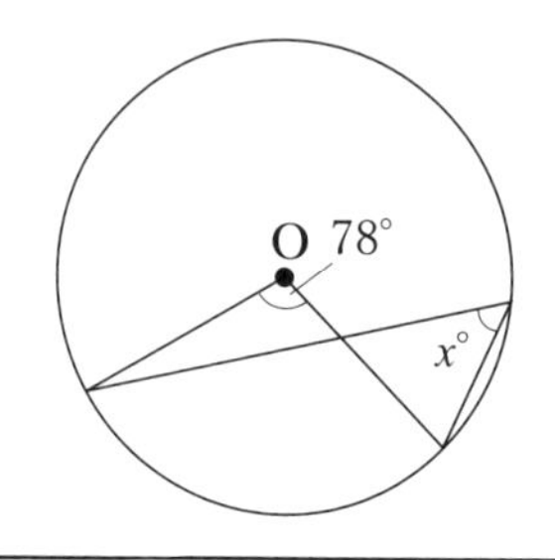

(2)

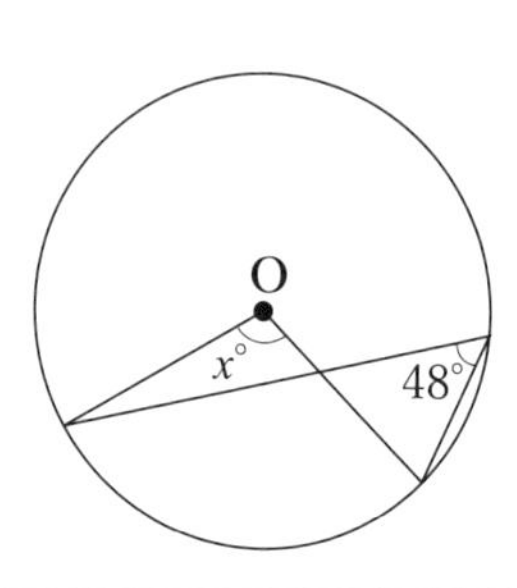

解答

(1)　太線の弧についての中心角と円周角の関係により，

$x = 78 \div 2 = 39$

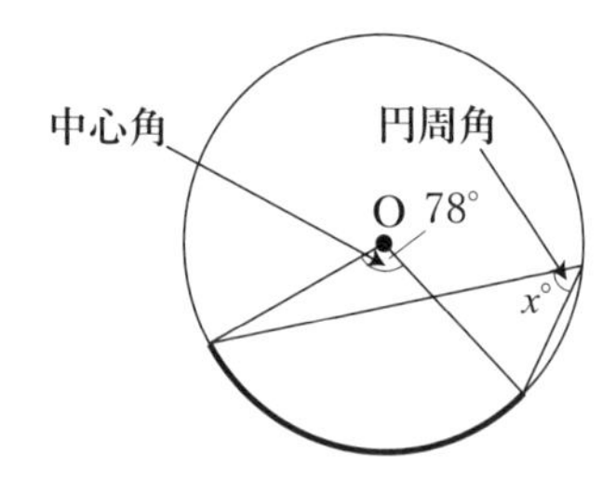

(2)　太線の弧についての中心角と円周角の関係により，

$x = 48 \times 2 = 96$

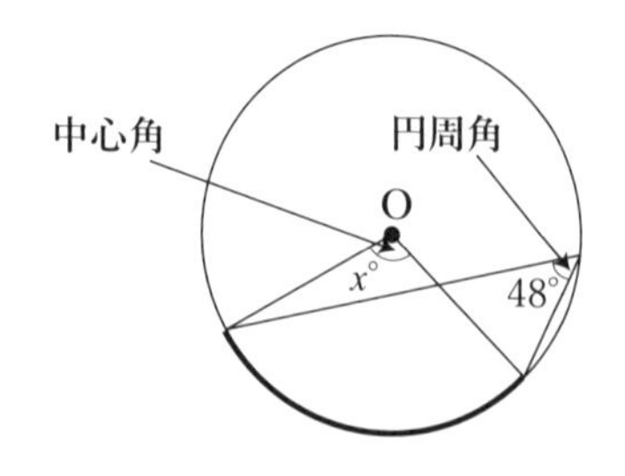

ポイント

円周角が見えにくいので注意しよう

練習問題 9

∠ x の大きさを求めよ。

(1)

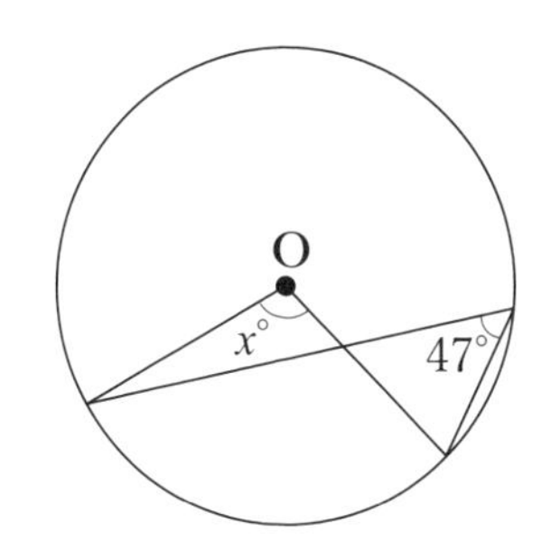

(2)

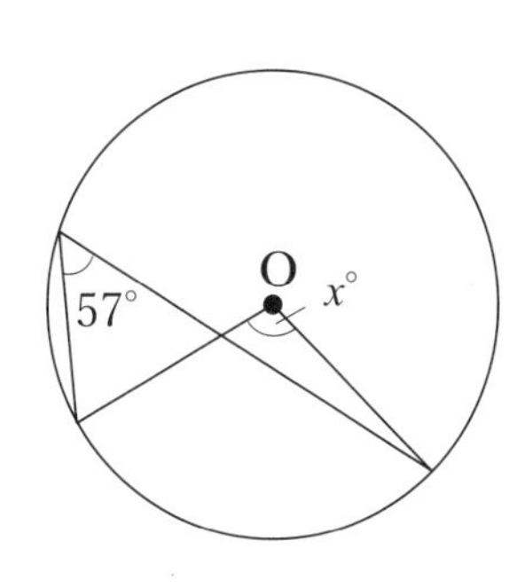

(3)

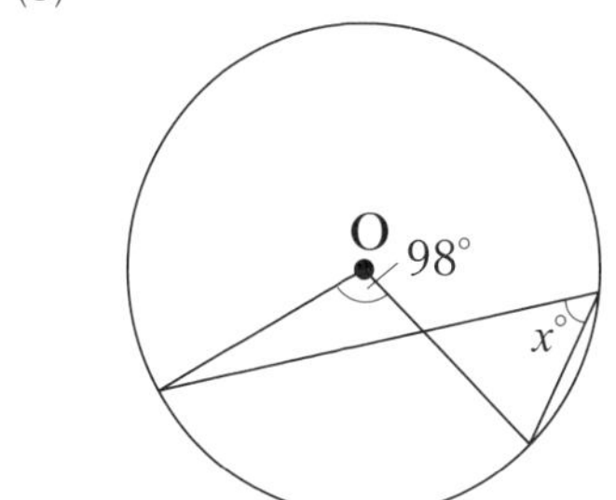

(4)

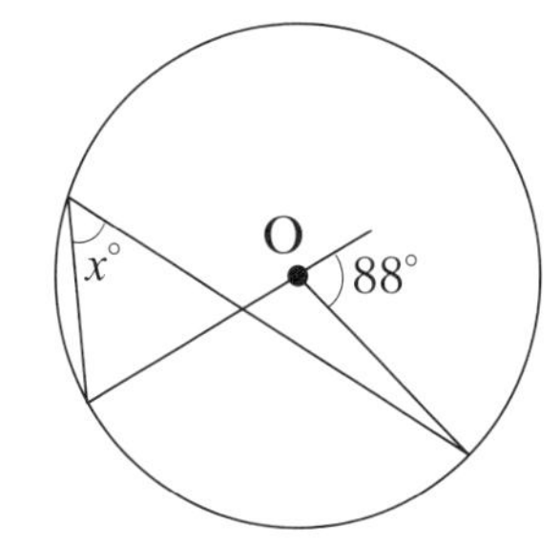

例題 10

$\angle x$ の大きさを求めよ。

(1)

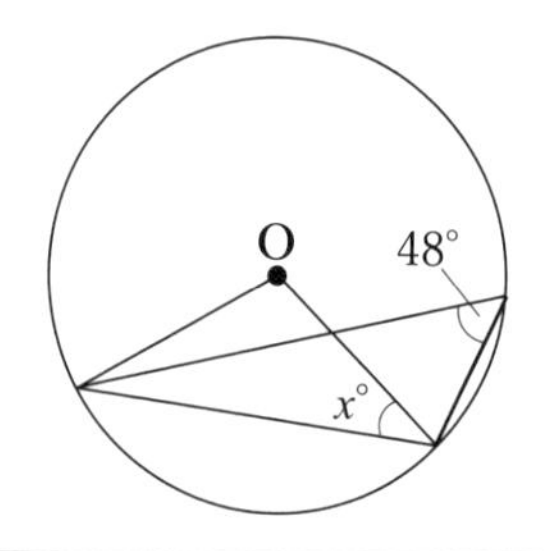

(2)

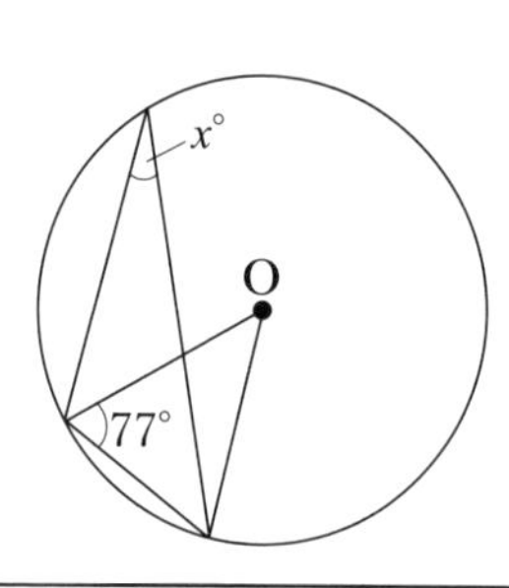

解答

(1)　太線の弧に対する中心角は 96°

太枠の三角形の内角から，

$x = (180 - 96) \div 2$

$= 84 \div 2 = 42$

(2)　太枠の三角形の内角から円の中心角は，

$180 - 77 \times 2 = 26$

太線の弧に対する円周角は，

$x = 26 \div 2 = 13$

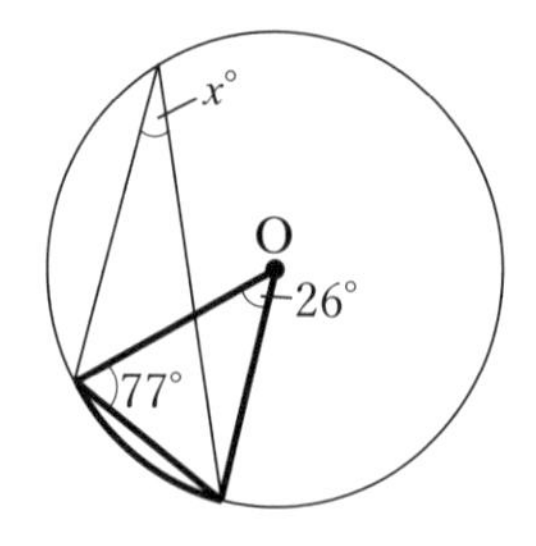

ポイント

中心角や円周角，それに二等辺三角形の性質も使おう

練習問題 10

∠ x の大きさを求めよ。

(1)

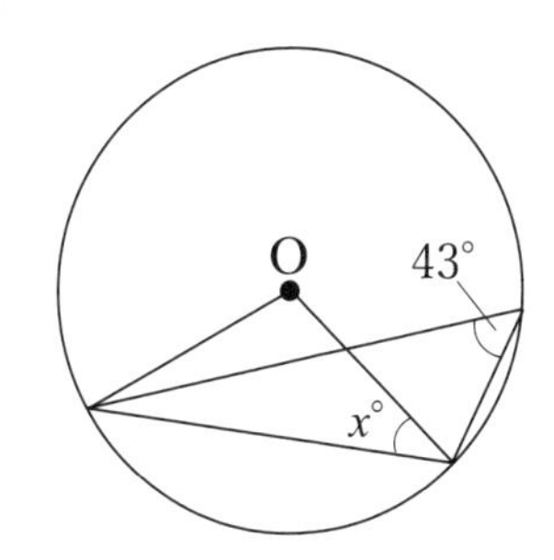

(2)

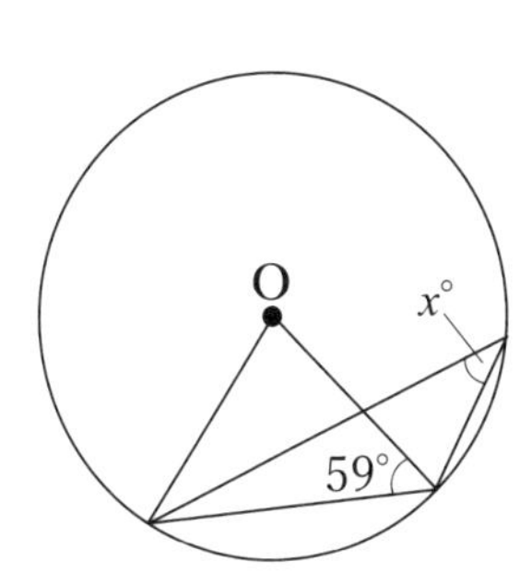

(3)

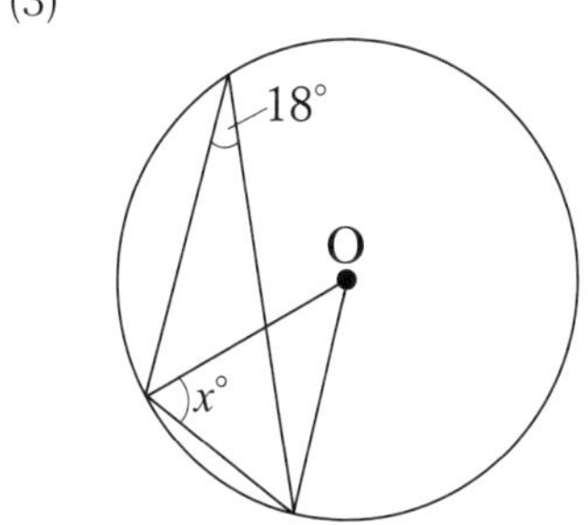

(4)

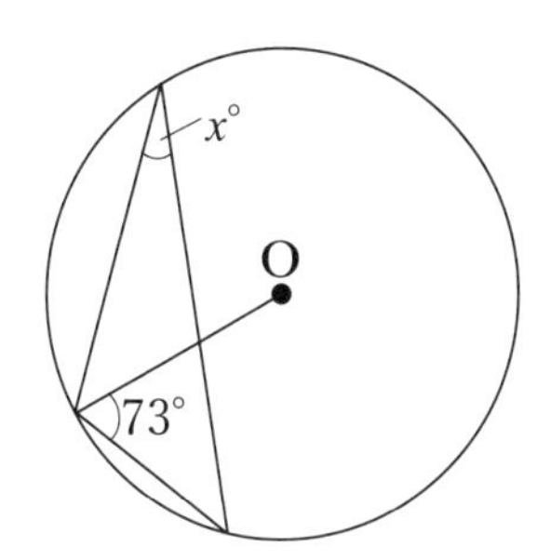

例題 11

$\angle x$ の大きさを求めよ。

(1)

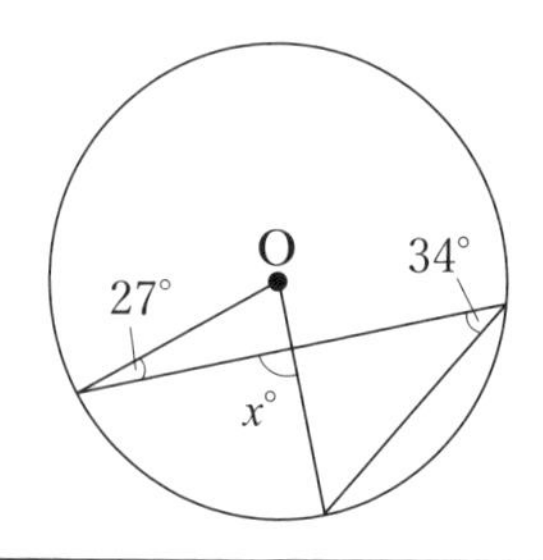

(2)

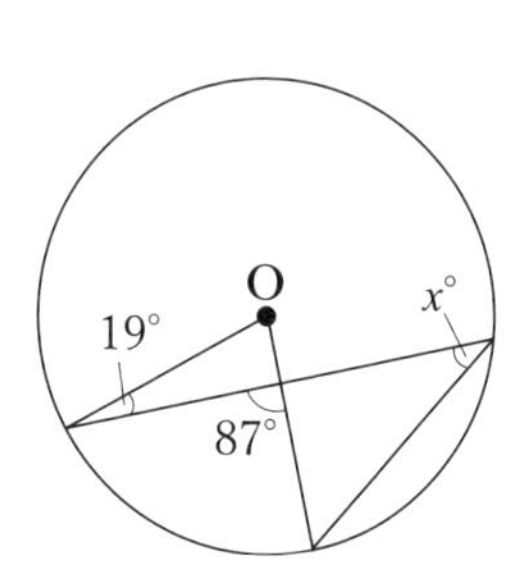

解答

(1)　太線の弧についての中心角と円周角，さらに太枠の三角形の外角から，

$x = 68 + 27 = 95$

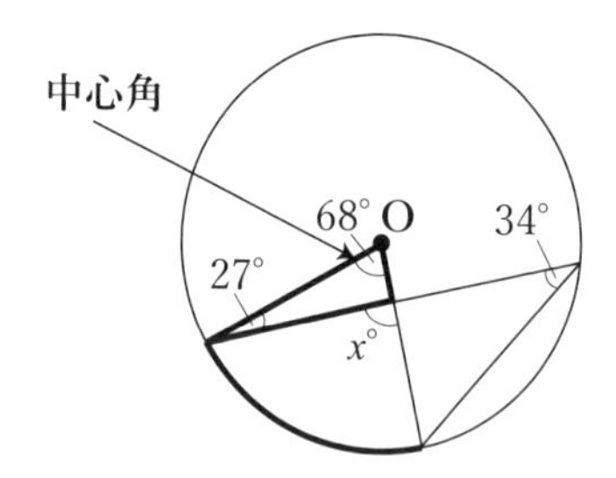

(2)　太枠の三角形の外角から，中心角は 68°

太線の弧についての中心角と円周角から，

$x = 68 \div 2 = 34$

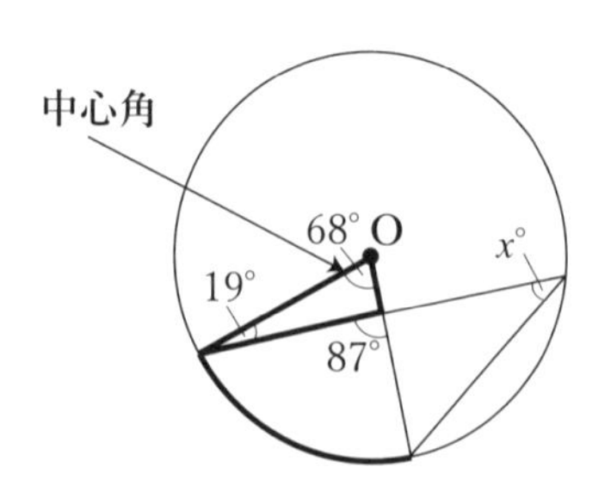

ポイント

まず中心角を求めて論理を組み立てよう

練習問題 11

∠x の大きさを求めよ。

(1)

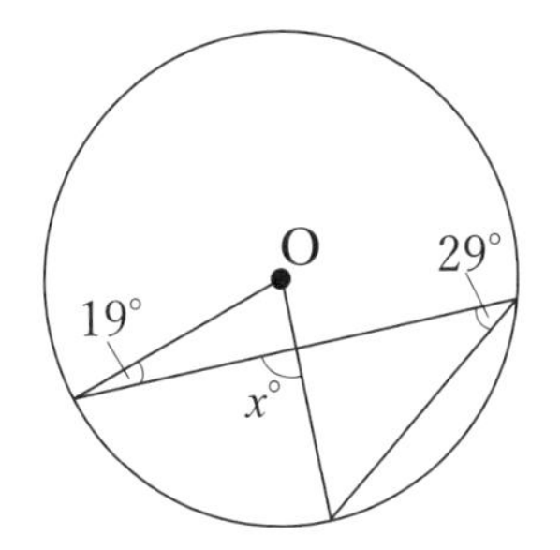

(2)

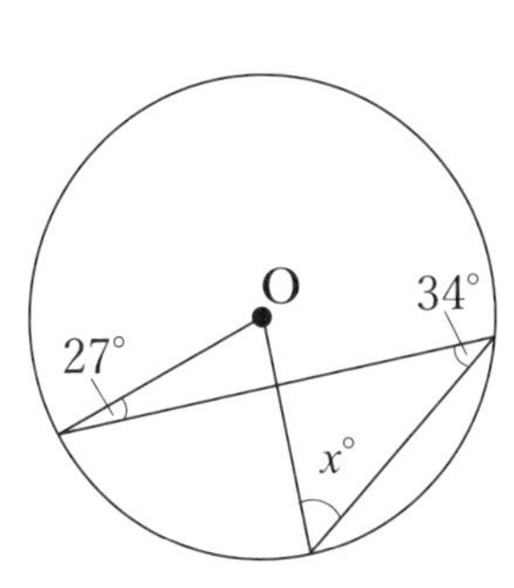

(3)

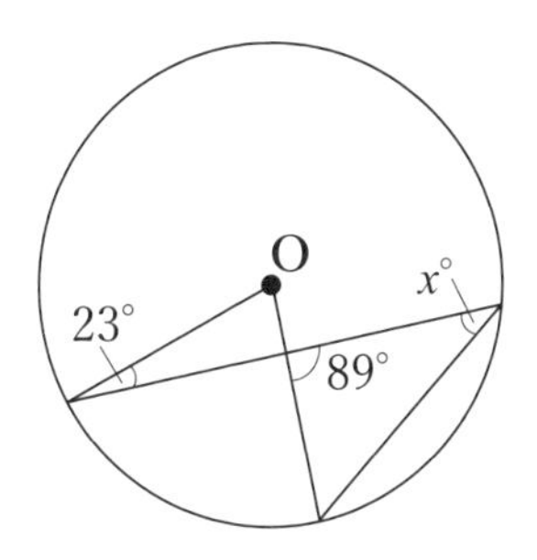

(4)

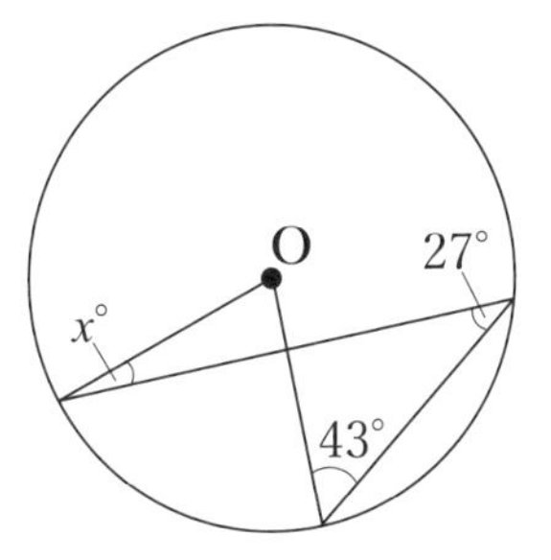

例題 12

$\angle x$ の大きさを求めよ。

(1)

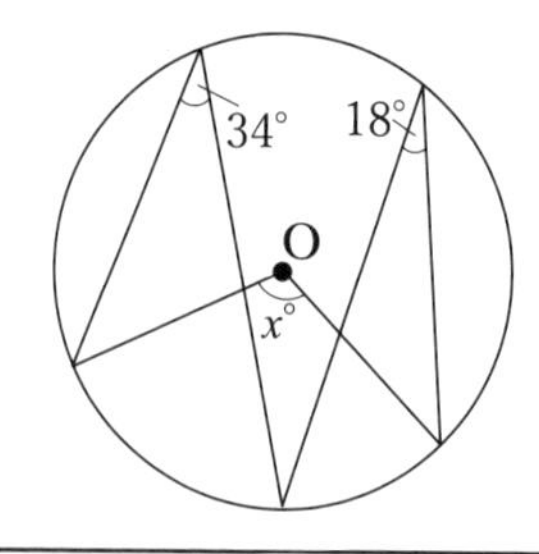

(2)

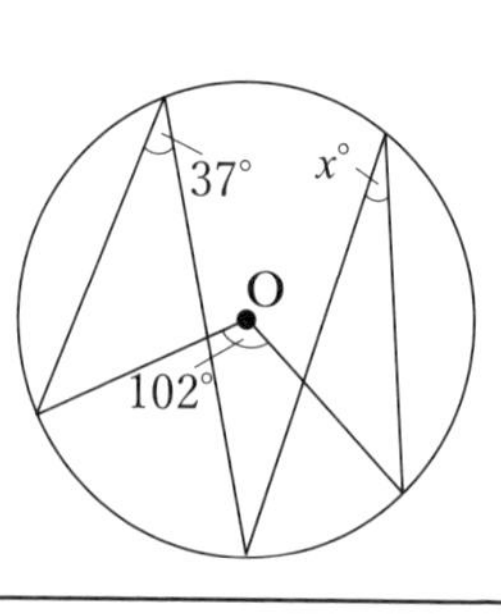

解答

(1) 太線の弧を点Pで分けると，中心角と円周角の関係から，

$x = 34 \times 2 + 18 \times 2$

$= 68 + 36 = 104$

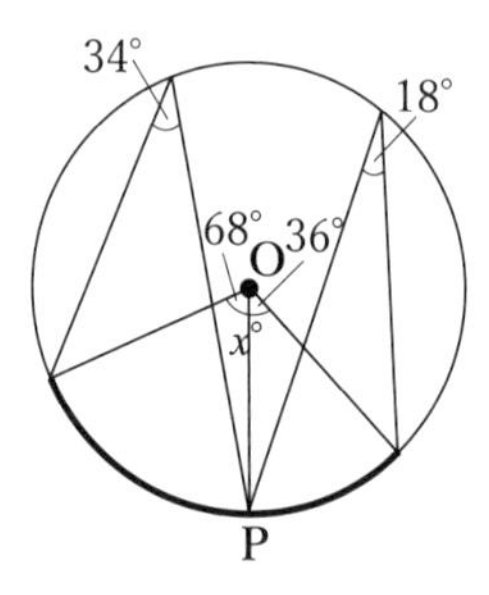

(2) 太線の弧を点Pで分けると，中心角と円周角の関係から，太線の弧に対する中心角を利用すると

$102 - 37 \times 2 = 28$

中心角と円周角の関係から，

$x = 28 \div 2 = 14$

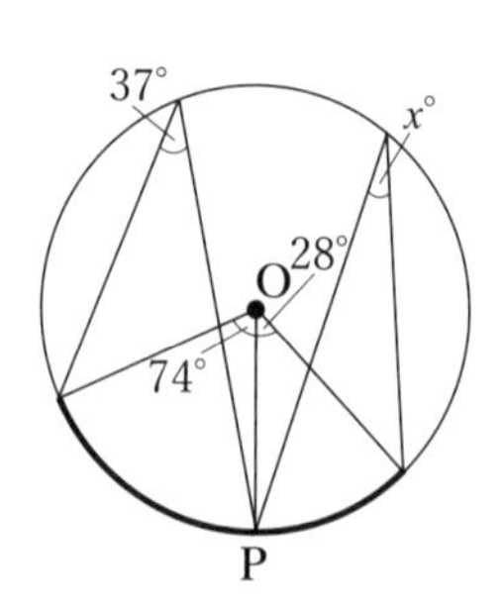

ポイント

円周角に合わせて弧を分割しよう

練習問題 12

$\angle x$ の大きさを求めよ。

(1)

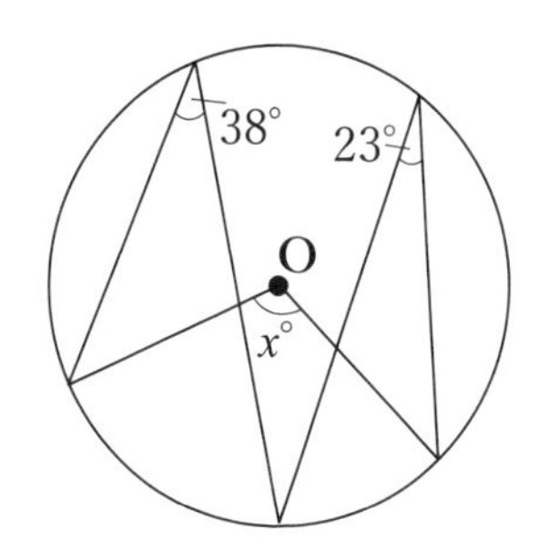

(2)

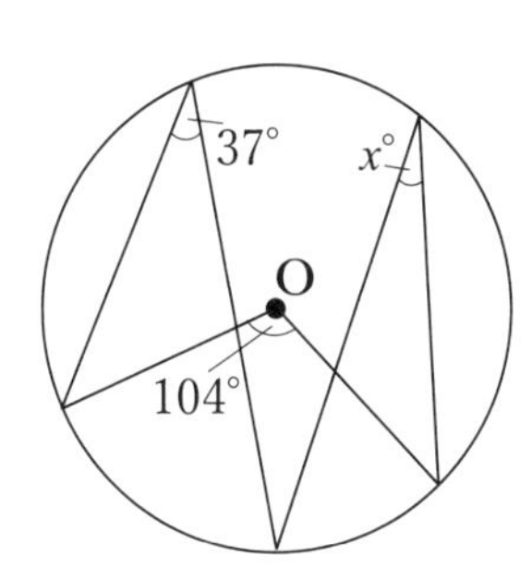

(3)

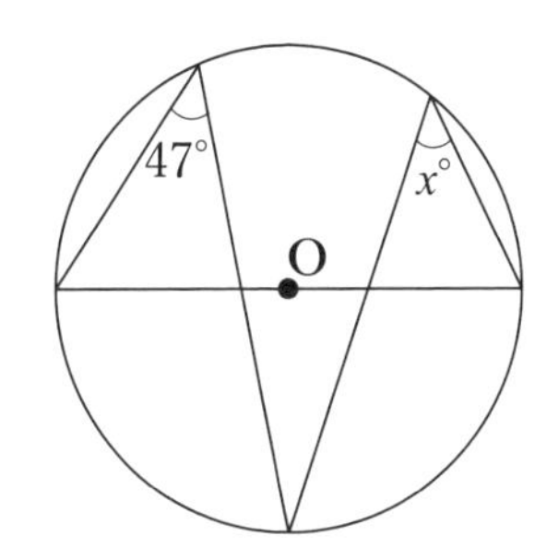

(4)

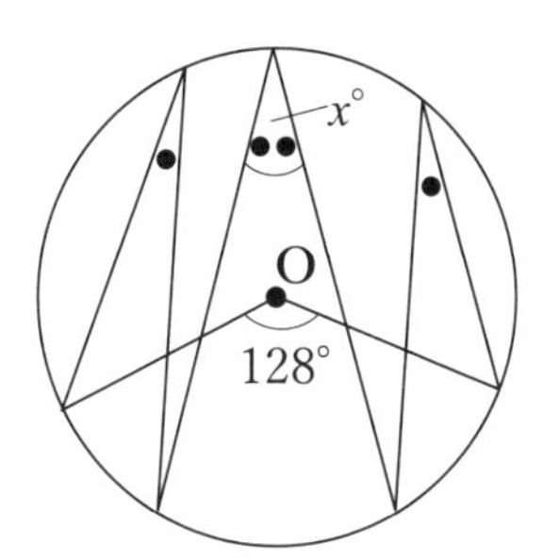

例題 13

$\angle x$ の大きさを求めよ。

(1)

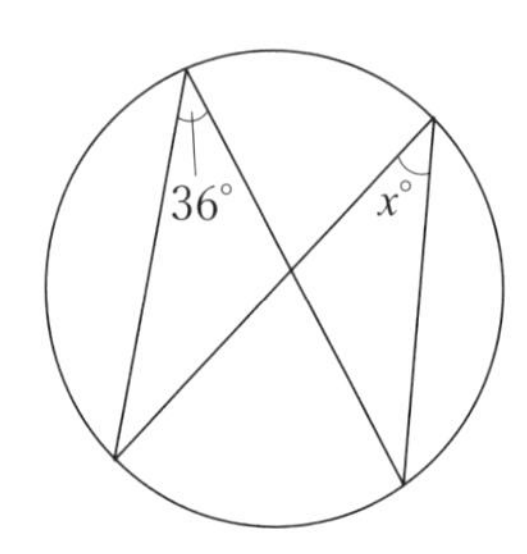

(2)

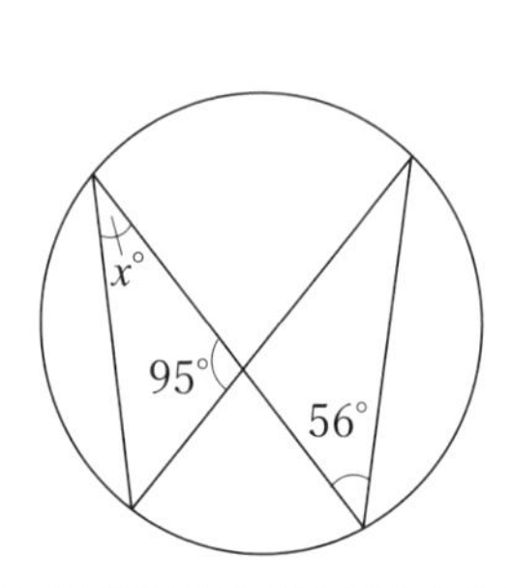

解答

(1) 同じ弧（太線の弧）に対する円周角は等しいから,

$x = 36$

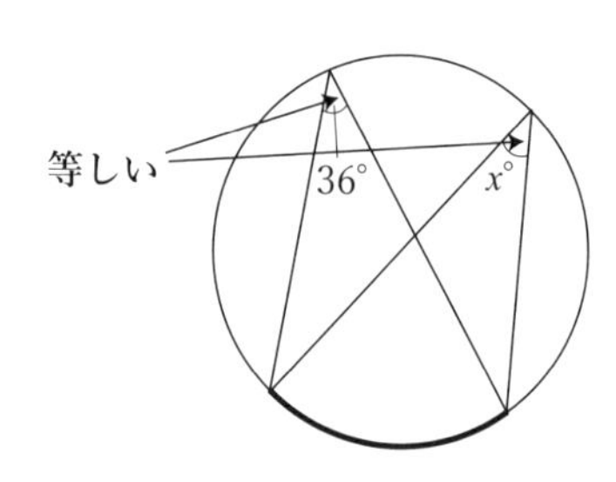

(2) 同じ弧（太線の弧）に対する円周角は等しく, 太枠の三角形の内角の和を利用して,

$$x = 180 - (95 + 56) = 29$$

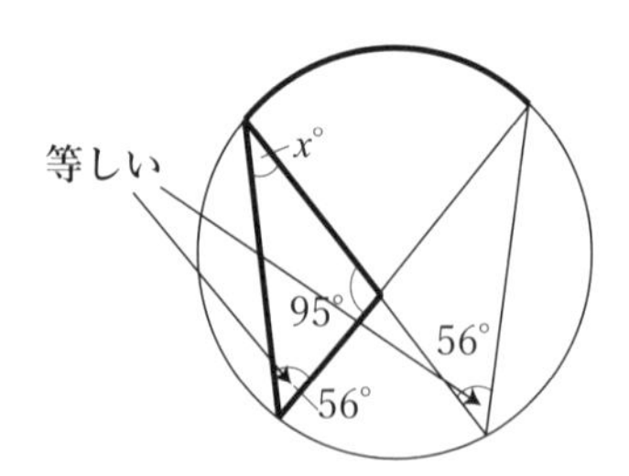

ポイント

同じ弧に対する円周角に着目しよう

練習問題 13

∠x の大きさを求めよ。

(1)

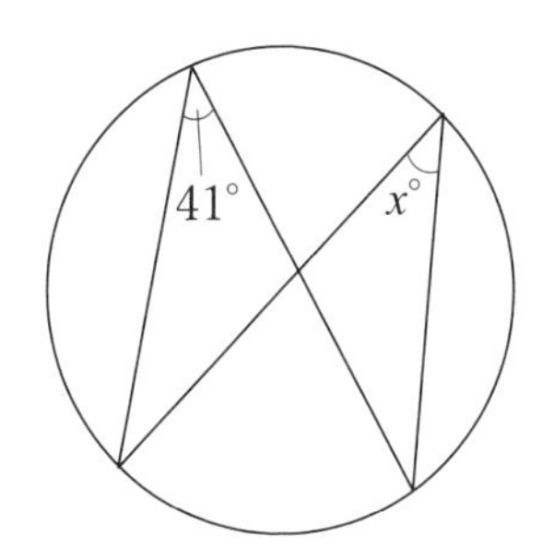

(2)

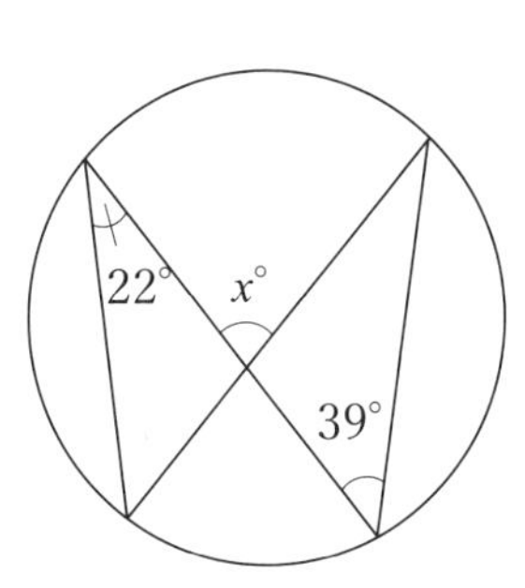

(3)

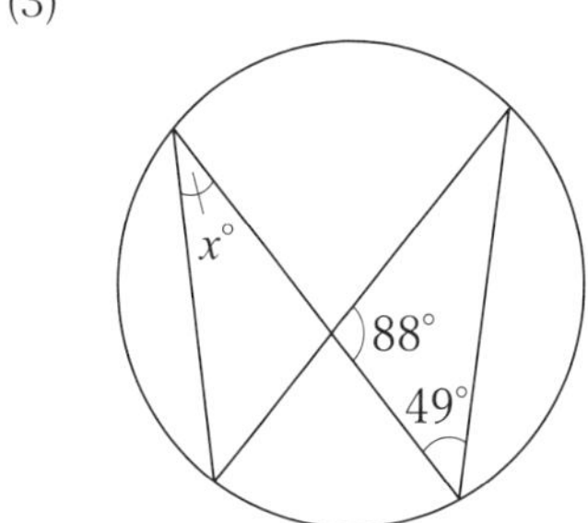

(4)

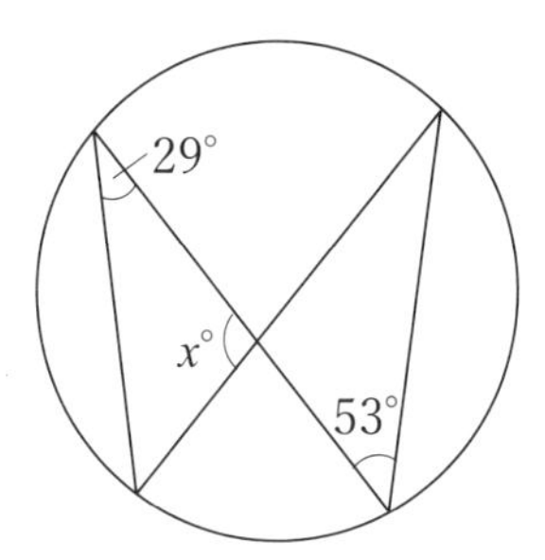

例題 14

∠xの大きさを求めよ。

(1)

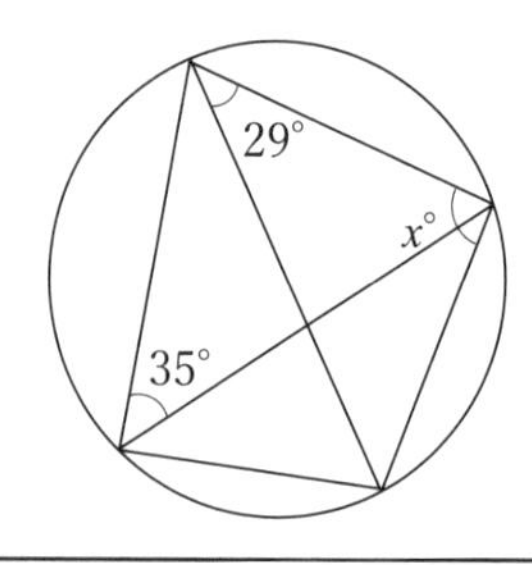

(2)

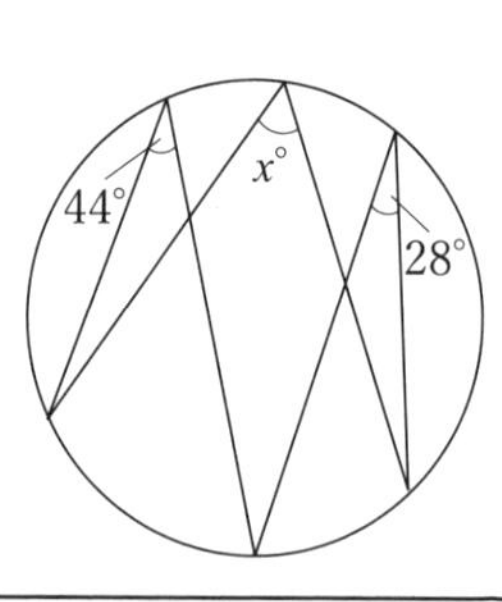

解答

(1)　同じ弧（太線の弧）に対する円周角は等しいのと，太枠の三角形の内角の和から，

$$x = 180 - (29 + 35)$$
$$= 180 - 64 = 116$$

(2)　太線の弧を点Pで分けて，

$$x = 44 + 28$$
$$= 72$$

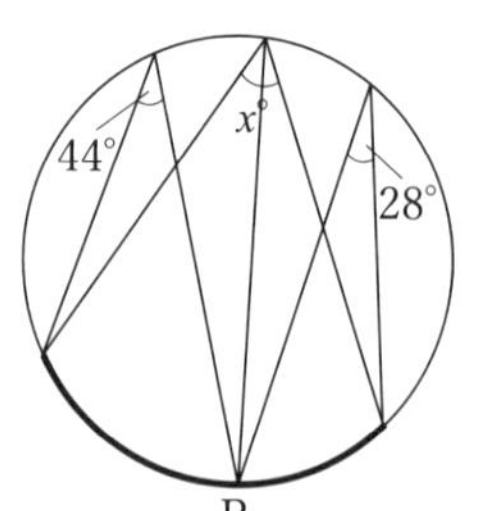

ポイント

円周角から弧がみえるようにしよう

練習問題 14

∠xの大きさを求めよ。

(1)

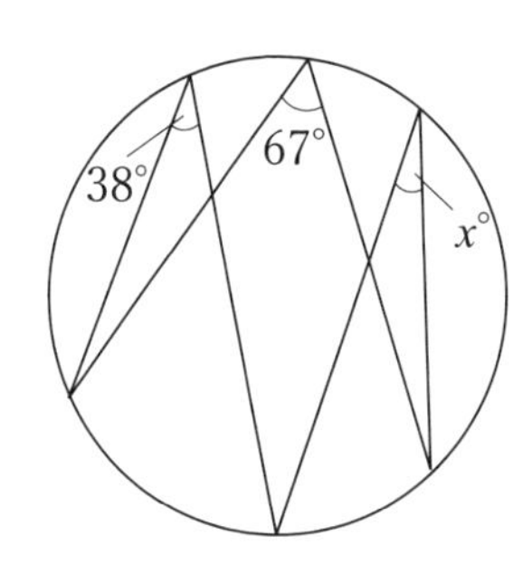

(2)

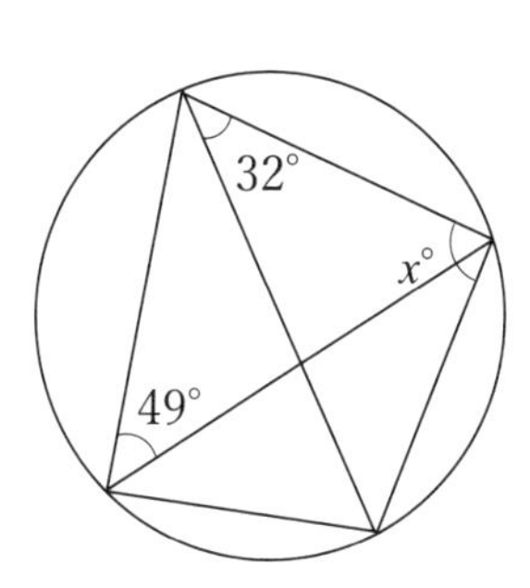

(3)

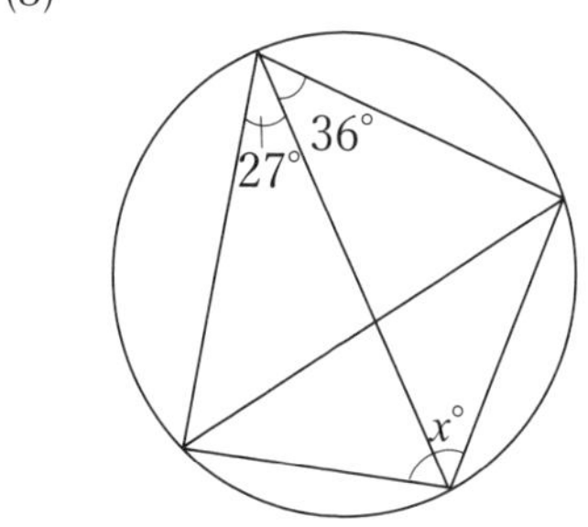

(4)

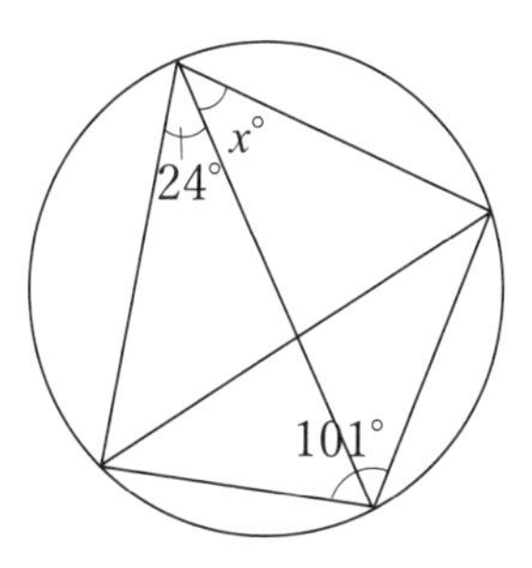

例題 15

ＡＢ＝ＡＣのとき，∠xの大きさを求めよ。

(1)

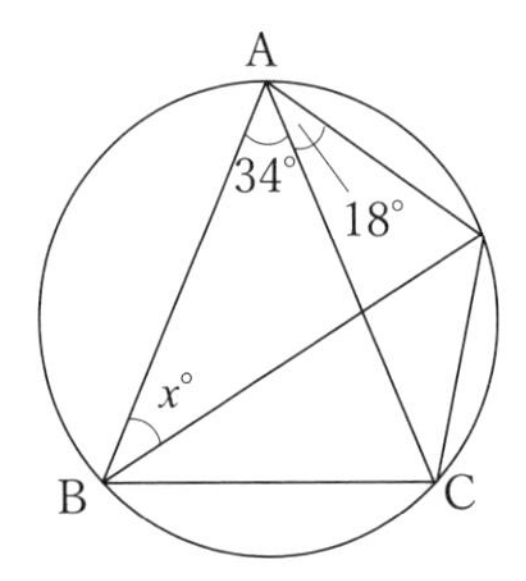

(2)

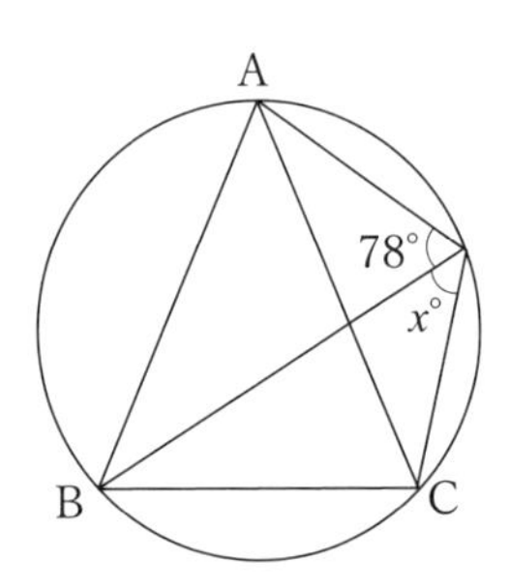

解答

(1)　同じ弧に対する円周角から右図のようになり，二等辺三角形の角を利用すれば，

$(180 - 34) \div 2 = 73°$

$x = 73 - 18 = 55$

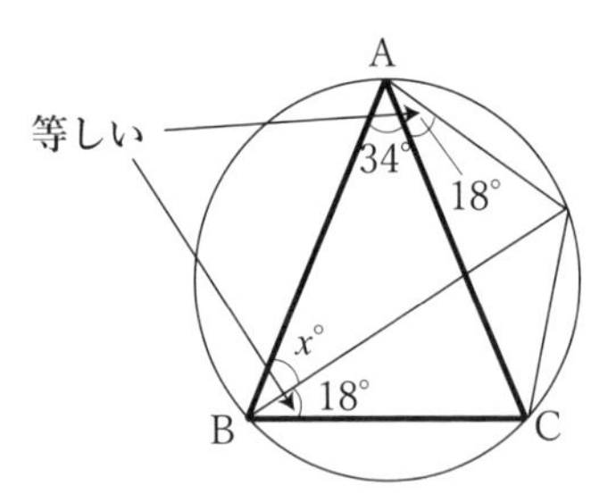

(2)　同じ弧に対する円周角から右図のようになり，二等辺三角形の内角の和を利用すれば，

$x = 180 - 78 \times 2$

$= 180 - 156 = 24$

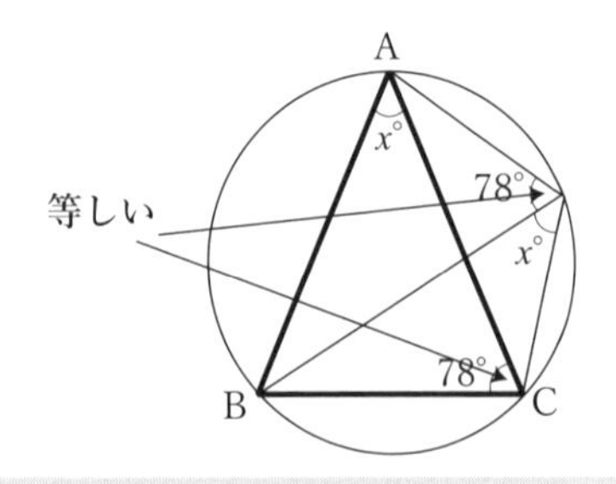

ポイント

円周角をどんどん動かして，二等辺三角形内へ押し込もう

練習問題 15

ＡＢ＝ＡＣのとき，$\angle x$ の大きさを求めよ。

(1)

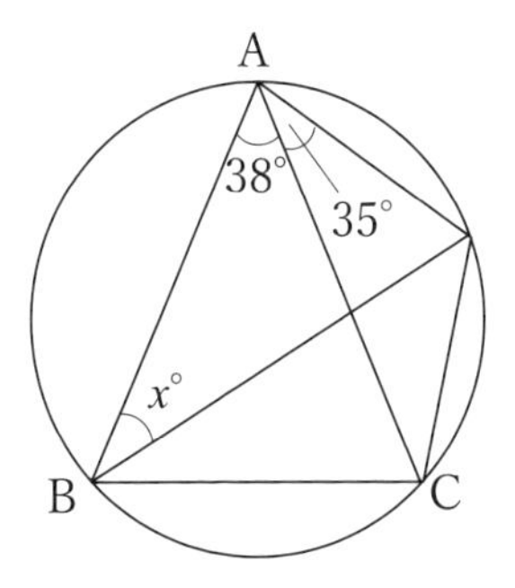

(2)

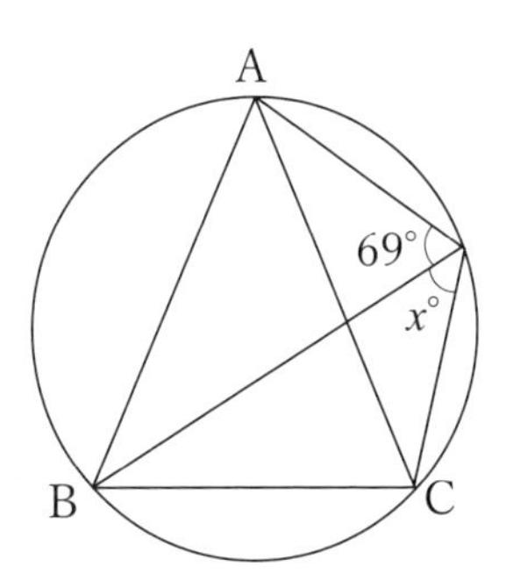

(3)

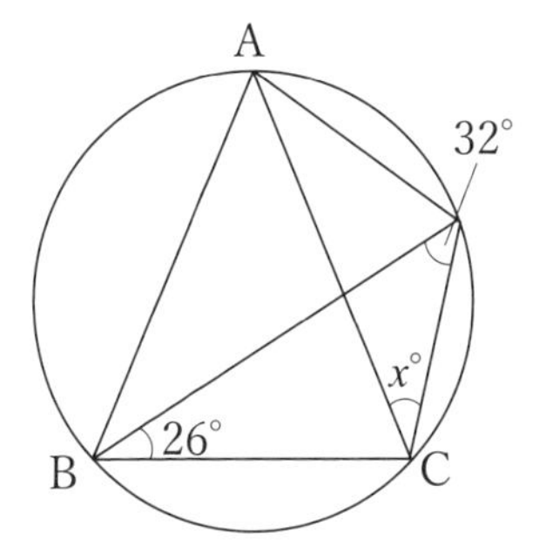

(4)

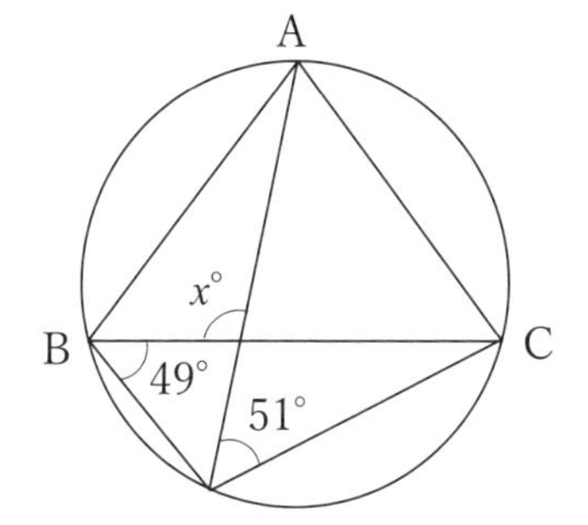

例題 16

$\angle x$の大きさを求めよ。

(1)

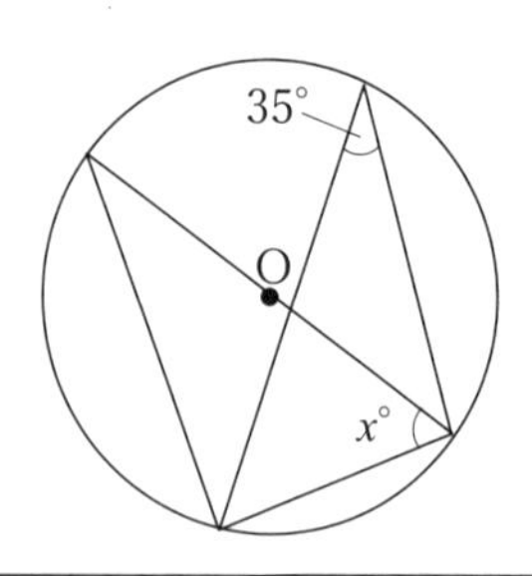

(2)

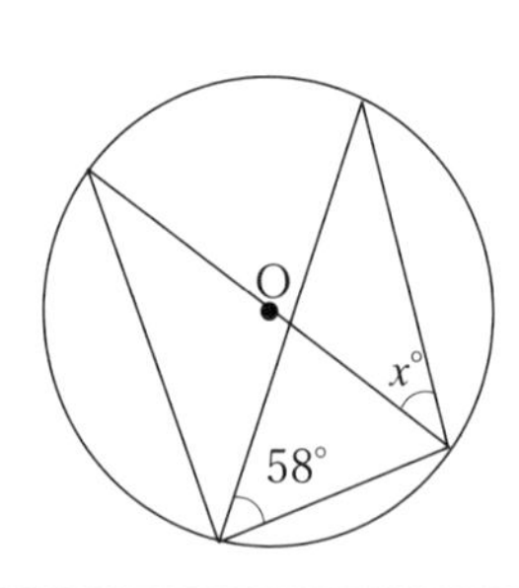

解答

(1)　同じ弧に対する円周角から右図のようになり，
太枠は直角三角形で内角の和を使い，

$x = 90 - 35 = 55$

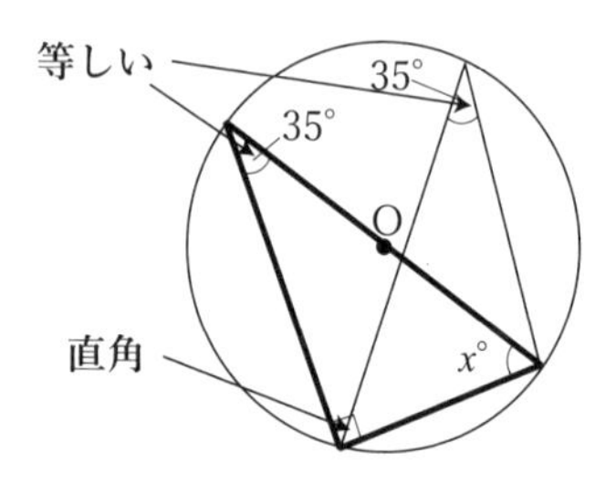

(2)　同じ弧に対する円周角から右図のようになり，太枠は直角三角形で，

$x = 90 - 58 = 32$

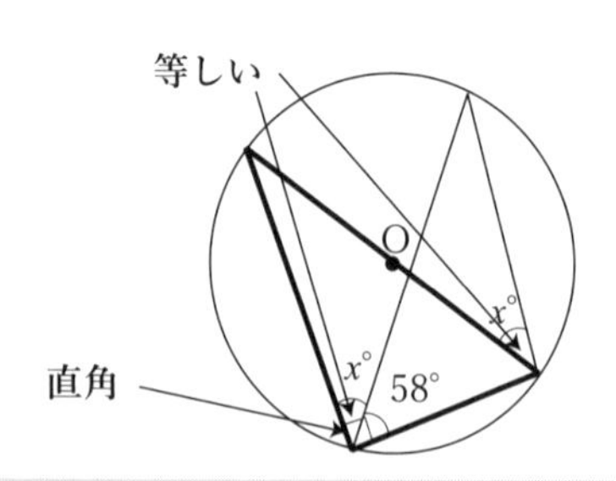

ポイント

円の直径が引かれていれば 90° を使おう

練習問題 16

∠xの大きさを求めよ。

(1)

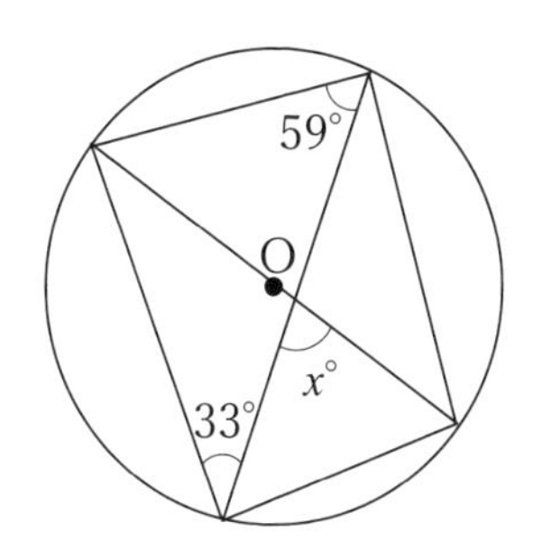

(2)

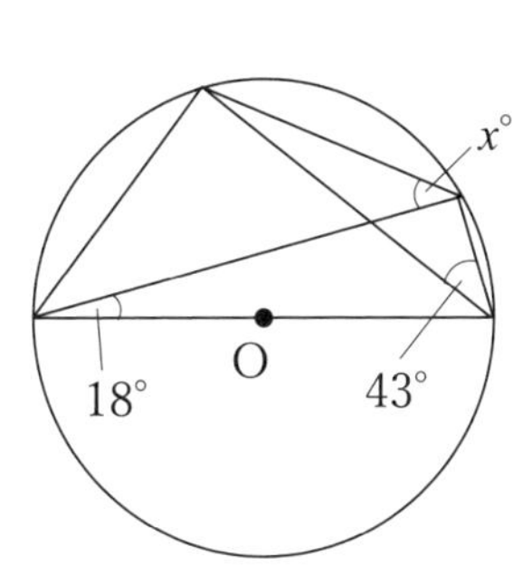

(3)

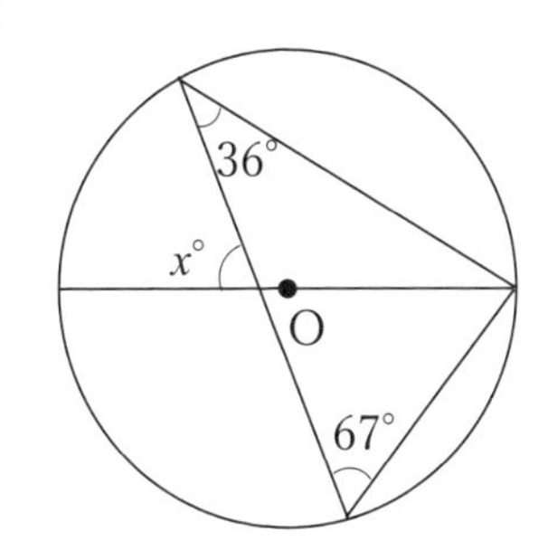

(4)

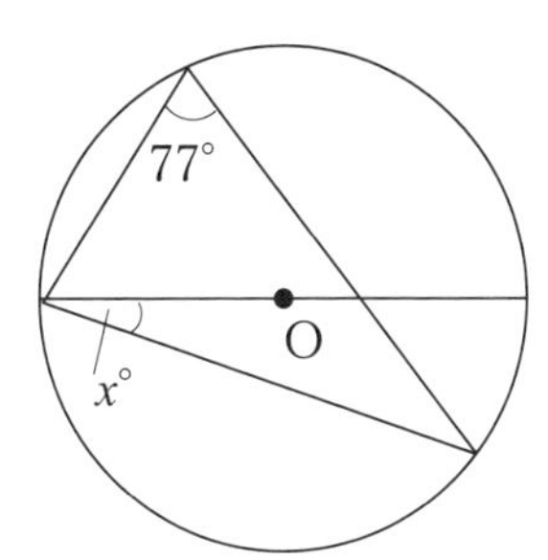

例題 17

∠xの大きさを求めよ。

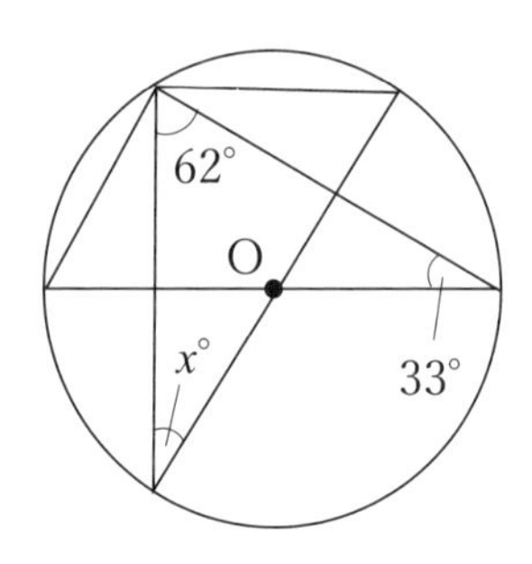

解答

$\overset{\frown}{AB}$の円周角と$\overset{\frown}{CD}$の円周角を図のように移動する

太枠で囲った三角形は，ＯＢ＝ＯＣの二等辺三角形だから，

$$x + 33 = 62$$
$$x = 62 - 33$$
$$= 29$$

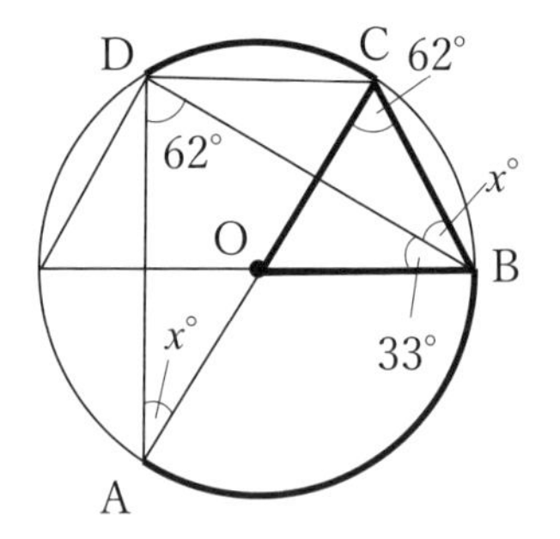

ポイント

円の直径が２本引かれていたら，角を移して二等辺三角形を使おう

練習問題 17

$\angle x$ の大きさを求めよ。

(1)

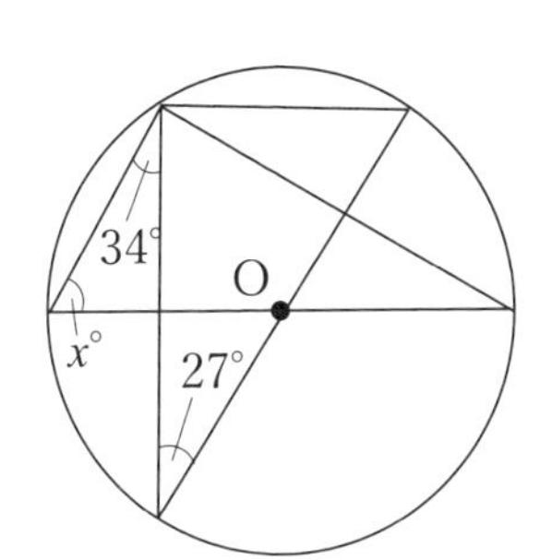

(2)

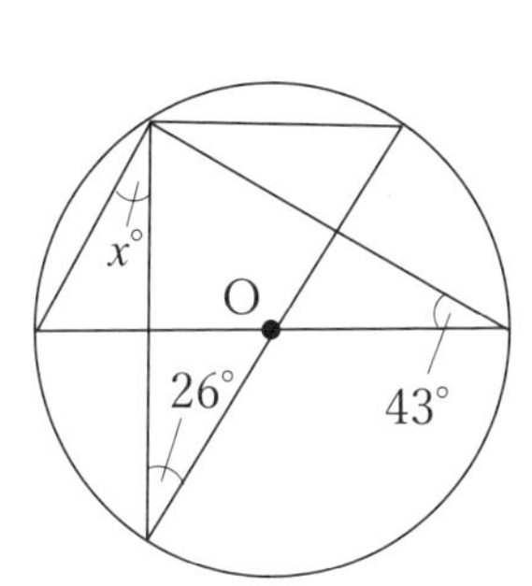

(3)

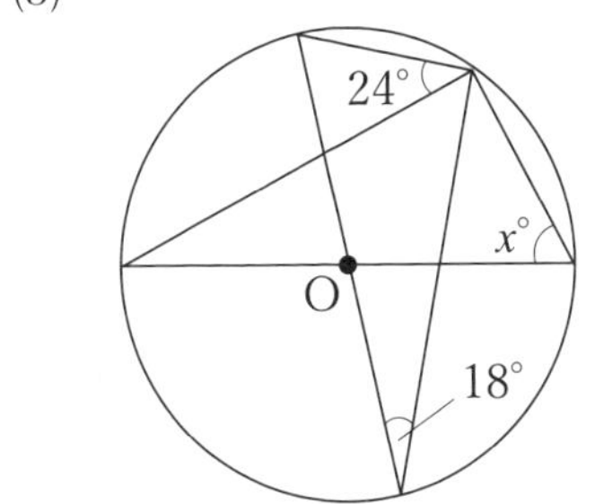

(4)

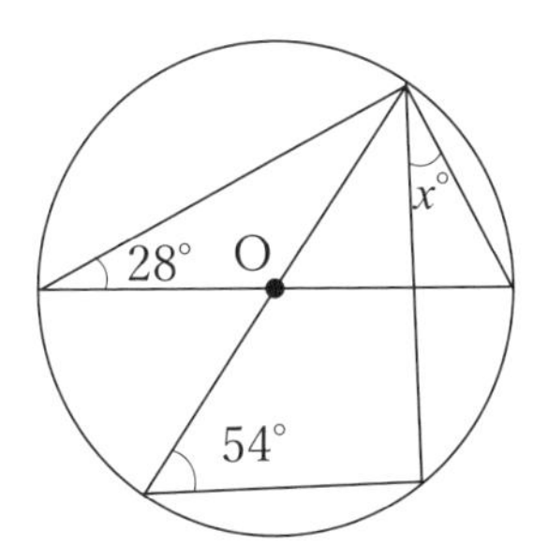

例題 18

$\angle x$ の大きさを求めよ。

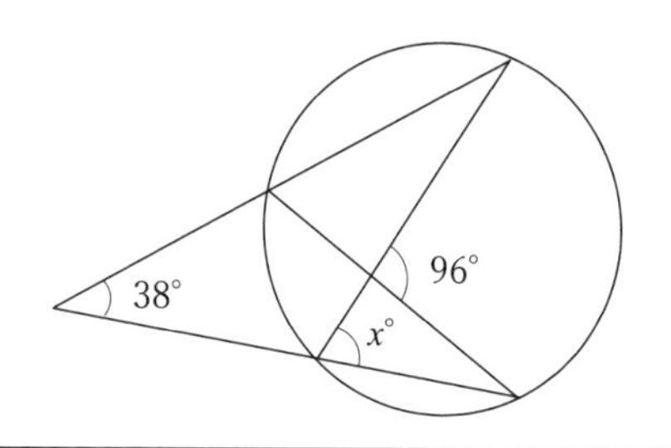

解答

太枠の三角形の外角を利用して，右図のように，$(96-x)°$ を作る

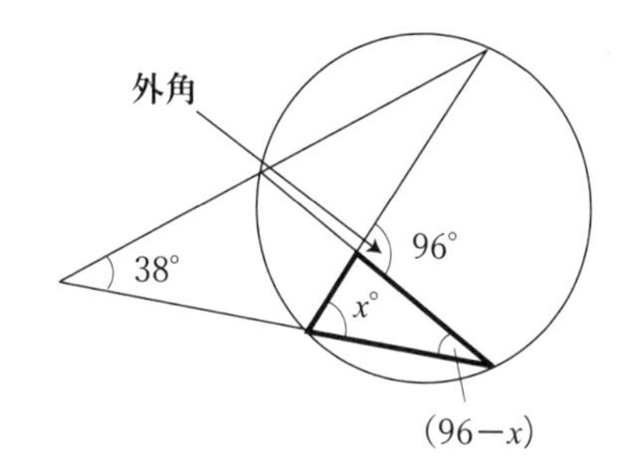

ここで太枠の三角形の外角から，

$x = 38 + (96 - x)$

$2x = 134$

$= 67$

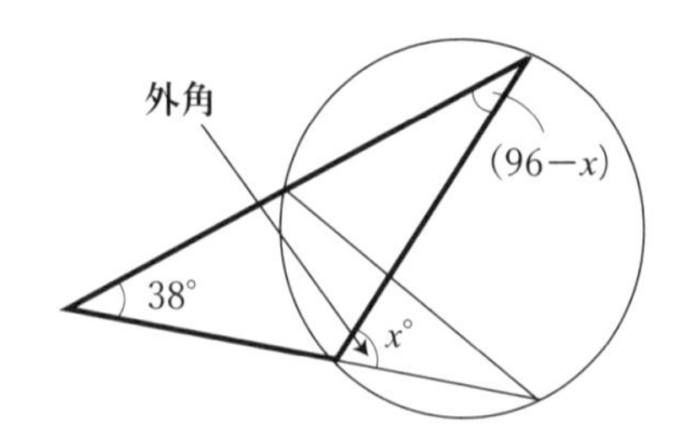

ポイント

この形では 2 つの三角形で共に外角を使おう

練習問題 18

$\angle x$ の大きさを求めよ。

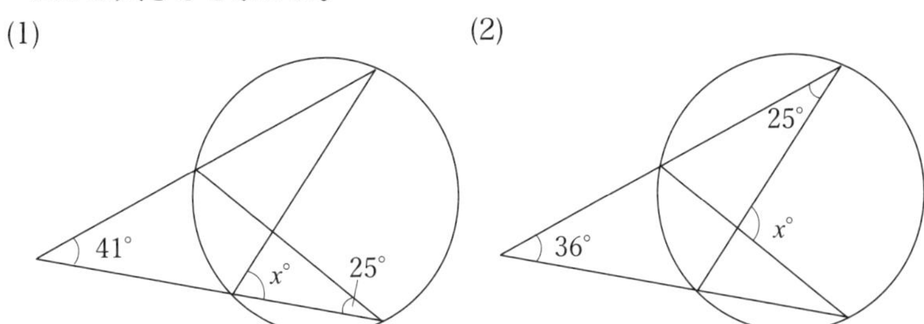

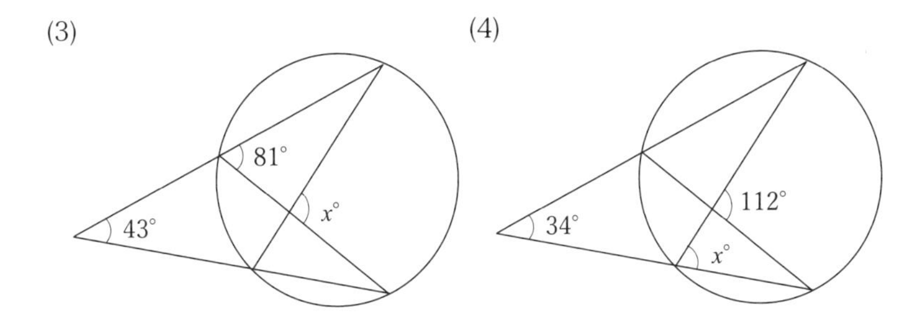

例題 19

AB // CDのとき，$\angle x$ の大きさを求めよ。

(1)

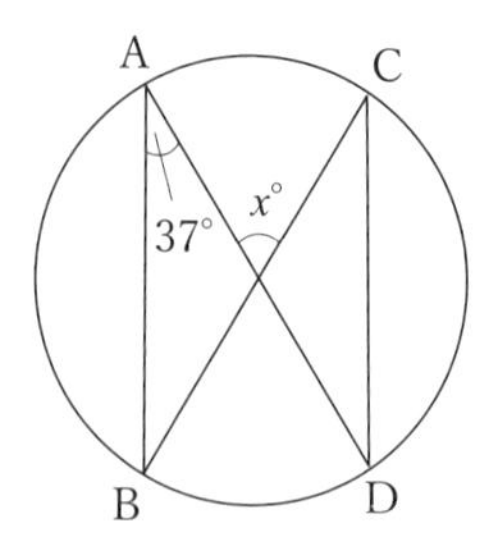

(2)

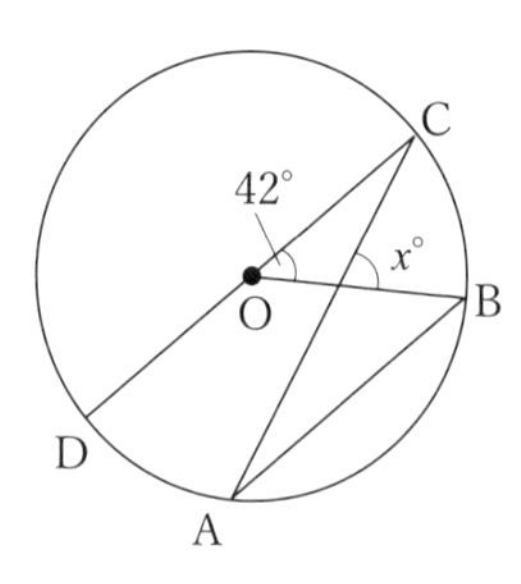

解答

(1)　AB // CDより，$\angle a = \angle b$

$\overparen{AC}$ の円周角より，$\angle b = \angle c$

よって，$\angle a = \angle c$

　△ABEの外角から，

　$x = 37 \times 2 = 74$

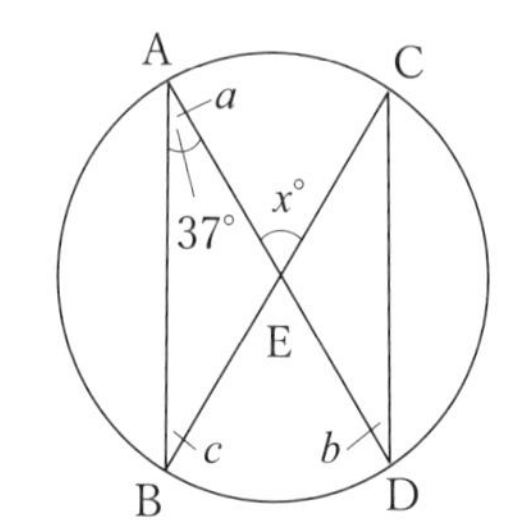

(2)　$\overparen{BC}$ の中心角と円周角の関係より，$\angle CAB = 42 \div 2 = 21$

　AB // CDより，

$\angle a = \angle b = 21°$

　△OECの外角から，

　$x = 42 + 21 = 63$

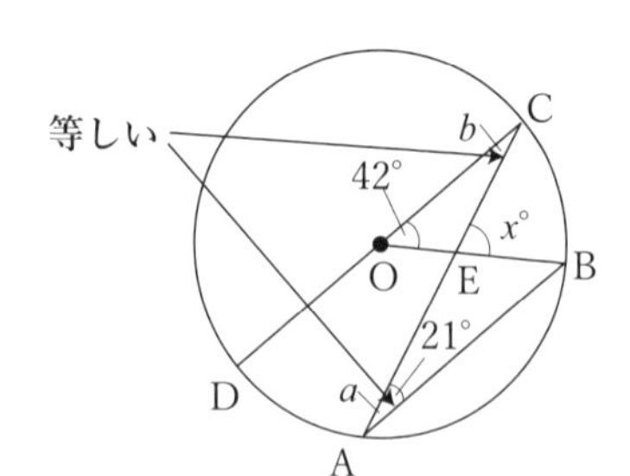

ポイント

円内の平行線では錯角に注意しよう

練習問題 19

ＡＢ∥ＣＤのとき，$\angle x$ の大きさを求めよ。

(1)

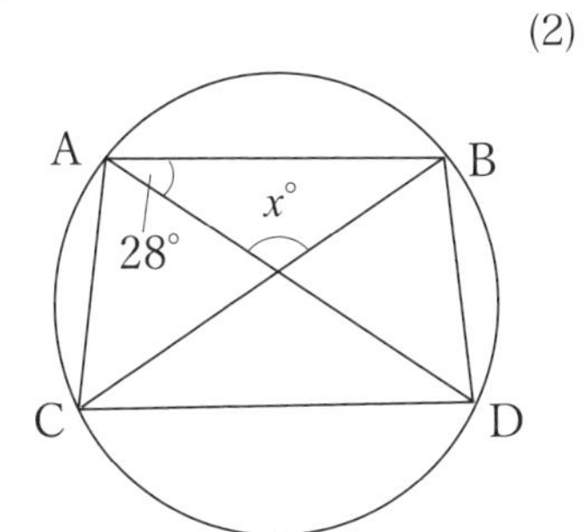

(2)

A
B
47°
38°
x°
C
D

(3)

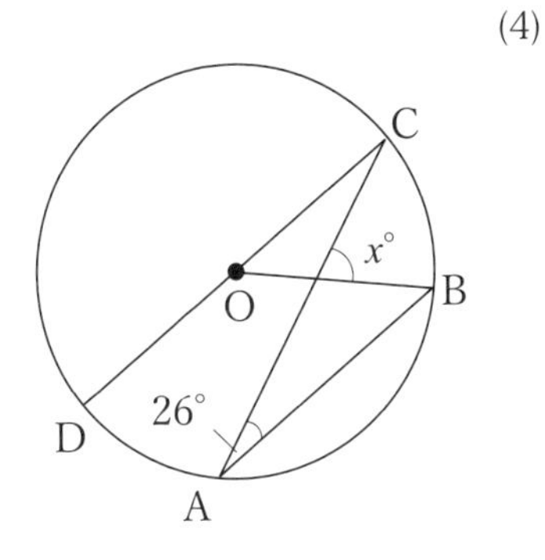

(4)

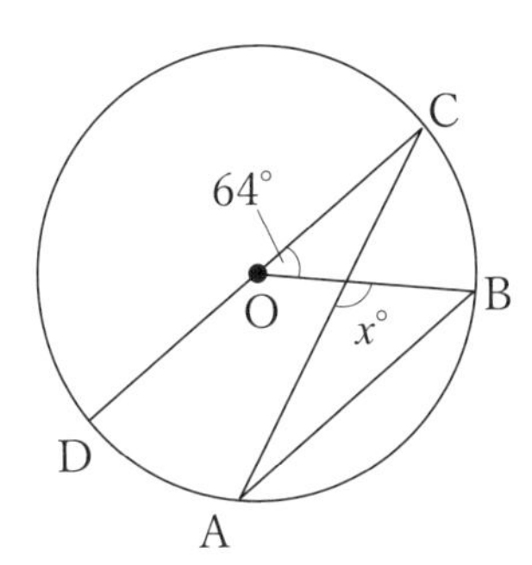

例題 20

ＡＢ // ＣＤのとき，$\angle x$ の大きさを求めよ。

(1)

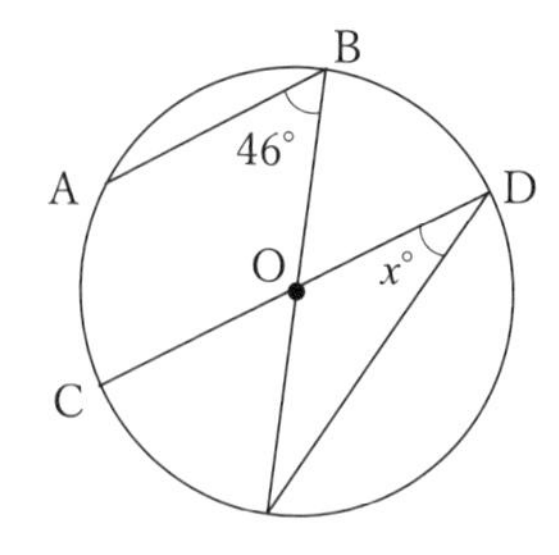

(2)

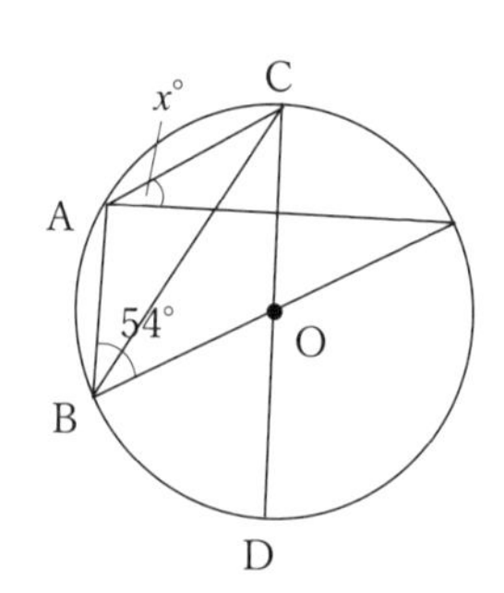

解答

(1)　ＡＢ // ＣＤより，

$\angle ABE = \angle COE = 46°$

太枠の二等辺三角形の外角を利用して，

$x = 46 \div 2 = 23$

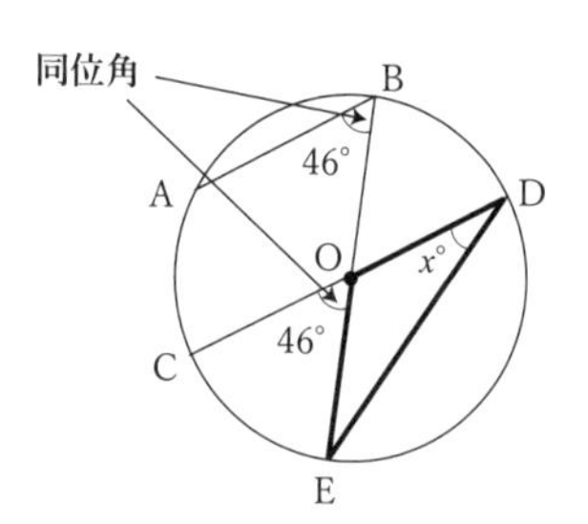

(2)　ＡＢ // ＣＤより，

$\angle COE = \angle ABE$

太枠の二等辺三角形の外角を利用して，

$\angle CBO = 54 \div 2 = 27°$

太線の弧の円周角で，

$x = 27$

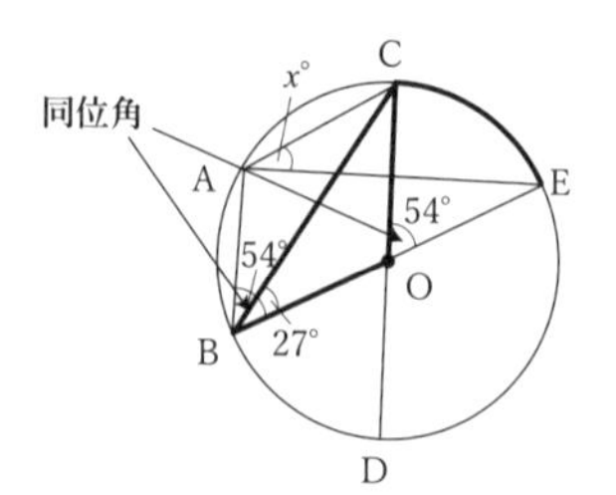

ポイント

平行線の同位角や錯角と，円の中心を含む二等辺三角形を活かそう

練習問題 20

ＡＢ // ＣＤのとき，∠x の大きさを求めよ。

(1)

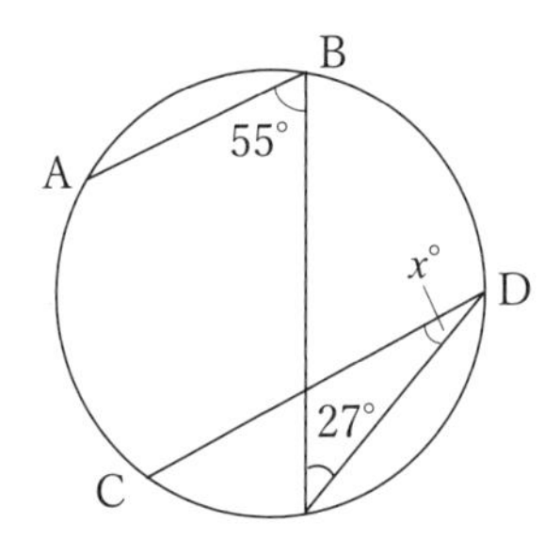

(2)

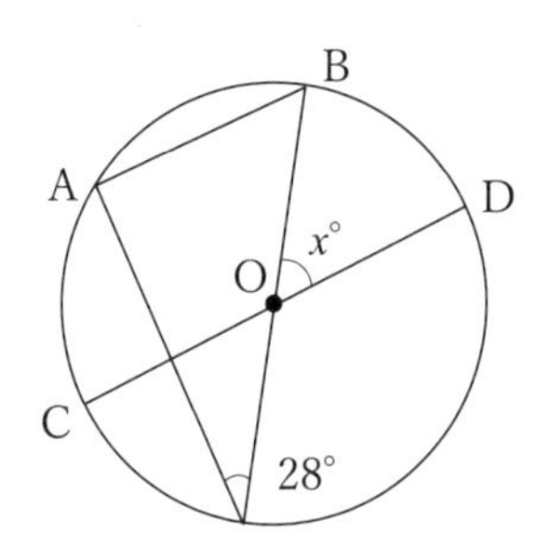

(3)

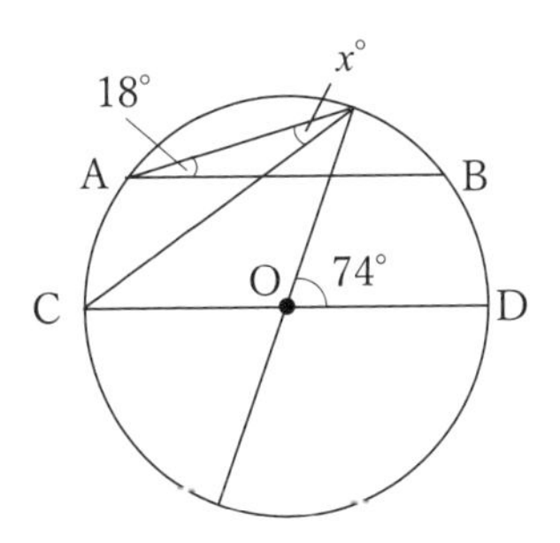

(4)

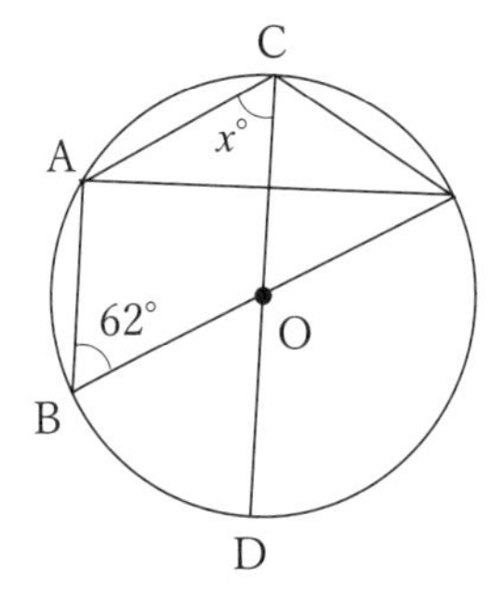

例題 21

$\angle x$ の大きさを求めよ。

(1)　円周を 6 等分

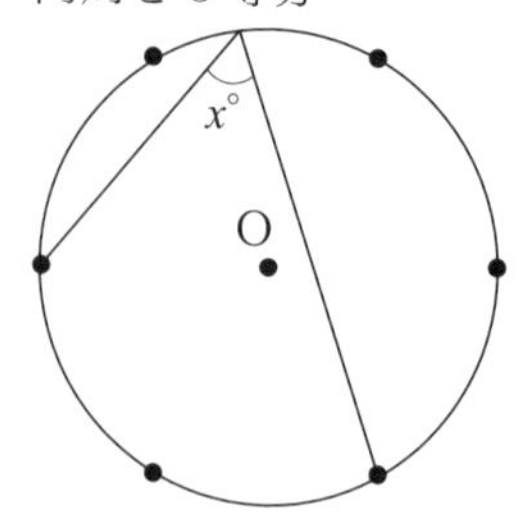

(2)　円周を 8 等分

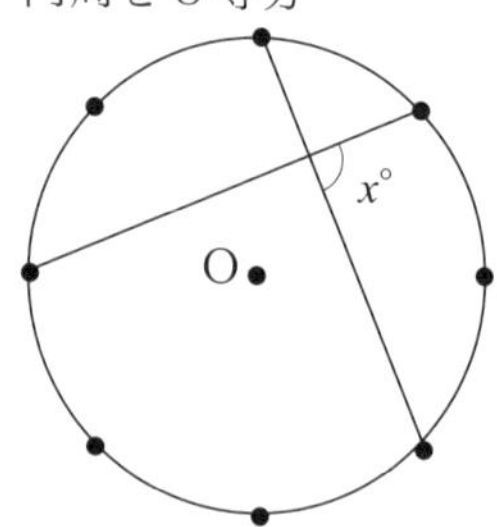

解答

(1)　1 つ分の弧に対する中心角は 60°

よって右図のようになるから,

x = 120 ÷ 2 = 60

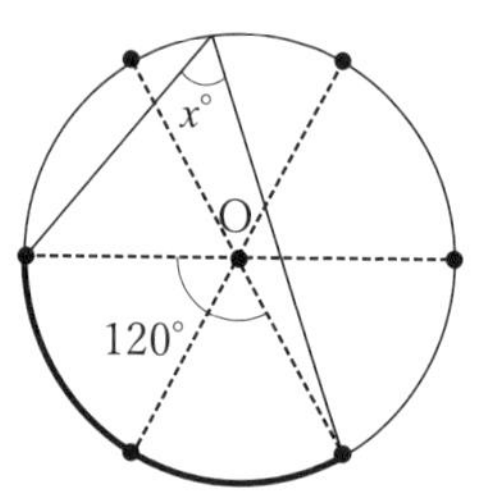

(2)　太枠の三角形の外角を利用する

2 つ分の弧に対する中心角は 90°

よって円周角は 90 ÷ 2 = 45°

これは $\angle a$ も同じだから,

$x = 45 + 45 = 90$

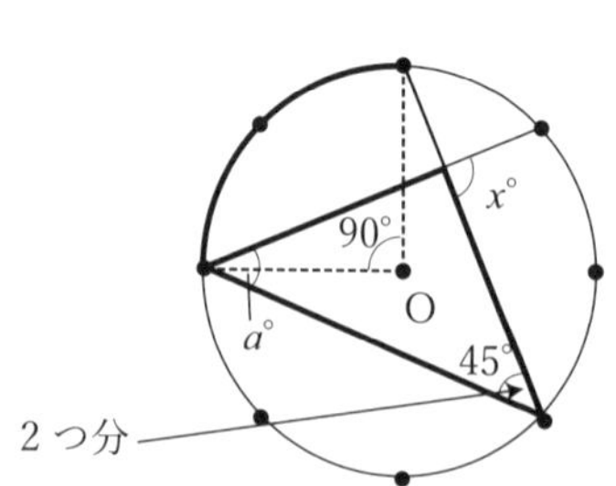

ポイント

1 つ分の弧に対する中心角を起点にしよう

練習問題 21

$\angle x$ の大きさを求めよ。

(1)　円周を 6 等分

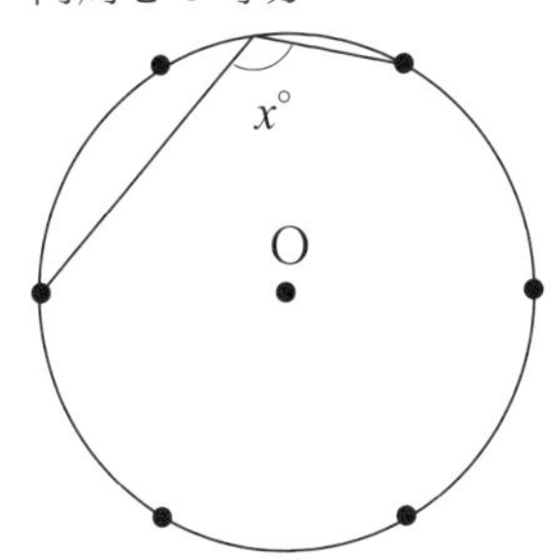

(2)　円周を 8 等分

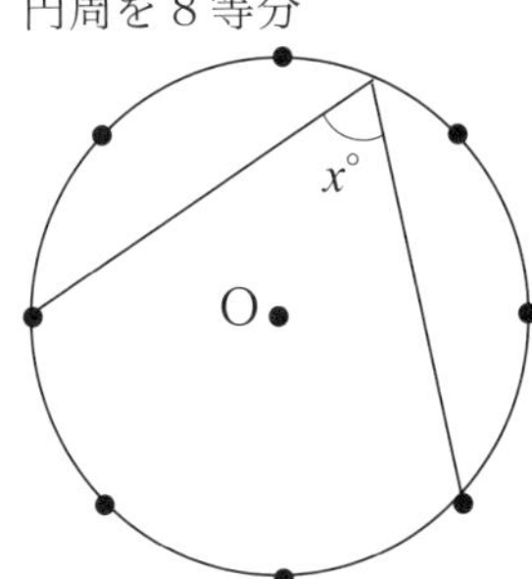

(3)　円周を 6 等分

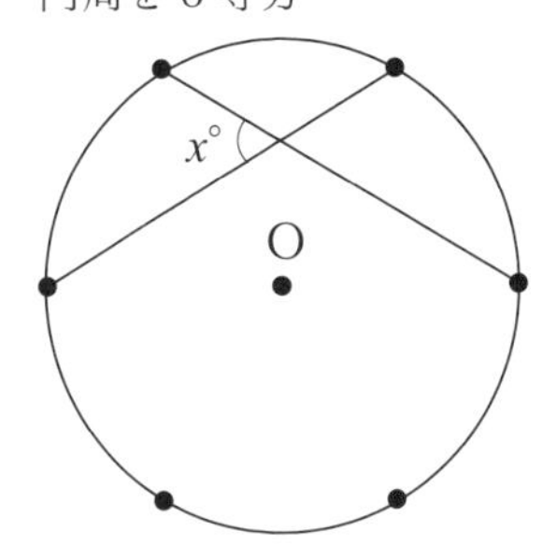

(4)　円周を 8 等分

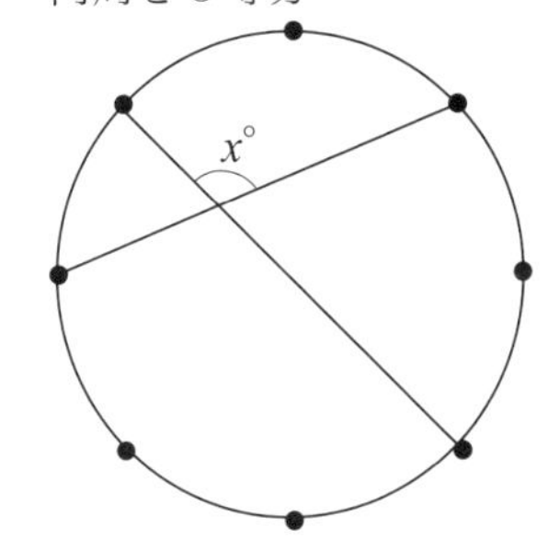

例題 22

$\overset{\frown}{AB}:\overset{\frown}{BC}:\overset{\frown}{CA}=2:1:3$
のとき，$\angle x$ の大きさを求めよ。

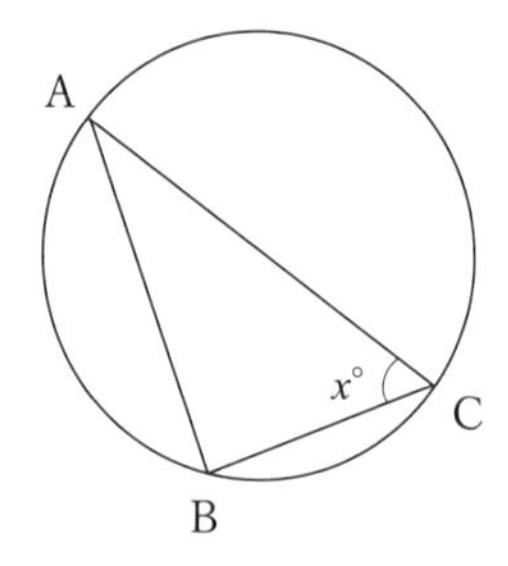

解答

求めるのは，$\overset{\frown}{AB}$ に対する円周角

$2+1+3=6$ だから，

円周を 6 等分して考える

すると 1 つ分の弧に対する中心角は，$360 \div 6 = 60°$

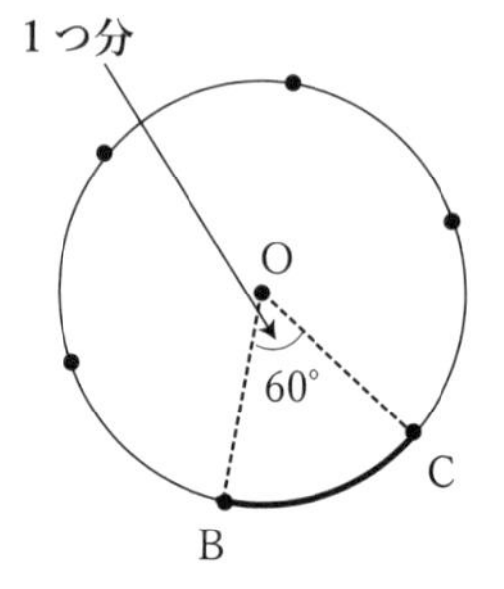

つまりそれぞれの弧に対する中心角は右図のようになる

よって，

$x = 120 \div 2 = 60$

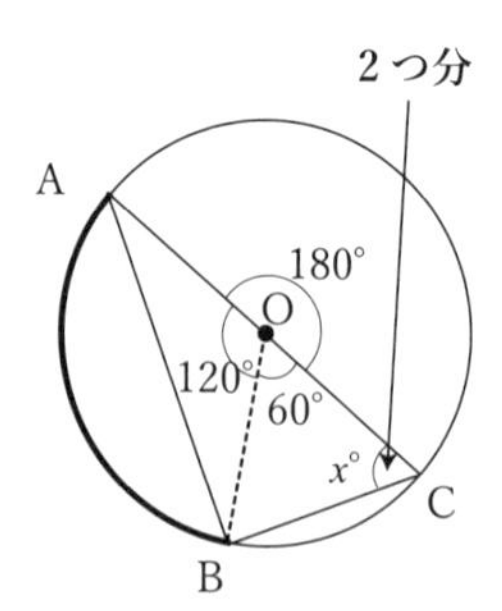

ポイント

弧を等分して，1 つ分の弧の中心角をまず考えよう

練習問題 22

$\angle x$の大きさを求めよ。

(1)　$\overset{\frown}{AB} : \overset{\frown}{BC} : \overset{\frown}{CA}$
$= 3 : 2 : 1$

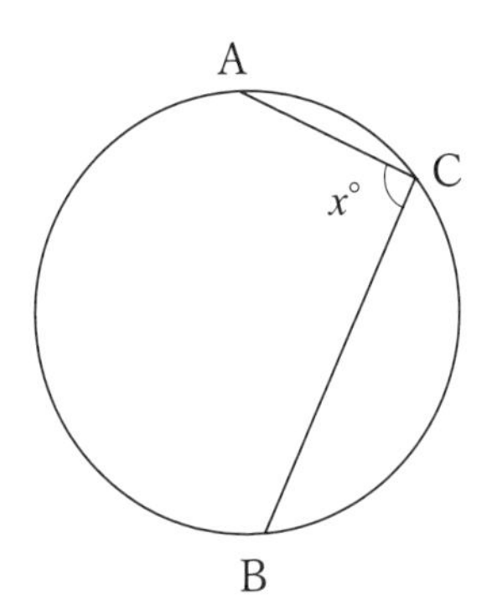

(2) 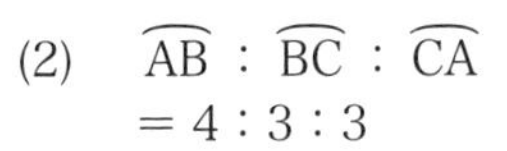
$\overset{\frown}{AB} : \overset{\frown}{BC} : \overset{\frown}{CA}$
$= 4 : 3 : 3$

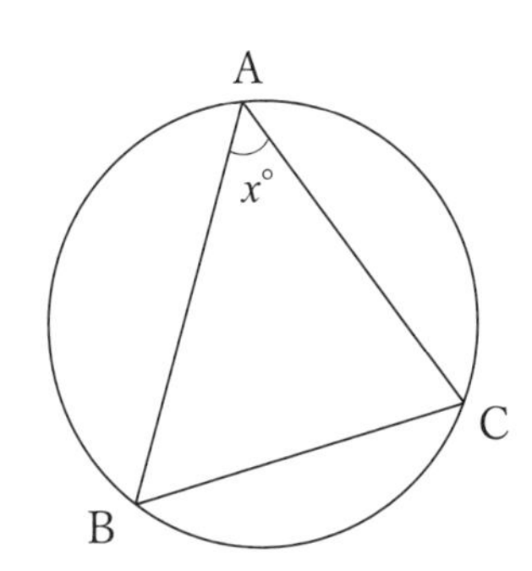

(3)　$\overset{\frown}{AB} : \overset{\frown}{BC} : \overset{\frown}{CA}$
$3 : 4 : 5$

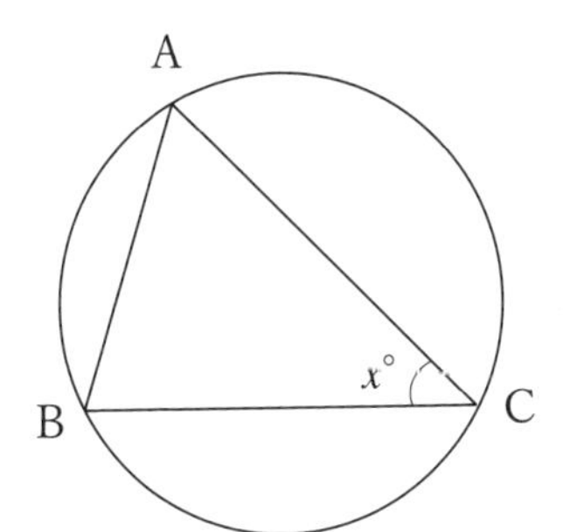

(4)　$\overset{\frown}{AB} : \overset{\frown}{BC} : \overset{\frown}{CA}$
$= 2 : 5 : 3$

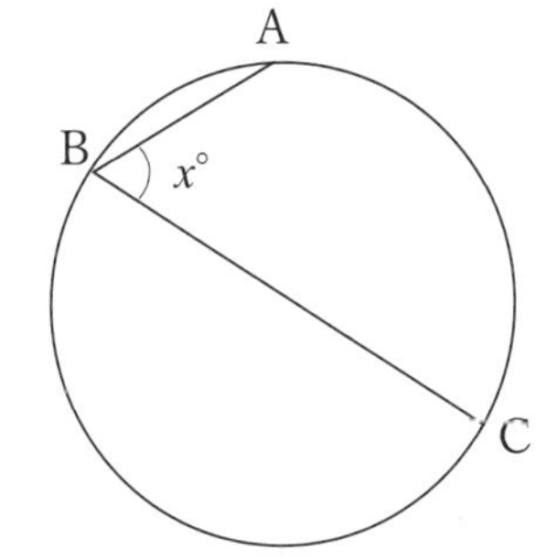

例題 23

$\overset{\frown}{AB} : \overset{\frown}{BC} : \overset{\frown}{CD} : \overset{\frown}{DA} = 1 : 2 : 3 : 3$ のとき，
$\angle x$ の大きさを求めよ。

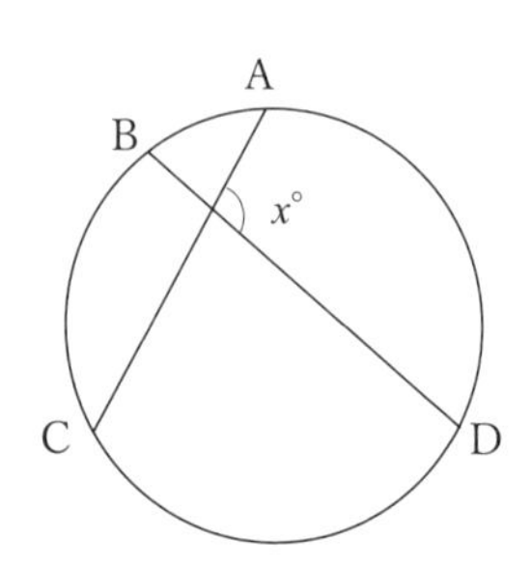

解答

$1 + 2 + 3 + 3 = 9$ だから，
円周を 9 等分して考える。

1 つ分の弧に対する中心角は，$360 \div 9 = 40°$ だから，
弧 1 つ分に対する円周角は
$40 \div 2 = 20°$

$\overset{\frown}{BC}$，$\overset{\frown}{DA}$ のそれぞれの円周角は右図のようになり，
太枠の三角形の外角を利用すれば，

$x = 60 + 40 = 100$

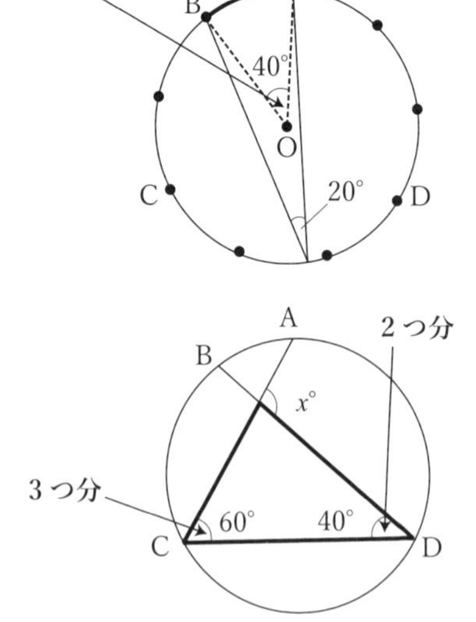

ポイント
弧を等分し，弦を引いて三角形の外角を利用しよう

練習問題 23

$\angle x$ の大きさを求めよ。

(1)　$\overset{\frown}{AB} : \overset{\frown}{BC} : \overset{\frown}{CD} : \overset{\frown}{DA} = 2 : 2 : 3 : 3$

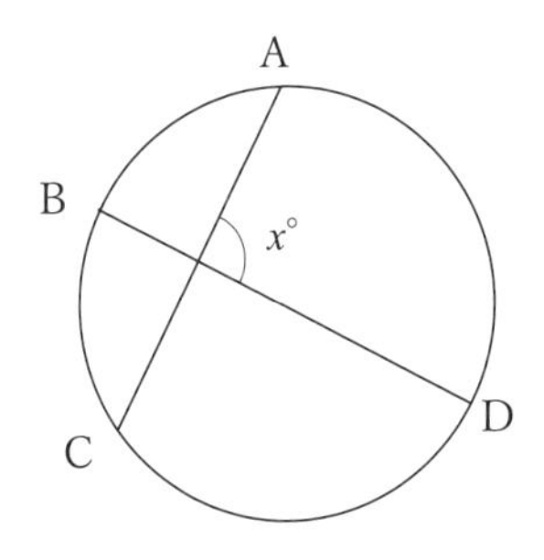

(2)　$\overset{\frown}{AB} : \overset{\frown}{BC} : \overset{\frown}{CD} : \overset{\frown}{DA} = 4 : 1 : 3 : 2$

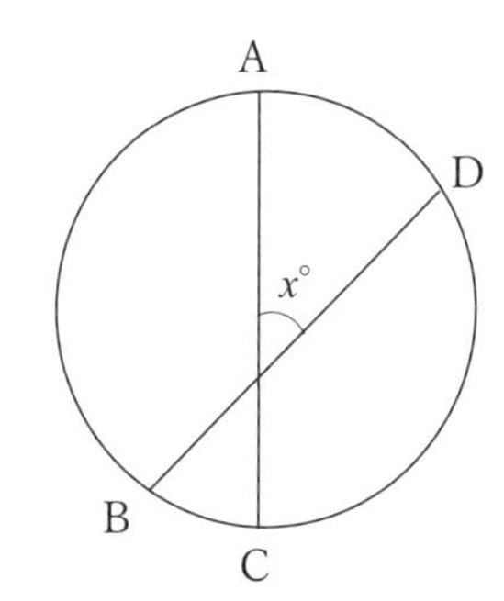

(3)　$\overset{\frown}{AB} : \overset{\frown}{BC} : \overset{\frown}{CD} : \overset{\frown}{DA} = 3 : 1 : 2 : 3$

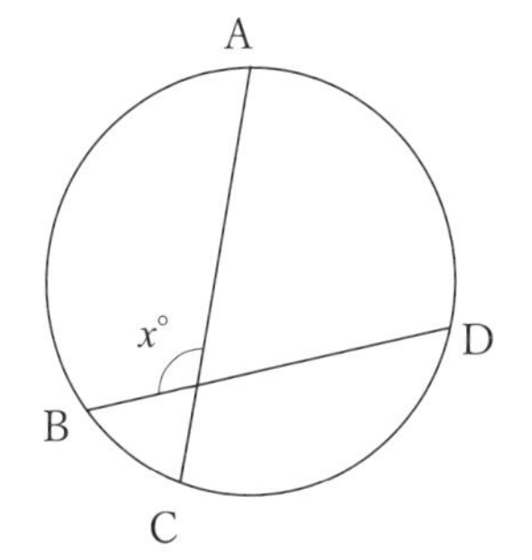

(4)　$\overset{\frown}{AB} : \overset{\frown}{BC} : \overset{\frown}{CD} : \overset{\frown}{DA} = 3 : 4 : 2 : 3$

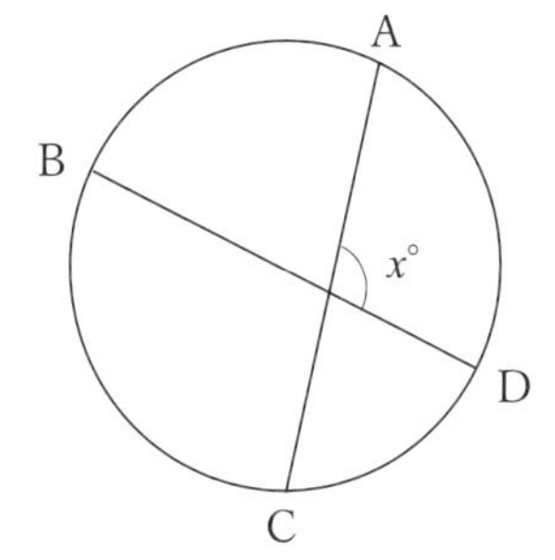

例題 24

$\overset{\frown}{BC}:\overset{\frown}{DA}=3:5$
のとき，$\angle x$ の大きさを求めよ。

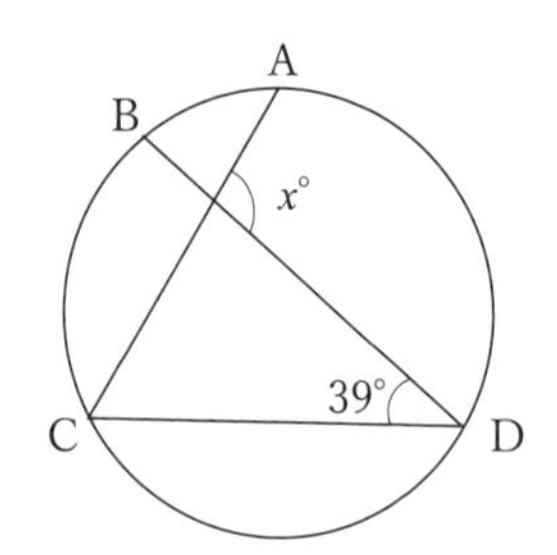

解答

$\overset{\frown}{BC}:\overset{\frown}{DA}=3:5$ だから，それぞれの弧に対する中心角も $3:5$

よって，$\angle DOA=$
$78\times\frac{5}{3}=130°$

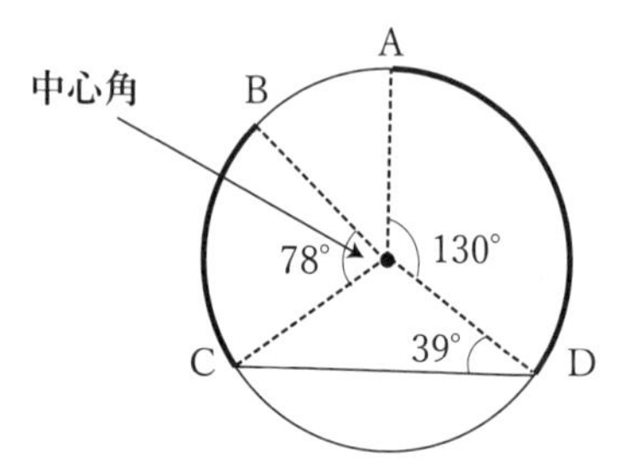

よって，$\angle ACD$
$=130\div3=65°$

太枠の三角形の外角を利用すれば，

$x=65+39=104$

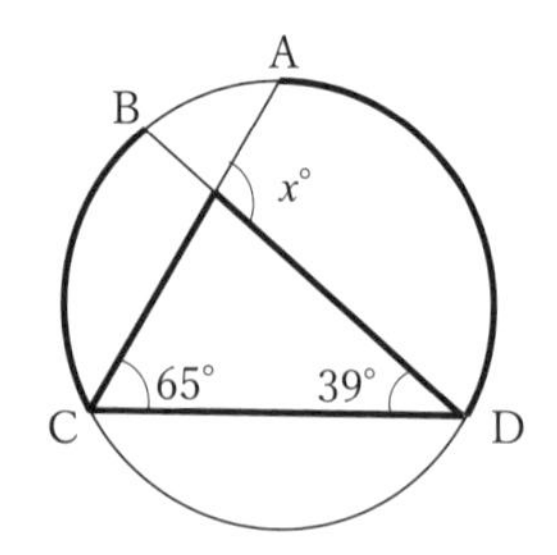

ポイント

弧の長さの比→中心角の比→円周角の比，と順に考えていこう

練習問題 24

$\angle x$ の大きさを求めよ。

(1) $\overset{\frown}{AB} : \overset{\frown}{CA} = 1 : 2$

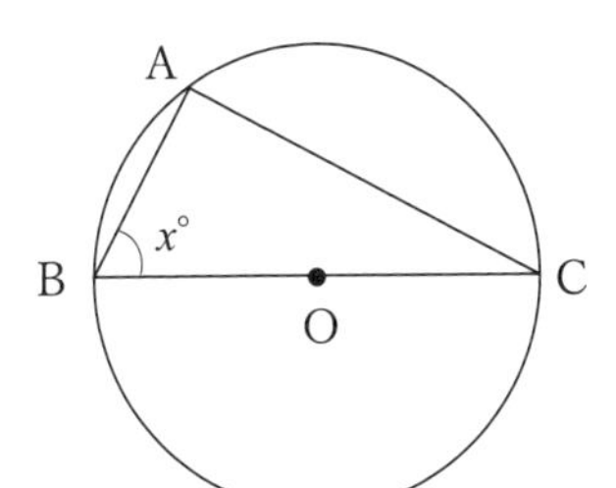

(2) $\overset{\frown}{AB} : \overset{\frown}{CA} = 5 : 12$

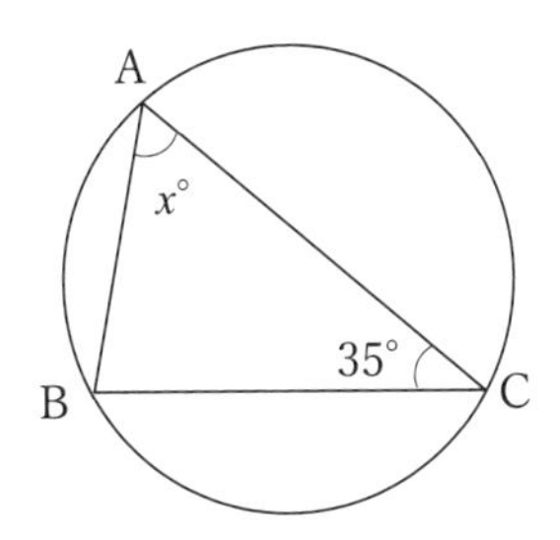

(3) $\overset{\frown}{CD} : \overset{\frown}{DA} = 2 : 5$

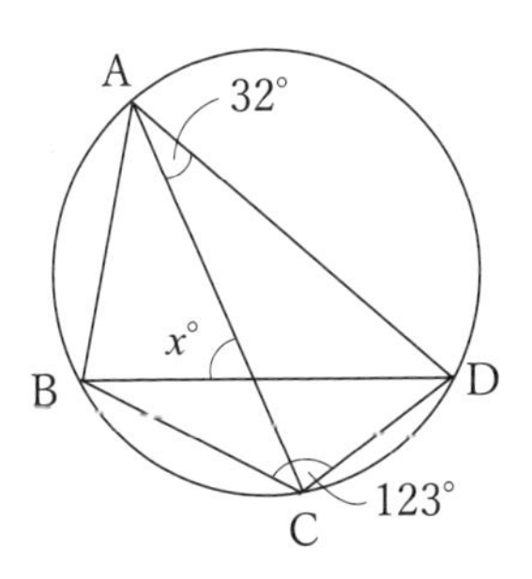

(4) $\overset{\frown}{CD} : \overset{\frown}{DA} = 1 : 3$

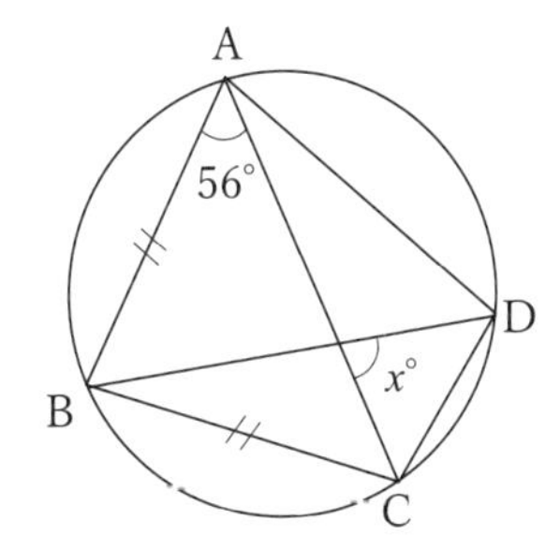

例題 25

直線 l は接線，点Pは接点であるとき，$\angle x$ の大きさを求めよ。

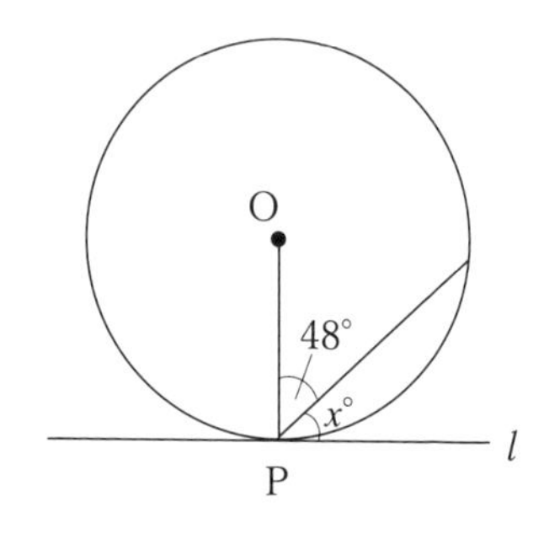

解答

直線 l が接線，点Pは接点だから，直線 $l \perp$ OP

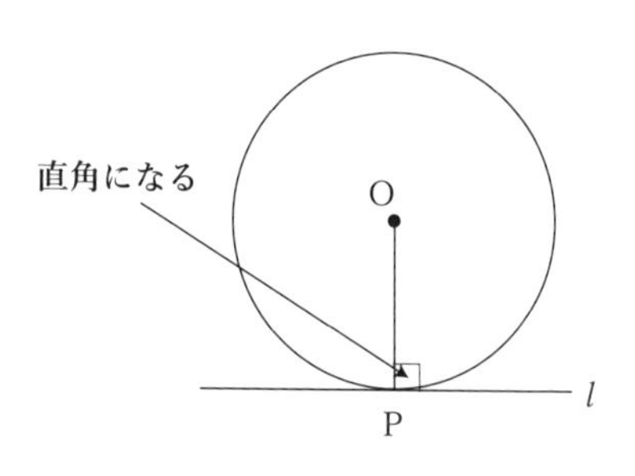

右図より，

$x = 90 - 48$
$= 42$

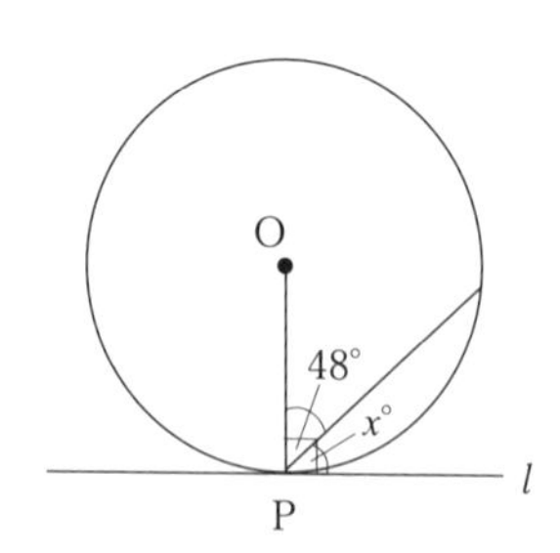

ポイント

円の接線と接点を通る半径は直角を作ることに注意しよう

練習問題 25

直線 l は接線，点 P は接点であるとき，$\angle x$ の大きさを求めよ。

(1)

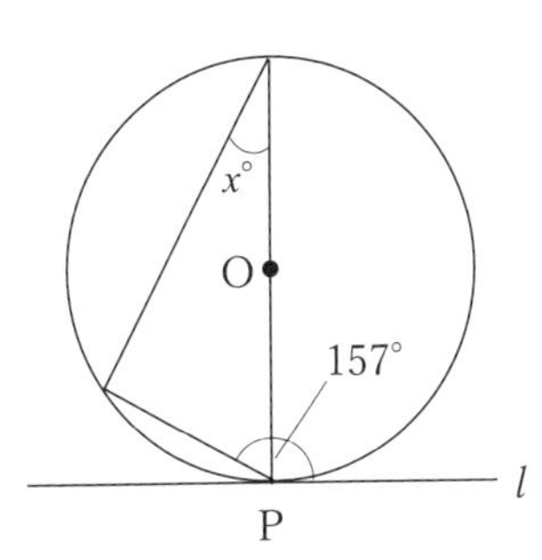

(2)

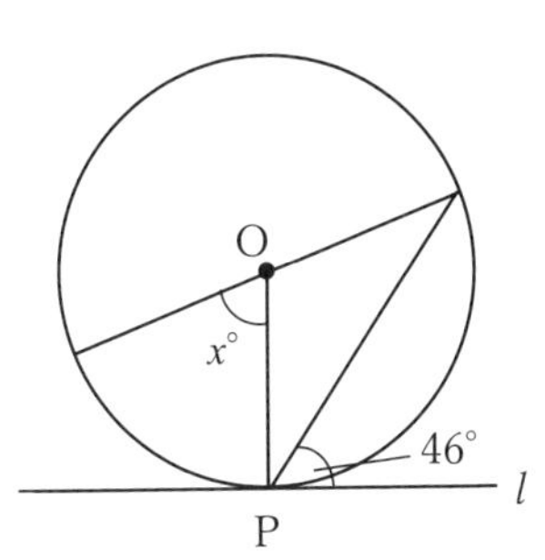

(3)

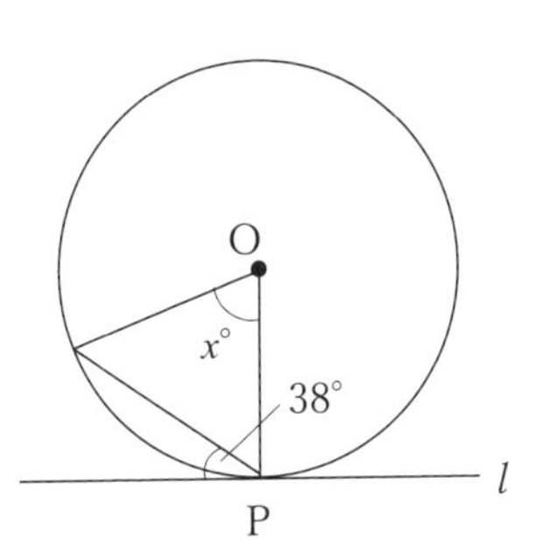

(4)

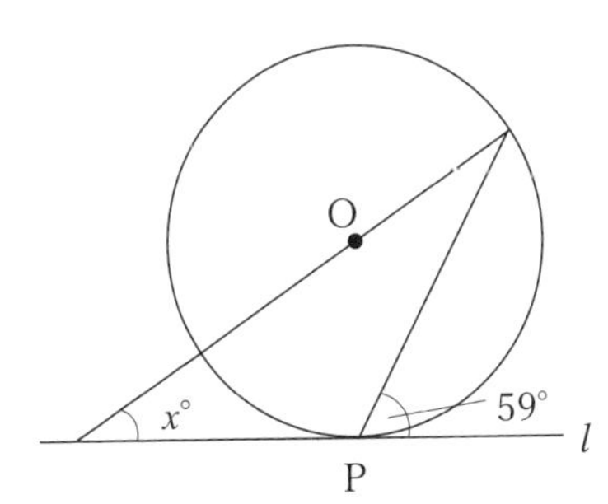

例題 26

直線 l, m は接線，点 P，Q は接点であるとき，$\angle x$ の大きさを求めよ。

(1)

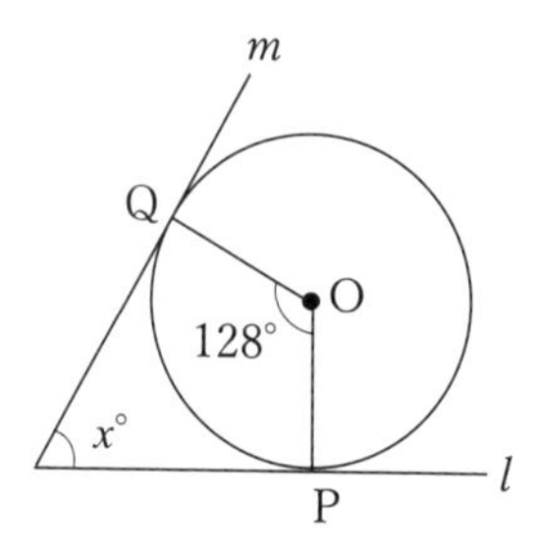

(2)

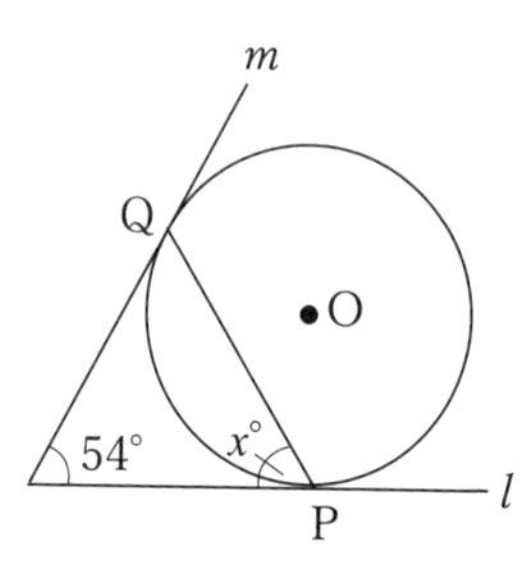

解答

(1)　∠OPR＝∠OQR

＝90°で，太枠の四角形

の内角の和を利用して，

$x = 360 - (128 + 90 + 90)$

$= 360 - 308 = 52$

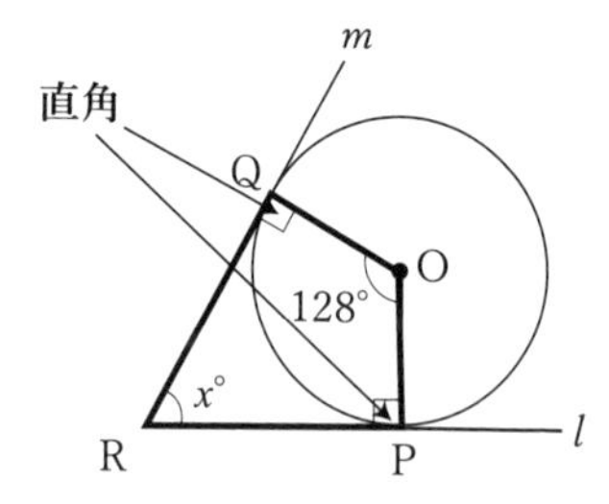

(2)　太枠の三角形は

∠RPQ＝∠RQP の

二等辺三角形

内角の和を利用して，

$x = (180 - 54) \div 2$

$= 63$

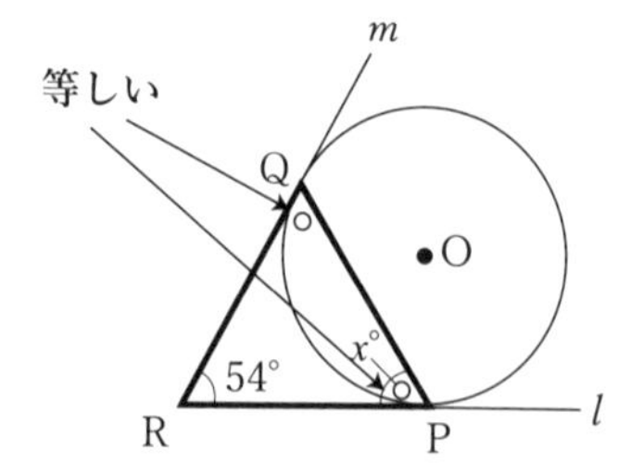

ポイント

接線を利用した四角形や二等辺三角形の内角を利用しよう

練習問題 26

直線 l, m は接線, 点 P, Q は接点であるとき,
$\angle x$ の大きさを求めよ。

(1)

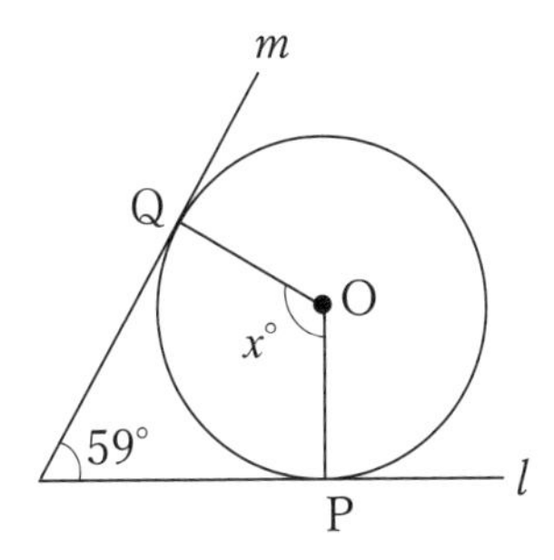

(2)

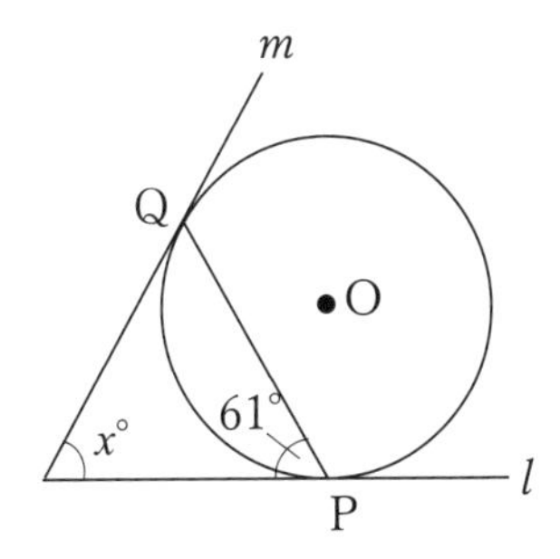

(3)

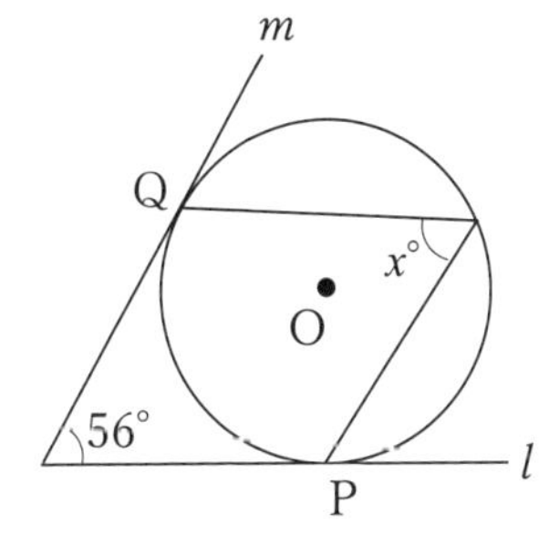

(4)

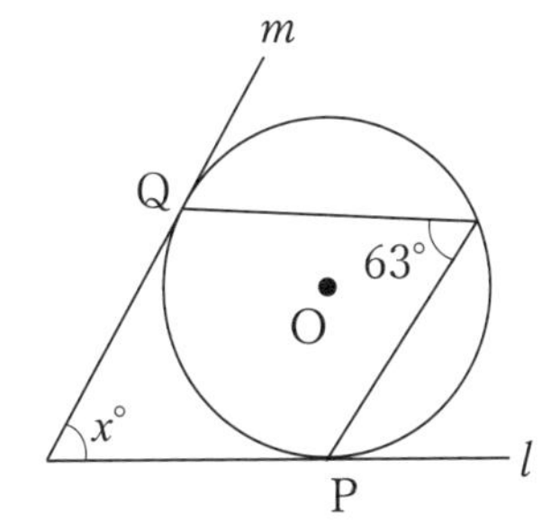

例題 27

直線 l, m は接線，点P，Qは接点であるとき，∠x の大きさを求めよ。

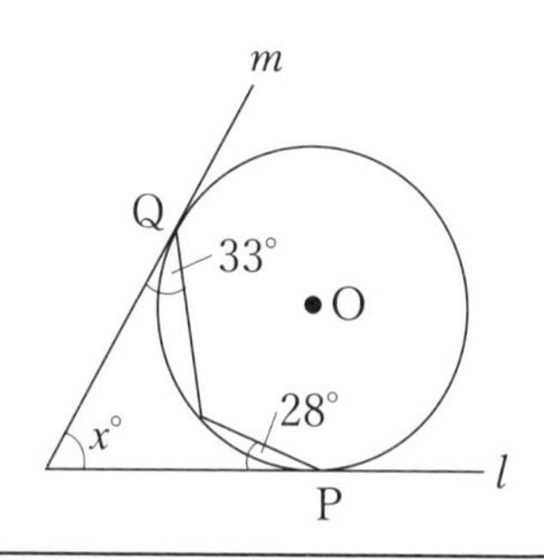

解答

∠OPR＝90°，
∠SPT＝90° だから，
∠SPR＝∠OPT
　　＝28°

よって，
∠POS＝28×2
　　＝56°

同様にして，
∠QOS＝33×2
　　＝66°

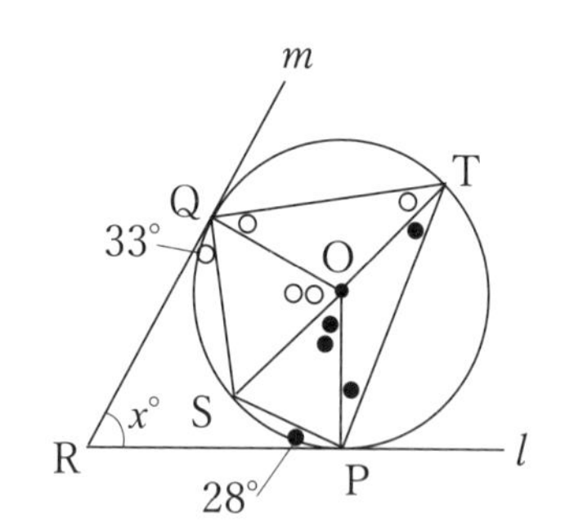

四角形QRPOの内角の和を利用すれば，

$x = 360 - (56 + 66 + 90 + 90)$
$= 360 - 302 = 58$

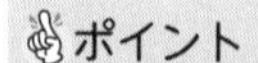

ポイント

直角や二等辺三角形の知識を組み合わせよう

例題 28

$\overset{\frown}{AB}=\overset{\frown}{BC}$，$\overset{\frown}{AE}=\overset{\frown}{ED}$のとき，$\angle x$の大きさを求めよ。

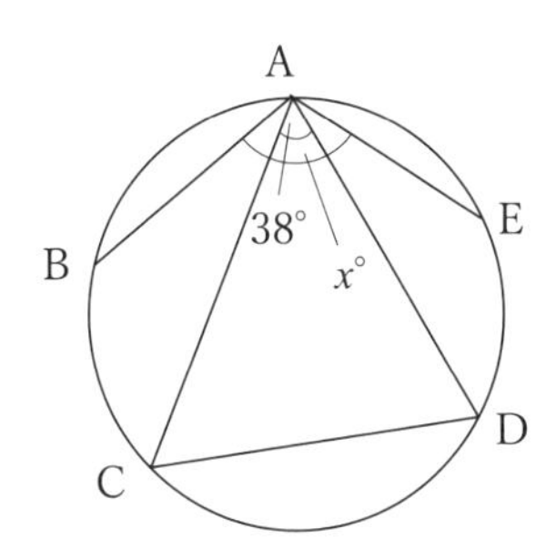

解答

等しい弧などから中心角を考えて，

4●＋4○＋76＝360
4●＋4○＝284
●＋○＝71

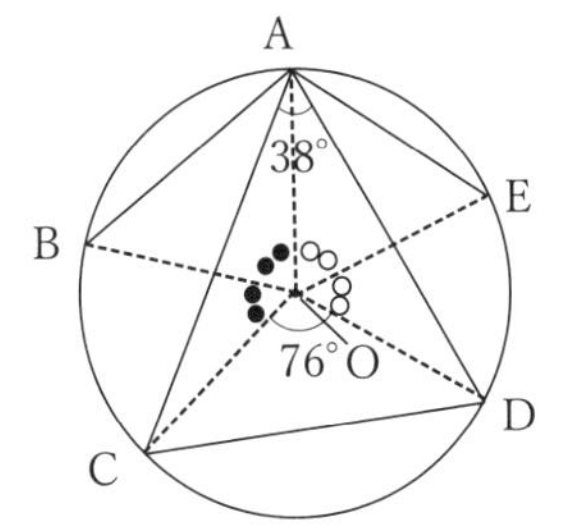

これより，右図のようになって，

x ＝●＋38＋○
＝71＋38
＝109

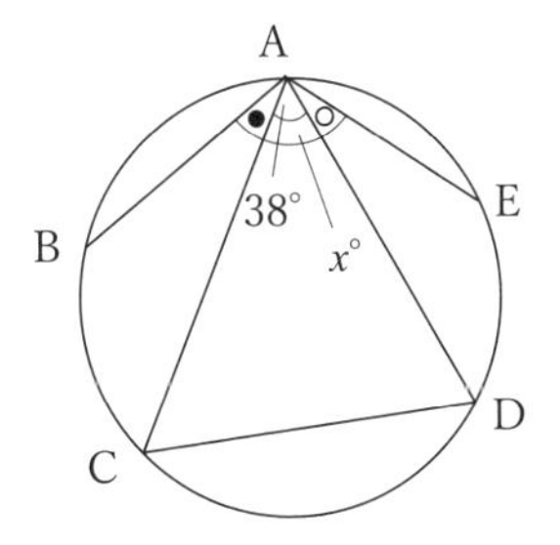

ポイント

等しい弧では迷わず中心角を使おう

例題 29

$\angle x$ の大きさを求めよ。

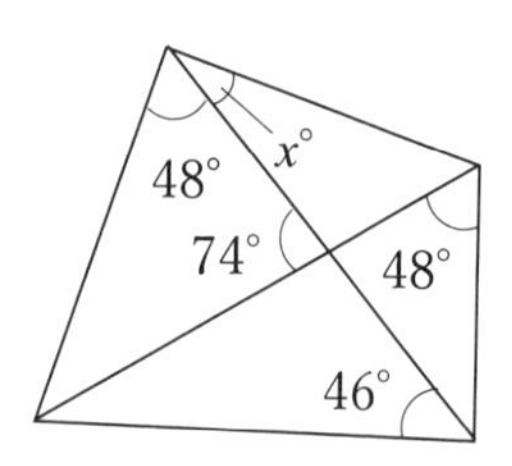

解答

$\angle \mathrm{BAC} = \angle \mathrm{BDC}$

だから，

4点A，B，C，Dは

同一円周上にある

右図において，

$\angle \mathrm{DBC} = 74 - 46 = 28°$

$\overset{\frown}{\mathrm{CD}}$ の円周角は等しいので，

$x = 28$

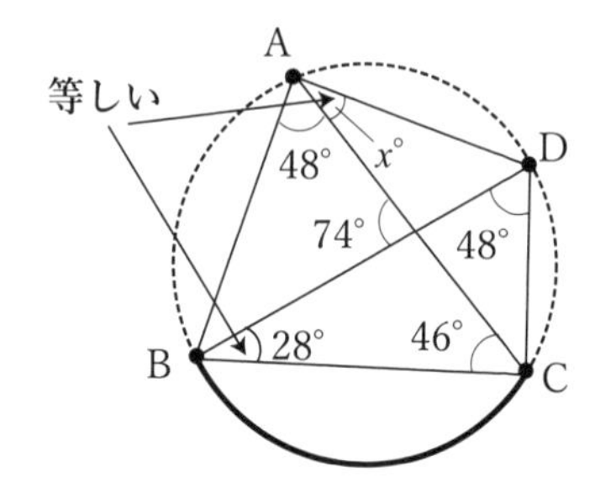

ポイント

4点が同一円周上にあれば，円を描いて円周角を使おう

5章　解答・解説

▶第２章◀

練習問題１

(1)　内角の和を利用して，$x = 180 - (46 + 86) = 180 - 132 = \boxed{48}$

(2)　内角の和を利用して，$x = 180 - (48 + 34) = 180 - 82 = \boxed{98}$

(3)　右図のようになるから，

$x = 180 - (77 + 58) = 180 - 135 = \boxed{45}$

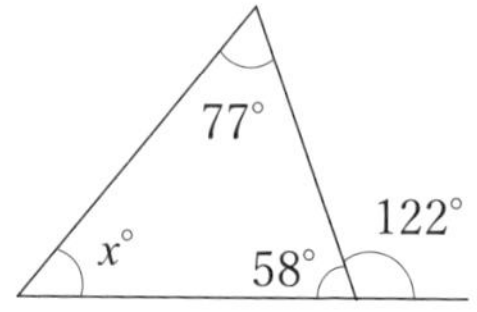

(4)　右図のようになるから，

$x = 180 - (69 + 48) = 180 - 117 = \boxed{63}$

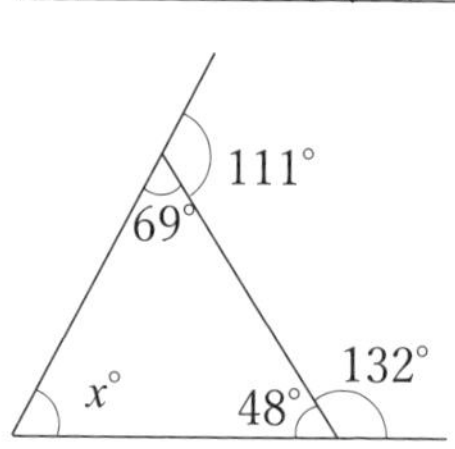

練習問題２

(1)　外角を利用して，$x = 102 - 49 = \boxed{53}$

(2)　外角を利用して，$x = 131 - 44 = \boxed{87}$

(3)　右図のようになるから，

$x = 132 - 69 = \boxed{63}$

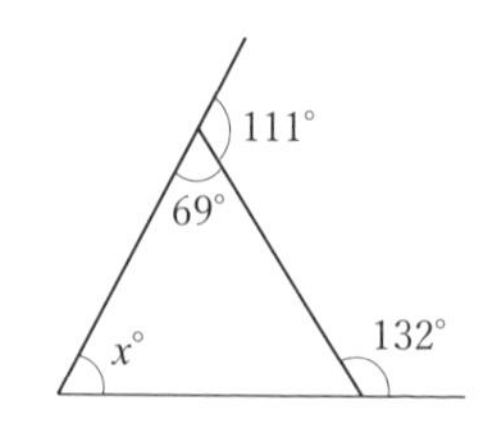

(4)　右図のようになるから，

$x = 37 + 61 = \boxed{98}$

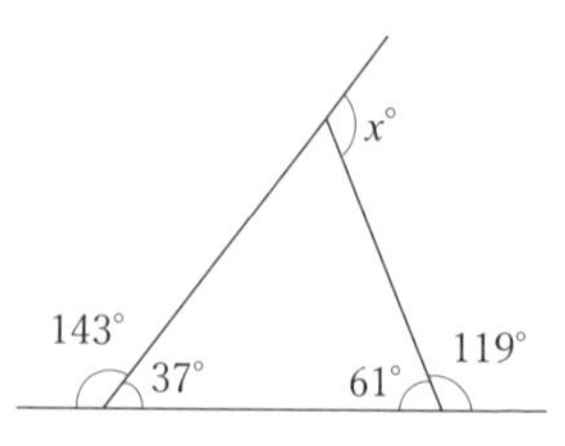

練習問題3

(1)　$x = 180 - 68 \times 2 = 180 - 136 = \boxed{44}$

(2)　$x = (180 - 28) \div 2 = 152 \div 2 = \boxed{76}$

(3)　右図のようになるから，

$x = 180 - 64 \times 2 = 180 - 128 = \boxed{52}$

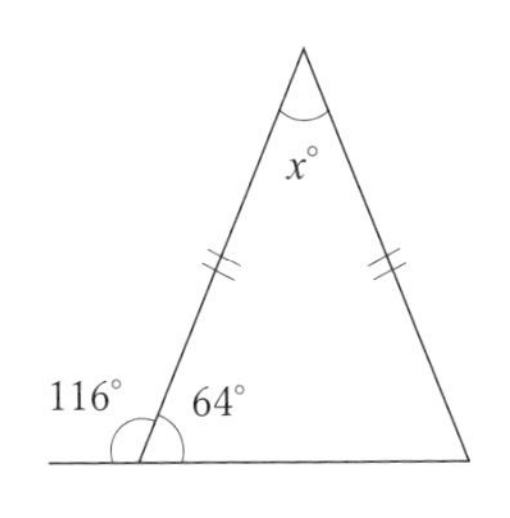

(4)　右図のようになるから，

$x = 180 - 56 \times 2 = 180 - 112 = \boxed{68}$

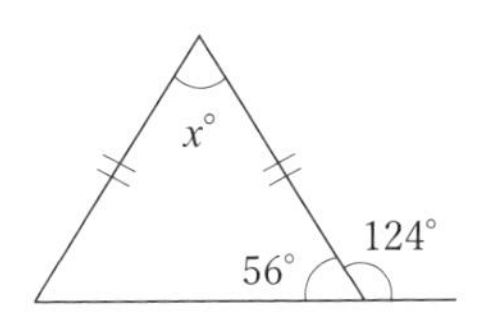

練習問題4

(1)　右図のようになるから，

$x = (180 - 102) \div 2 = 78 \div 2 = \boxed{39}$

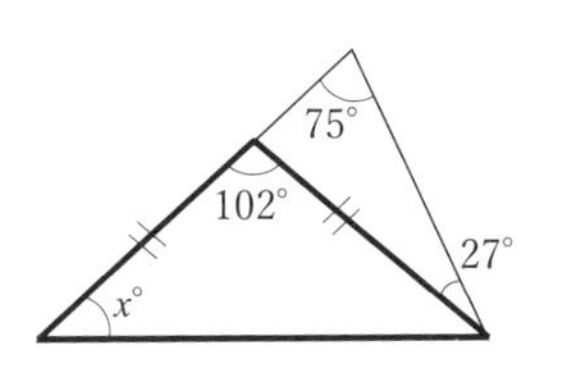

(2)　右図のようになるから，

$x = 81 - 46 = \boxed{35}$

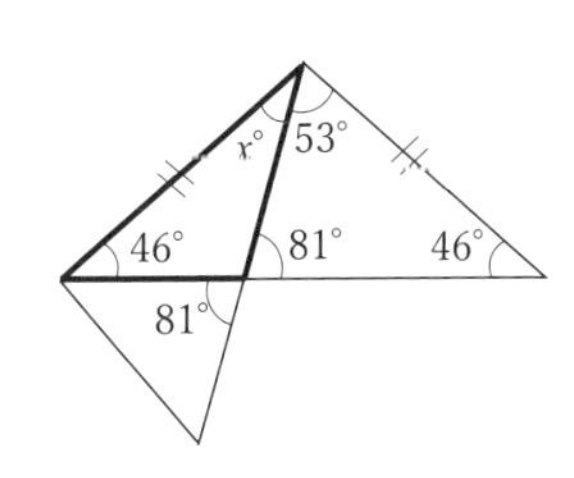

(3)　右図のようになるから，

$x = 180 - 71 \times 2 = 180 - 142 = \boxed{38}$

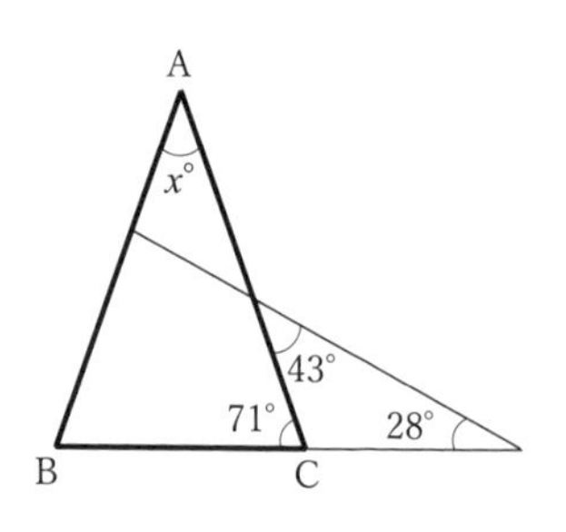

(4)　右図のようになるから，

$x = 180 - (36 + 63)$

$= 180 - 99 = \boxed{81}$

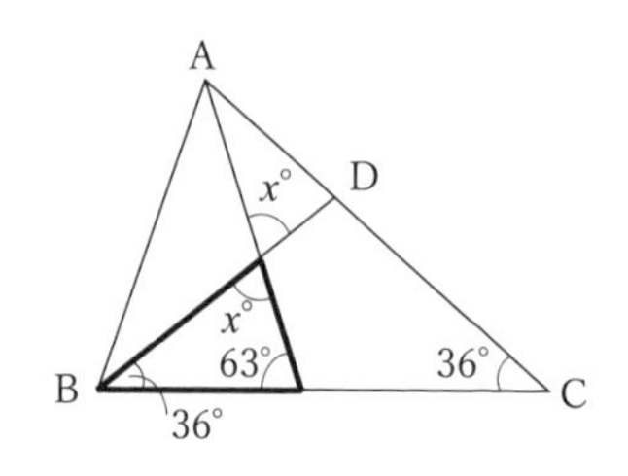

練習問題 5

(1)　右図のようになるから，

$x = 180 - 78 \times 2$

$= 180 - 156 = \boxed{24}$

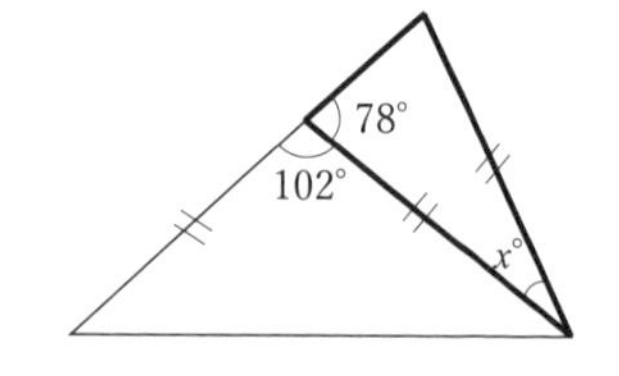

(2)　右図のようになるから，

$2x = 180 - 116$

$2x = 64$

$x = \boxed{32}$

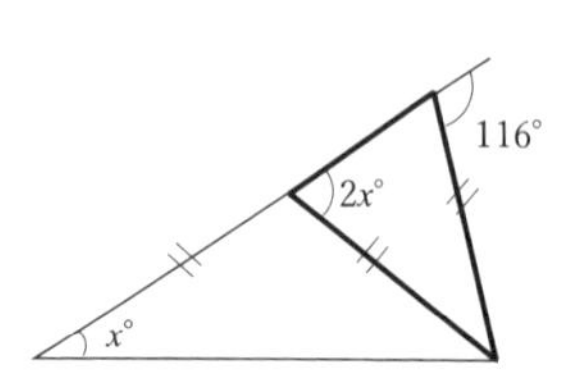

(3)　右図のようになるから，

$180 - 76 \times 2 = 28$

$x = 76 - 28 = \boxed{48}$

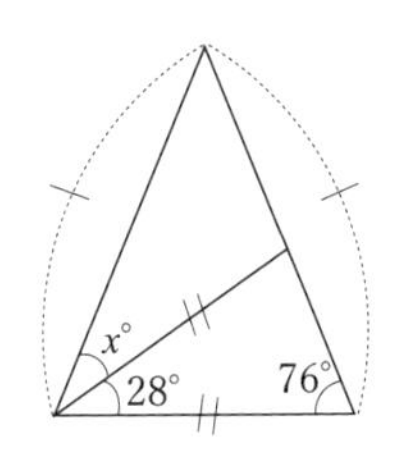

(4)　右図のようになり，

内角の和から，

$$x + 2x + 2x = 180$$
$$5x = 180$$
$$x = \boxed{36}$$

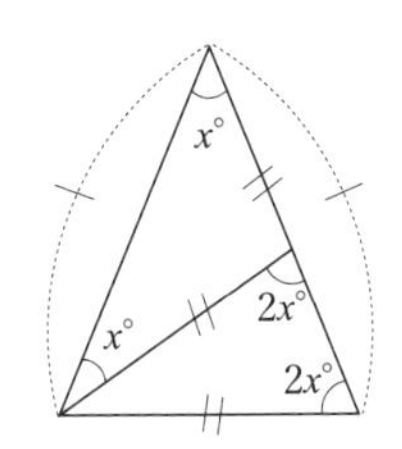

練習問題 6

(1)　平行四辺形の対角は等しいから，$x = \boxed{75}$

(2)　$x = 180 - 69 = \boxed{111}$

(3)　右図のようになるから，

$x = 180 - (44 + 37)$

$= 180 - 81 = \boxed{99}$

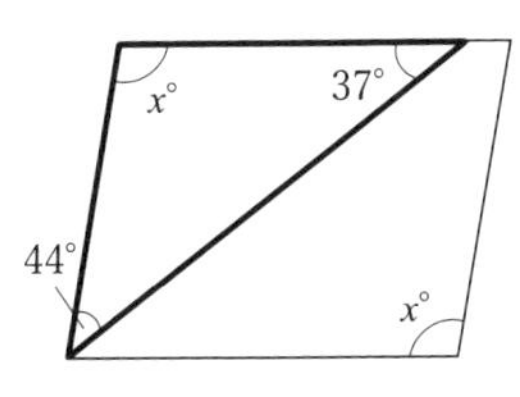

(4)　右図のようになるから，

$x = 180 - (47 + 67)$

$= 180 - 114 = \boxed{66}$

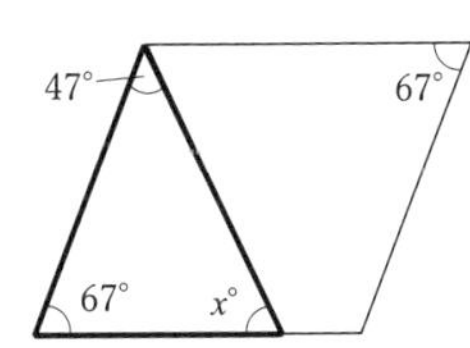

練習問題 7

(1)　右図のようになるから，

$x = 180 - 61 \times 2$

$= 180 - 122 = \boxed{58}$

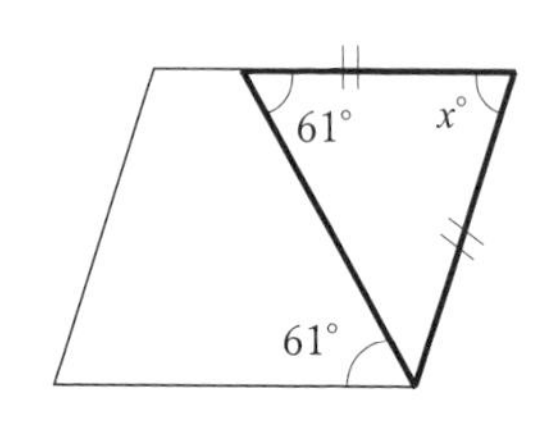

(2)　右図のようになるから，

● $= (180 - 112) \div 2 = 34$

$x = 180 - 34 = \boxed{146}$

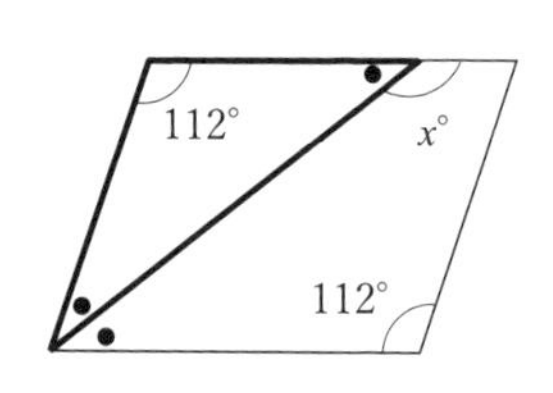

(3)　右図のようになるから，

● $= (180 - 108) \div 3 = 24$

$x = 180 - 24 \times 2$

$= 180 - 48 = \boxed{132}$

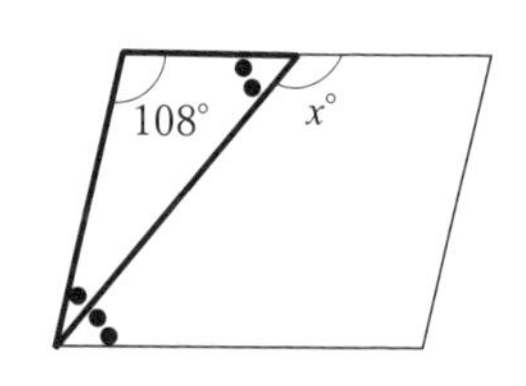

(4)　右図において，

2●＋2○＝180

●＋○＝90

だから，

$x = 180 -$（●＋○）

$= 180 - 90 = \boxed{90}$

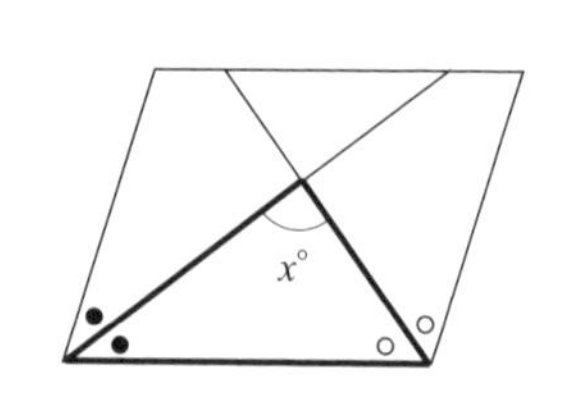

練習問題8

(1)　右図のようになるから,

$x = 180 - 72 \times 2$
$= 180 - 144 = \boxed{36}$

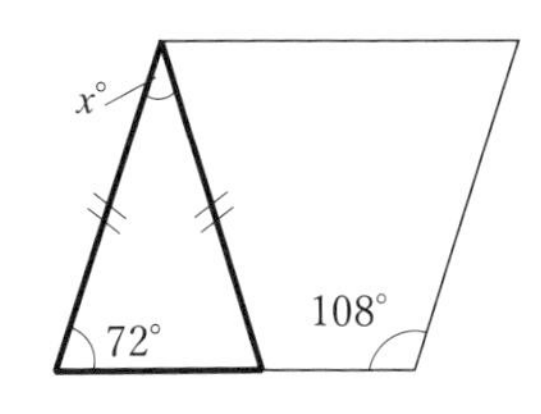

(2)　右図のようになるから,

$(180 - 46) \div 2 = 67$
$x = 101 - 67 = \boxed{34}$

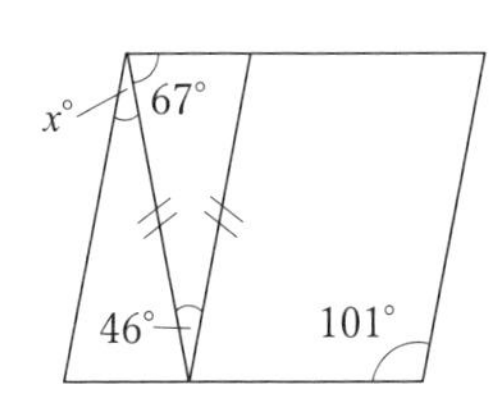

(3)　右図において,

$180 - (26 + 51) \times 2$
$= 180 - 154 = 26$
$x = 26 + 26 = \boxed{52}$

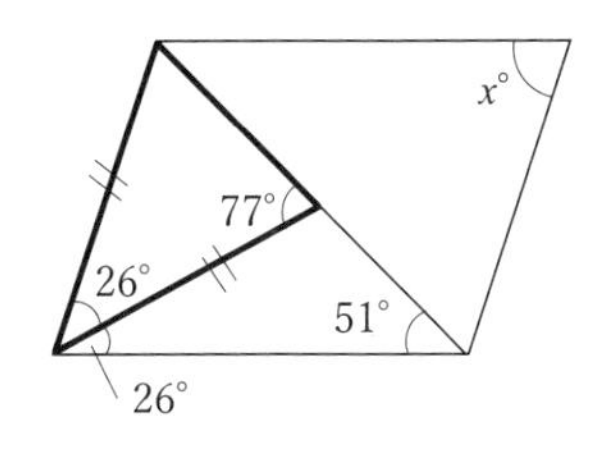

(4)　右図において,

$180 - 68 \times 2$
$= 180 - 136 = 44$
$x = 34 + 44 = \boxed{78}$

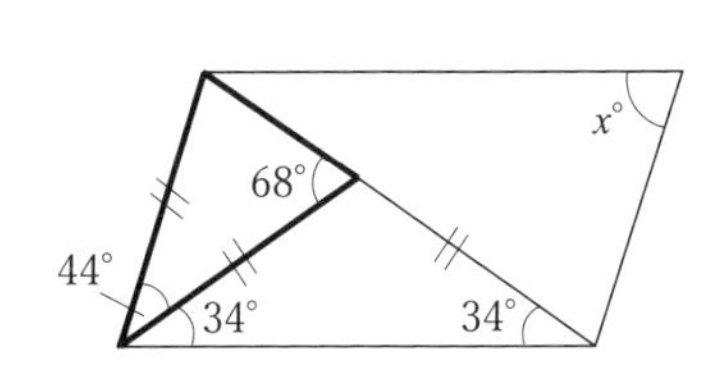

練習問題 9

(1)　右図のようになるから,

$x = 180 - 36 \times 2$

$= 180 - 72 = \boxed{108}$

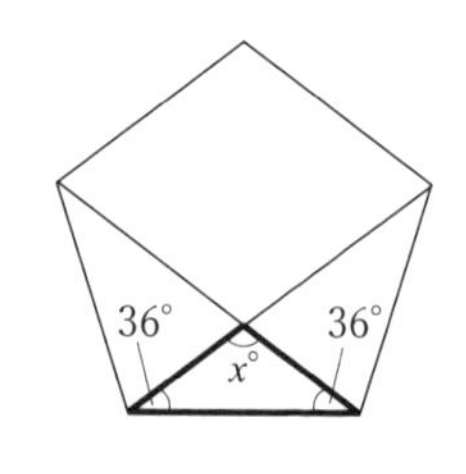

(2)　右図のようになるから,

$108 - 36 = 72$

$x = 180 - 72 \times 2$

$= 180 - 144 = \boxed{36}$

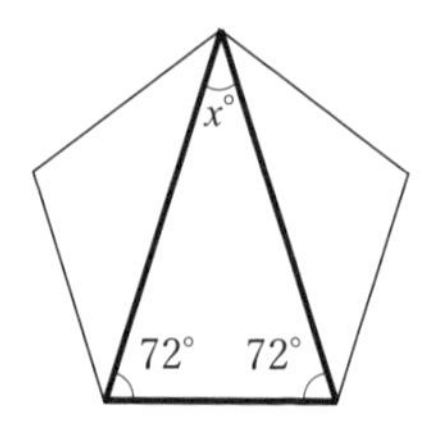

(3)　右図のようになるから,

$108 \div 2 = 54$

$x = 180 - 54 \times 2$

$= 180 - 108 = \boxed{72}$

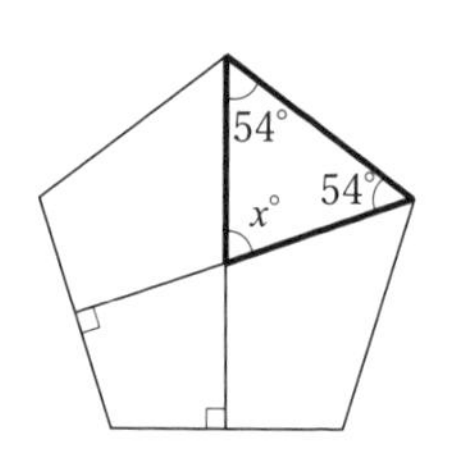

(4)　右図のようになるから,

$x = 180 - (54 + 72)$

$= 180 - 126 = \boxed{54}$

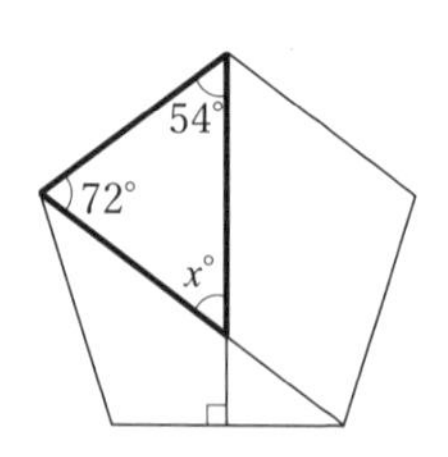

練習問題 10

(1)　右図のようになり,
$143 - 29 = 114$
$x = 114 - 38 = \boxed{76}$

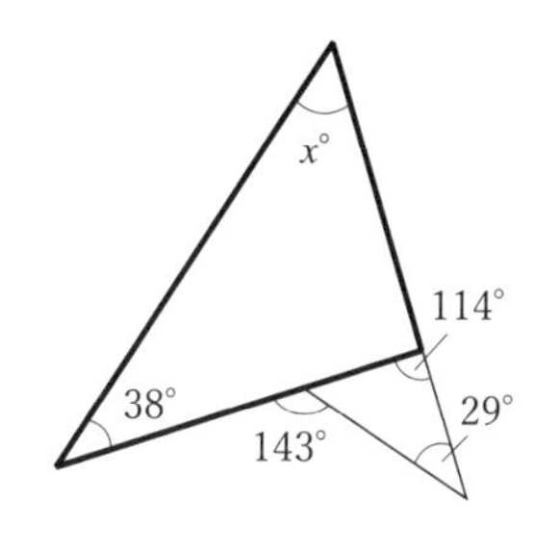

(2)　右図のようになり,
$15 + 54 = 69$
$x = 101 - 69 = \boxed{32}$

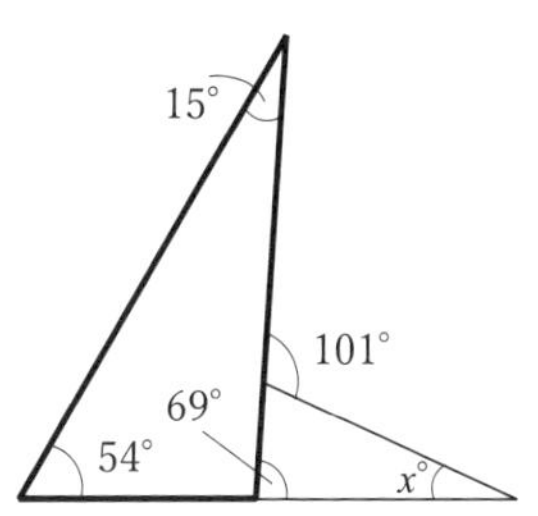

(3)　右図のようになり,
$34 + 29 = 63$
$x = 97 - 63 = \boxed{34}$

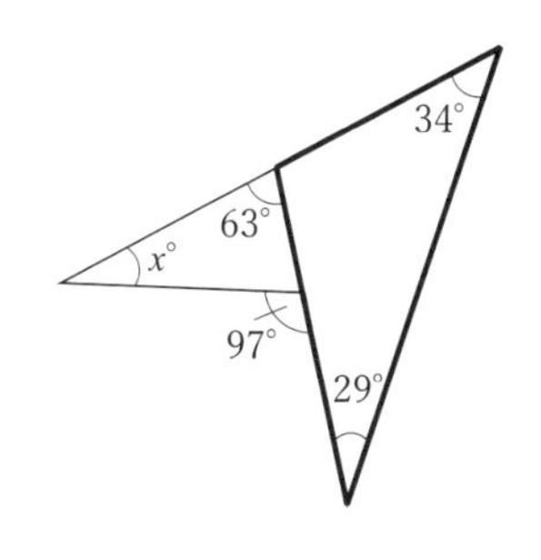

(4)　右図のようになり,
$151 - 33 = 118$
$x = 118 - 24 = \boxed{94}$

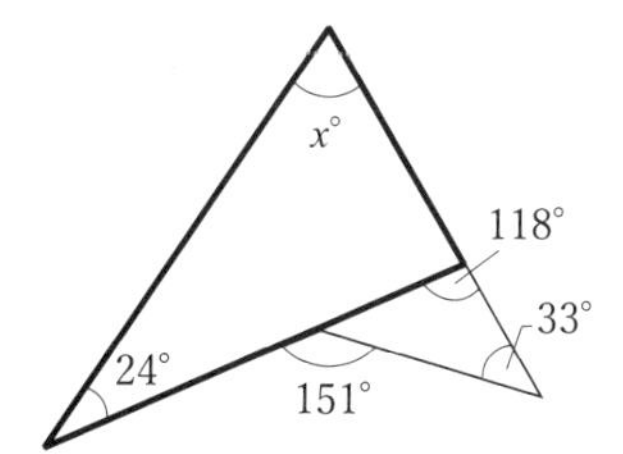

練習問題 11

(1)　右図のようになり，

●$= (180 - 104) \div 2 = 38$

$x = 104 -$●

$= 104 - 38 =$ 66

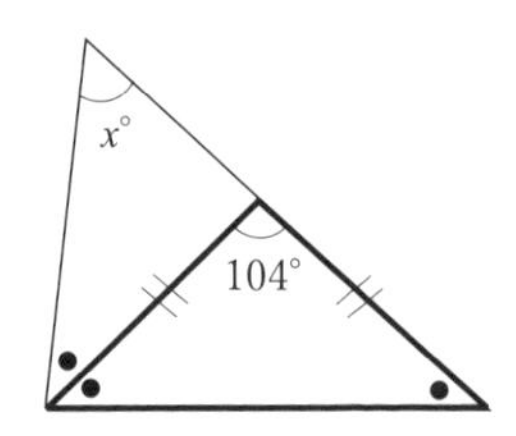

(2)　右図のようになり，

2●$= (180 - 68) \div 2 = 56$

●$= 28$

$x = 2$●−●=●= 28

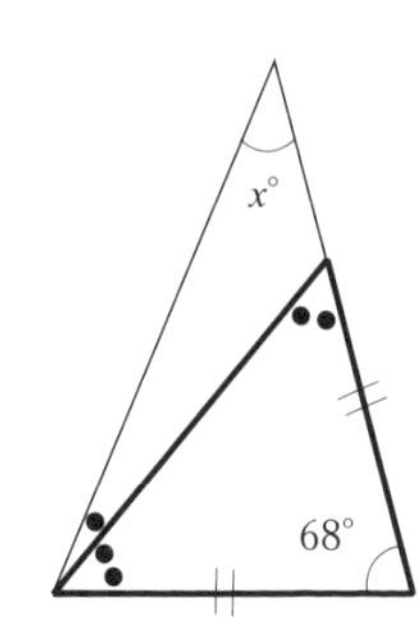

(3)　右図で，

$39 +$●$+ 24 +$●+●$= 180$

3●$= 180 - 63 = 117$

●$= 39$

$x =$●+●= 78

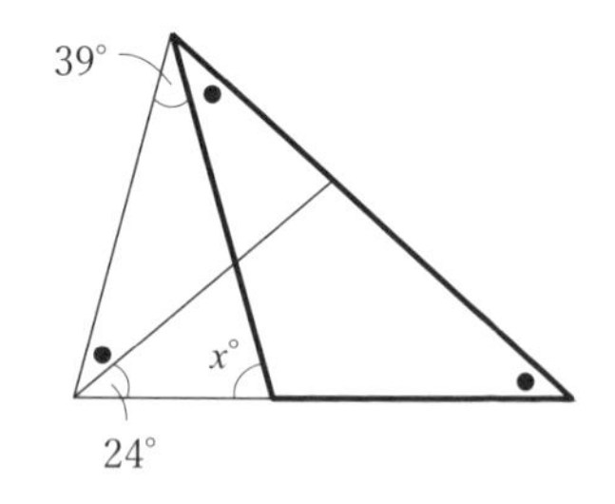

(4)　右図で，

●$+ 65 +$●$+ 21 = 180$

2●$= 180 - 86 = 94$

●$= 47$

$x = 65 -$●

$= 65 - 47 =$ 18

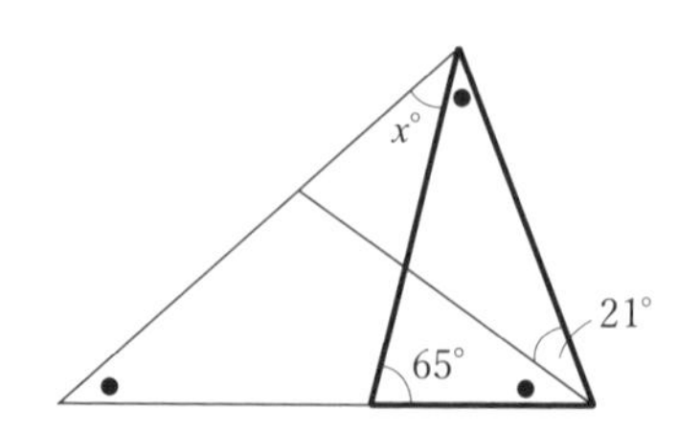

練習問題 12

(1)　右図において，

4 ● = 88,　● = 22

x = 180 − (88 + ●)

= 180 − 110 = 70

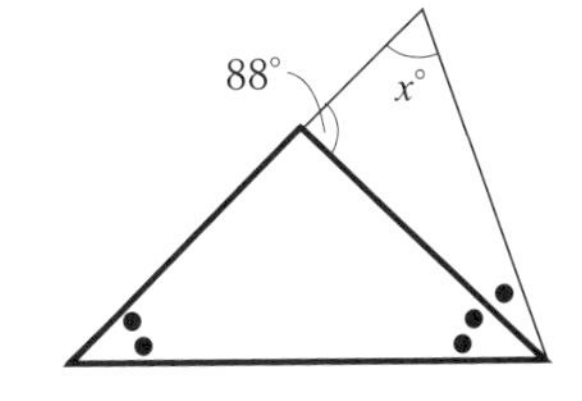

(2)　右図において，

4 ● = 180 − 104 = 76

● = 19

x = 104 − ●

= 104 − 19 = 85

(3)　右図において，

2 ● = 56

三角形の内角の和から，

x = 180 − (2 ● + 67)

= 180 − (56 + 67)

= 180 − 123 = 57

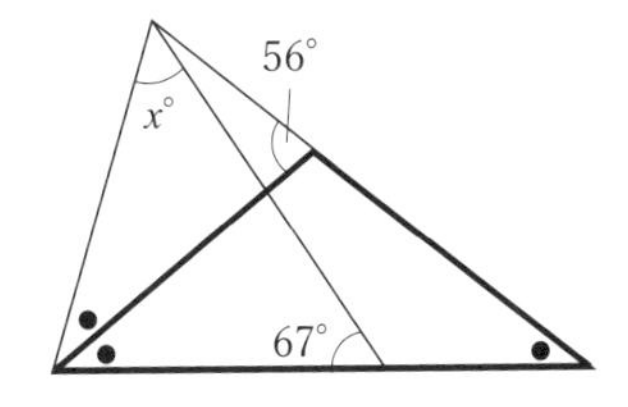

(4)　右図において，

2 ● = 74,　● = 37

三角形の内角の和から，

x = 180 − (● + 19 + 74)

= 180 − (37 + 19 + 74)

= 180 − 130 = 50

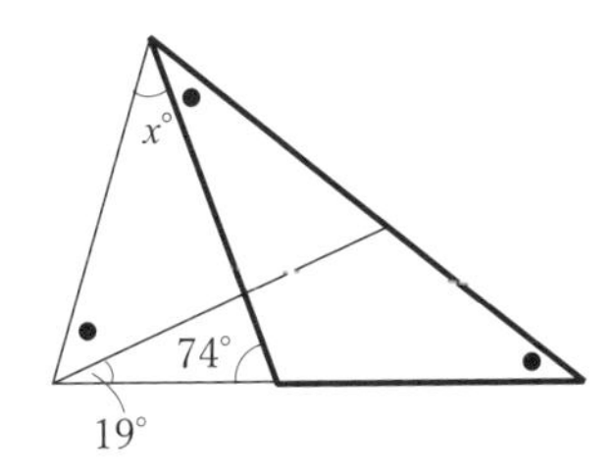

練習問題 13

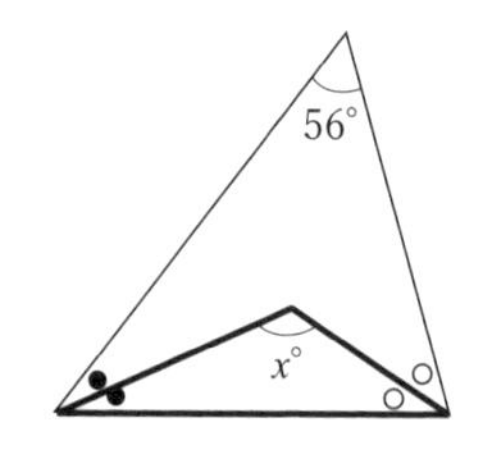

(1)　三角形の内角の和から，

$2(● + ○) = 180 - 56 = 124$

$● + ○ = 62$

太枠の三角形の内角の和から，

$x = 180 - (● + ○)$

$= 180 - 62 = \boxed{118}$

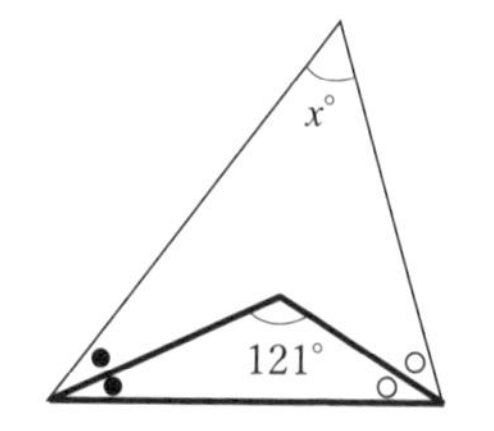

(2)　太枠の三角形の内角の和から，

$● + ○ = 180 - 121 = 59$

三角形の内角の和から，

$x = 180 - (● + ○) \times 2$

$= 180 - 59 \times 2$

$= 180 - 118 = \boxed{62}$

(3)　三角形の内角の和から，

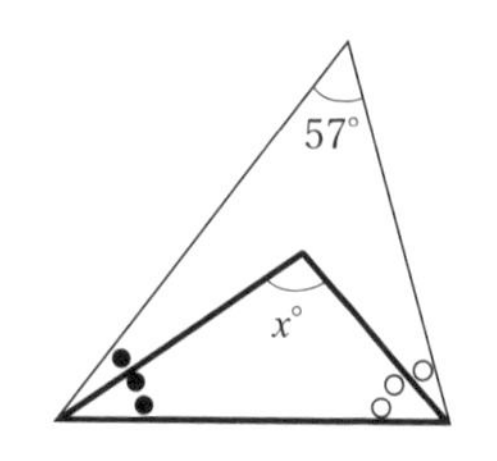

$3(● + ○) = 180 - 57 = 123$

$● + ○ = 41$

太枠の三角形の内角の和から，

$x = 180 - (● + ○) \times 2$

$= 180 - 41 \times 2$

$= 180 - 82 = \boxed{98}$

(4)　太枠の三角形の内角の和から，

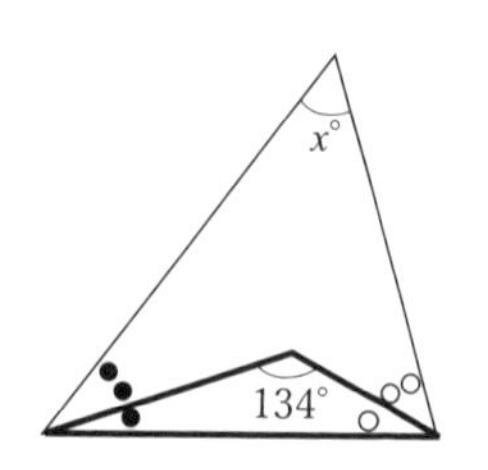

$● + ○ = 180 - 134 = 46$

三角形の内角の和から，

$x = 180 - (● + ○) \times 3$

$= 180 - 46 \times 3$

$= 180 - 138 = \boxed{42}$

練習問題 14

(1)　四角形の内角の和から，

$$2(●+○) = 360 - (108 + 82)$$
$$= 360 - 190 = 170$$
$$●+○ = 85$$

太枠の三角形の内角の和から，

$$x = 180 - (●+○)$$
$$= 180 - 85 = \boxed{95}$$

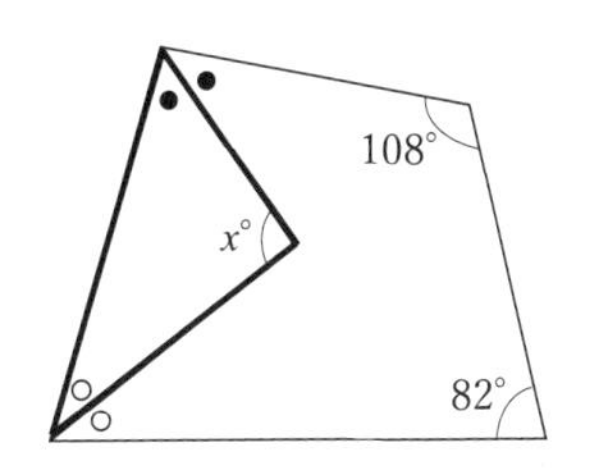

(2)　太枠の三角形の内角の和から，

$$●+○ = 180 - 106 = 74$$

四角形の内角の和から，

$$x = 360 - \{(●+○) \times 2 + 84\}$$
$$= 360 - (74 \times 2 + 84)$$
$$= 360 - (148 + 84)$$
$$= 360 - 232 = \boxed{128}$$

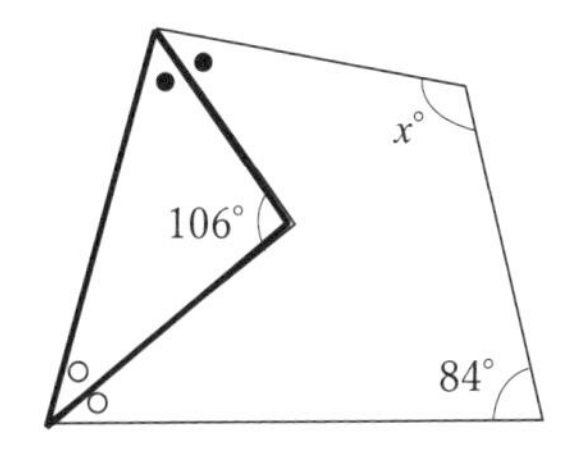

(3)　太枠の三角形の内角の和から，

$$●+○ = 180 - 125 = 55$$

四角形の内角の和から，

$$x = 360 - \{(●+○) \times 3 + 101\}$$
$$= 360 - (55 \times 3 + 101)$$
$$= 360 - (165 + 101)$$
$$= 360 - 266 = \boxed{94}$$

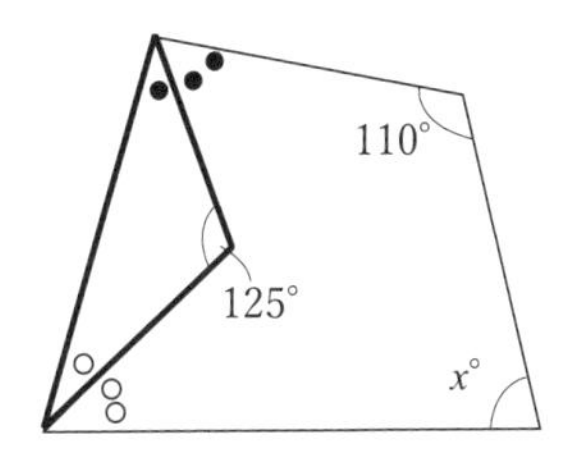

(4)　太枠の三角形の内角の和から，

$$2(●+○) = 180 - 68 = 112$$
$$●+○ = 56$$

四角形の内角の和から，

$$x = 360 - \{(●+○) \times 3 + 103\}$$
$$= 360 - (56 \times 3 + 103)$$
$$= 360 - 271 = \boxed{89}$$

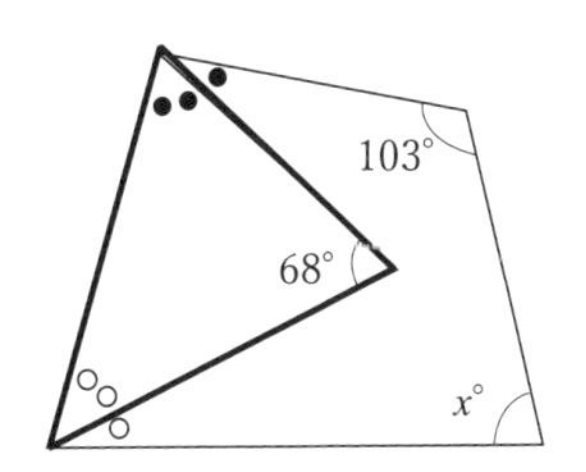

練習問題 15

(1)　三角形の内角の和から,

$●+○=180-(89+35+18)$

$=180-142=38$

太枠の三角形の内角の和から,

$x=180-(●+○)$

$=180-38=\boxed{142}$

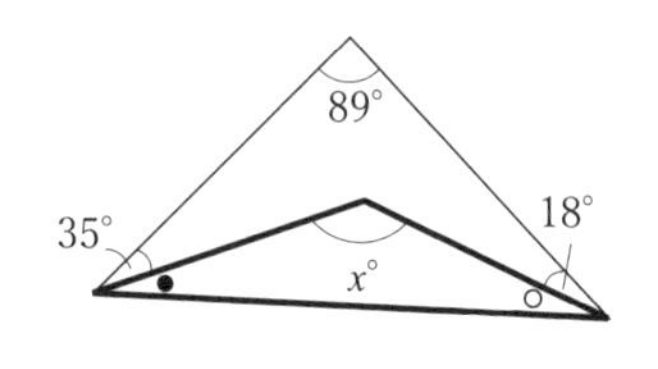

(2)　太枠の三角形の内角の和から,

$●+○=180-143=37$

三角形の内角の和から,

$x=180-\{(●+○)+28+78\}$

$=180-(37+28+78)$

$=180-143=\boxed{37}$

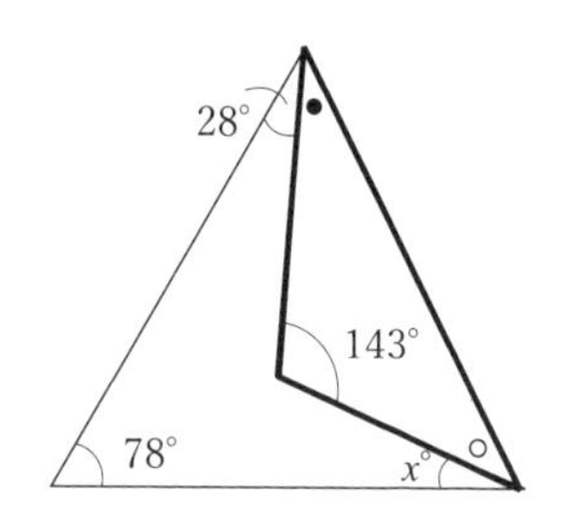

(3)　太枠の三角形の内角の和から,

$●+○=180-116=64$

四角形の内角の和から,

$x=360-\{(●+○)+38+47+79\}$

$=360-(64+38+47+79)$

$=360-228=\boxed{132}$

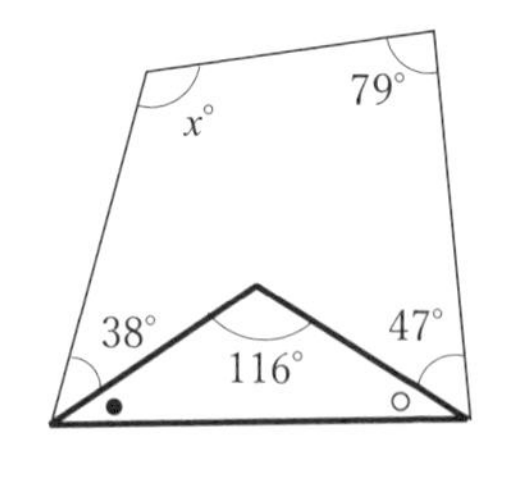

(4)　四角形の内角の和から,

$●+○=360-(91+28+37+93)$

$=360-249=111$

太枠の三角形の内角の和から,

$x=180-(●+○)$

$=180-111=\boxed{69}$

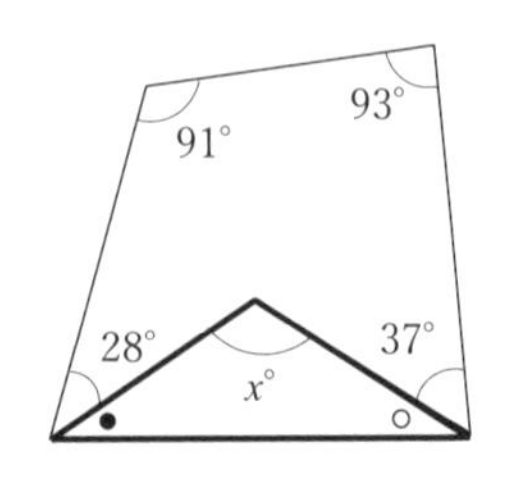

練習問題 16

(1)　五角形の内角の和は，$180 \times 3 = 540$ だから，

$x = 540 - (132 + 123 + 116 + 92) = 540 - 463 = \boxed{77}$

(2)　右図より，

$x = 360 - (114 + 77 + 96)$

$= 360 - 287 = \boxed{73}$

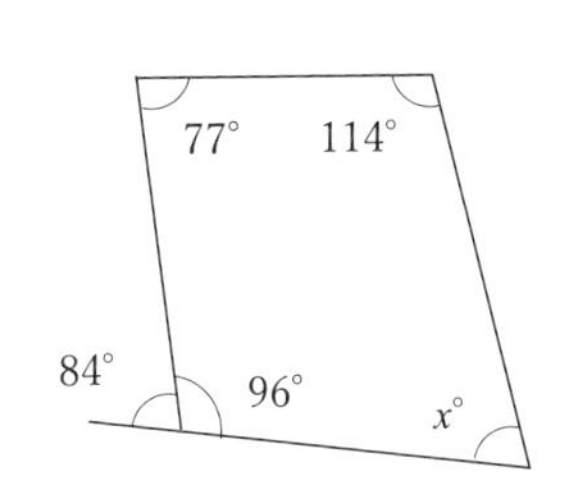

(3)　五角形の内角の和は，$180 \times 3 = 540$ だから，右図より，

$x = 540 - (90 + 93 + 117 + 151)$

$= 540 - 451 = \boxed{89}$

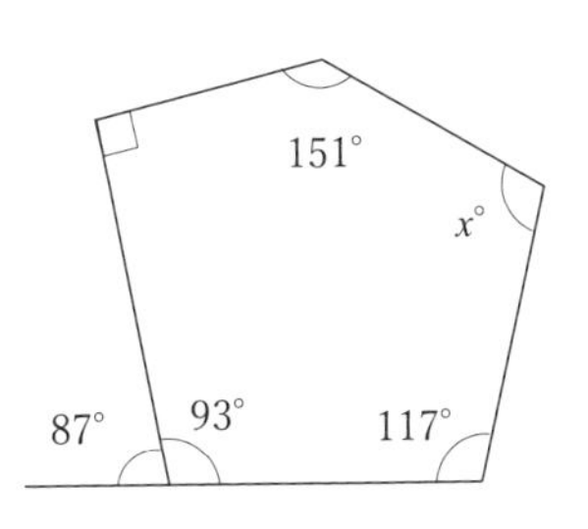

(4)　五角形の内角の和は，$180 \times 3 = 540$ だから，右図より，

$x = 540 - (109 + 123 + 94 + 108)$

$= 540 - 434 = \boxed{106}$

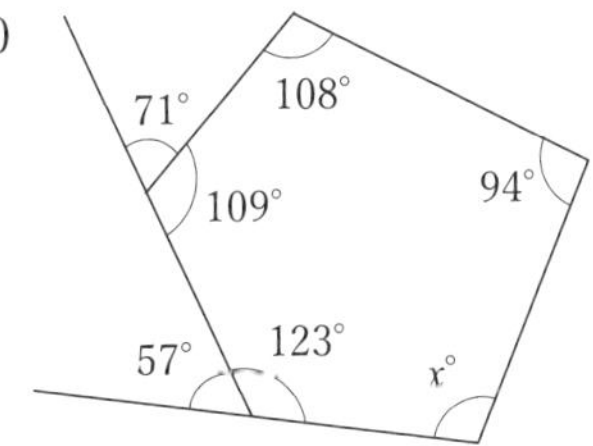

練習問題 17

(1)　外角の和は 360 だから，

$x = 360 - (109 + 118) = 360 - 227 = \boxed{133}$

(2)　外角の和は 360 だから，
右図より，

$a = 360 - (103 + 84 + 66)$
$= 360 - 253 = 107$
$x = 180 - a = 180 - 107$
$= \boxed{73}$

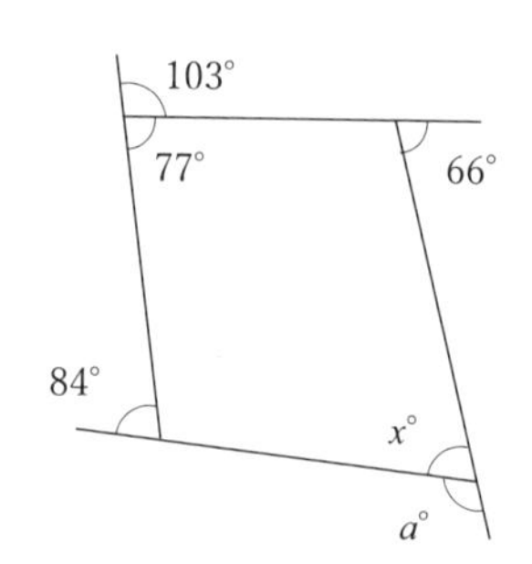

(3)　外角の和は 360 だから，

$x = 360 - (86 + 59 + 88 + 47) = 360 - 280 = \boxed{80}$

(4)　外角の和は 360 だから，
右図より，

$a = 360 - (86 + 72 + 71 + 57)$
$= 360 - 286 = 74$
$x = 180 - a = 180 - 74$
$= \boxed{106}$

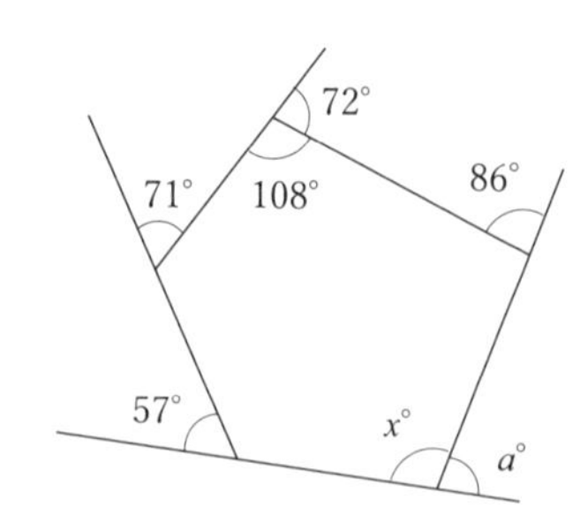

練習問題 18

(1)　右図のようになるから，

$x = \boxed{38}$

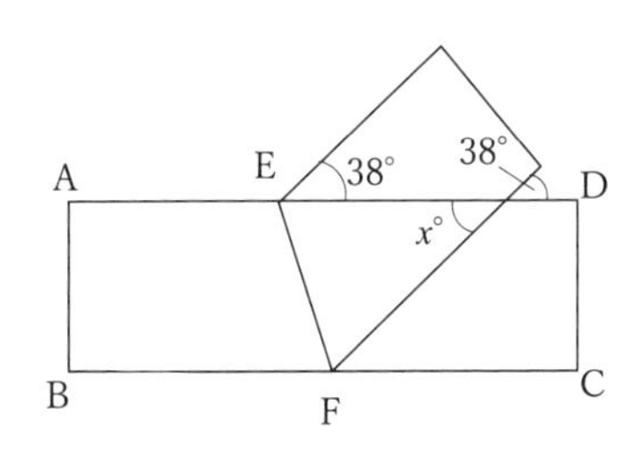

(2)　右図のようになるから，

$$x + (x - 18) = 180$$
$$2x = 180 + 18$$
$$2x = 198$$
$$x = \boxed{99}$$

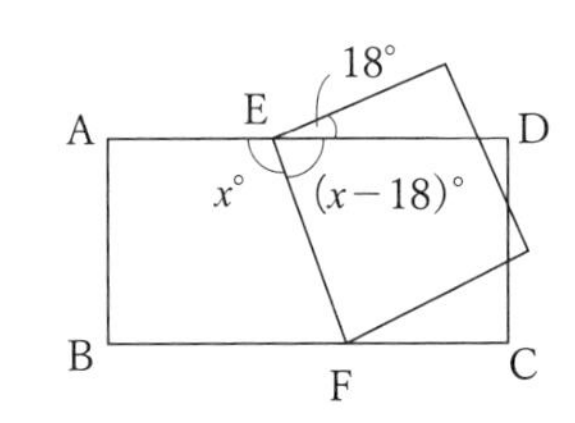

(3)　右図のようになるから，

$x = 58 - 32 = \boxed{26}$

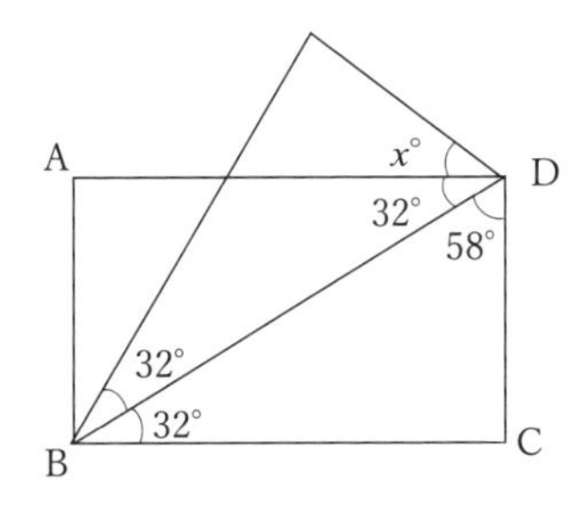

(4)　右図のようになり，
平行線の錯角は等しいから，

$$2x = 68$$
$$x = \boxed{34}$$

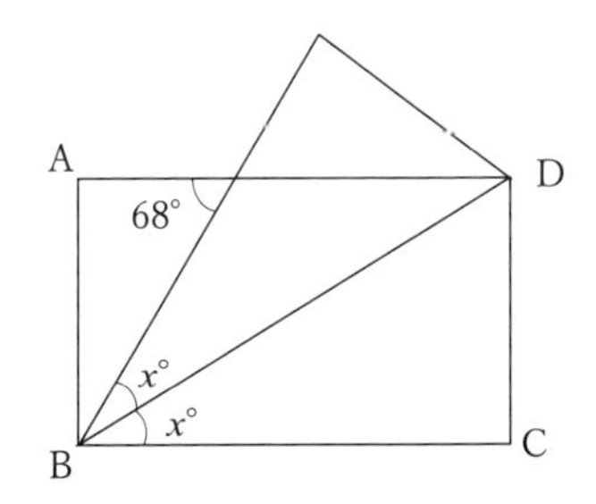

▶第３章◀

練習問題１

(1)　平行線の同位角は等しいから，$x = \boxed{118}$

(2)　平行線の錯角は等しいから，$x = \boxed{47}$

(3)　右図のようになるから，
$x = 180 - 133 = \boxed{47}$

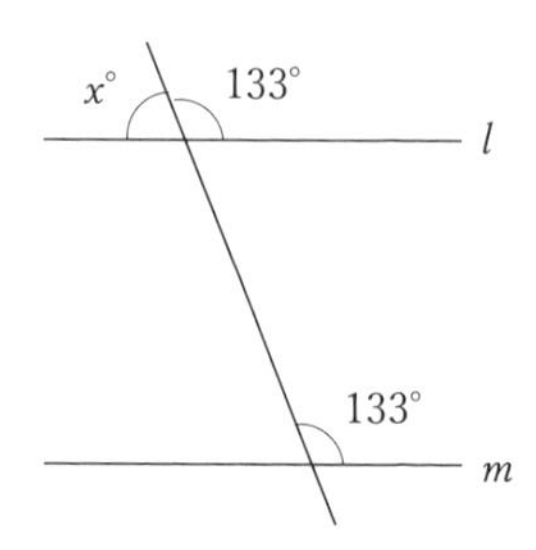

(4)　右図のようになるから，
$x = 180 - 58 = \boxed{122}$

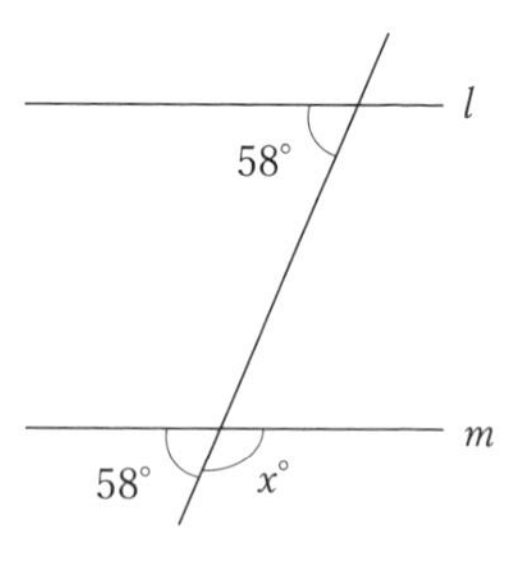

練習問題 2

(1)　右図のようになるから,
$x = 43 + 58 = \boxed{101}$

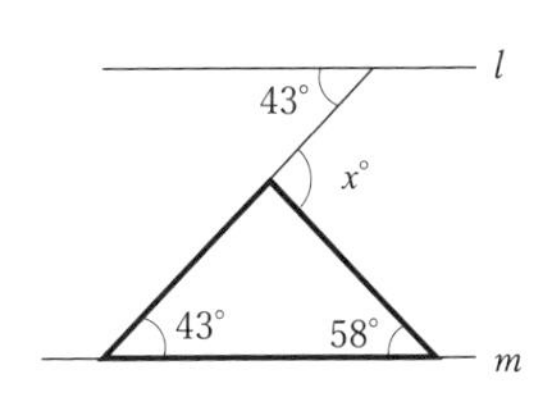

(2)　右図のようになるから,
$x = 92 - 55 = \boxed{37}$

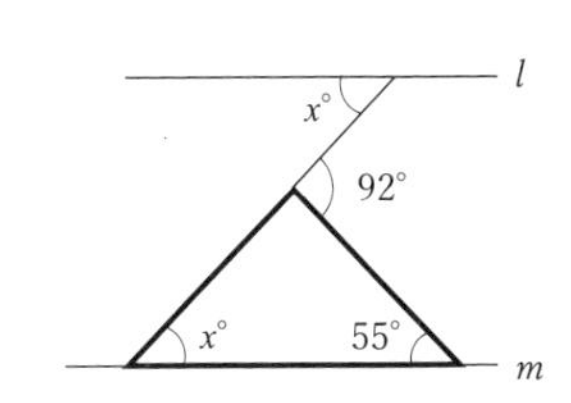

(3)　右図のようになるから,
$x = 95 - 39 = \boxed{56}$

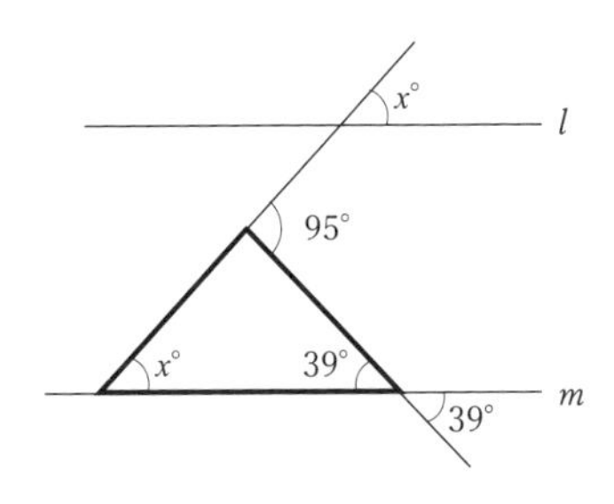

(4)　右図のようになるから,
$261 - 180 = 81$
$x = 81 + 34 = \boxed{115}$

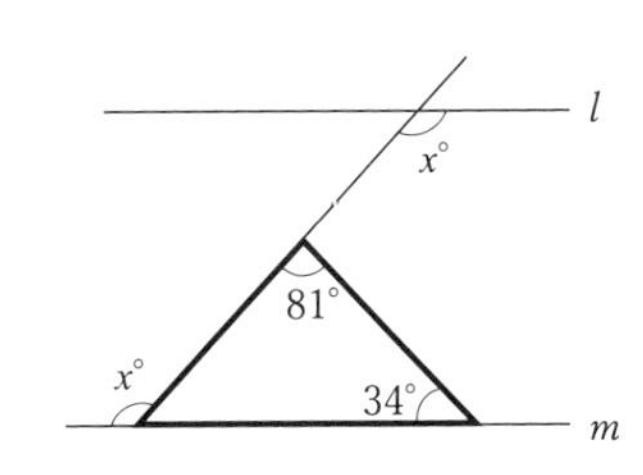

練習問題 3

(1)　右図のようになるから,

$x = 102 - 56 = \boxed{46}$

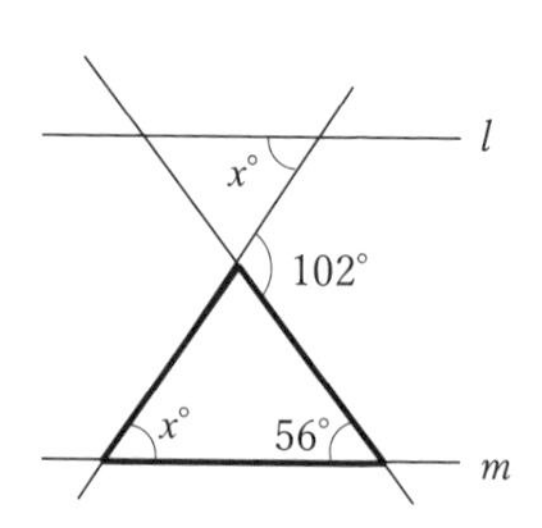

(2)　右図のようになるから,

$x = 180 - (83 + 39)$

$= 180 - 122 = \boxed{58}$

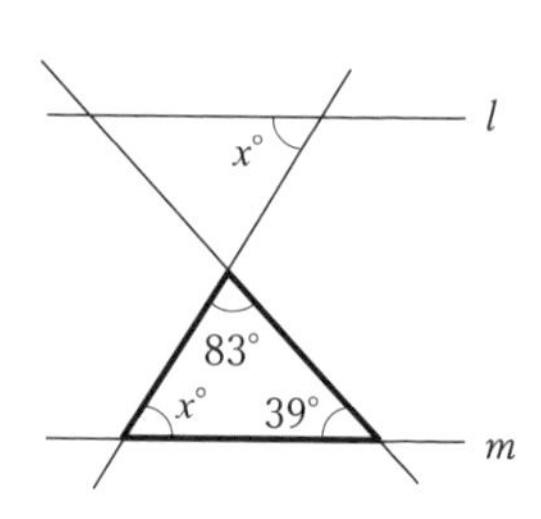

(3)　右図のようになるから,

$x = 37 + 78 = \boxed{115}$

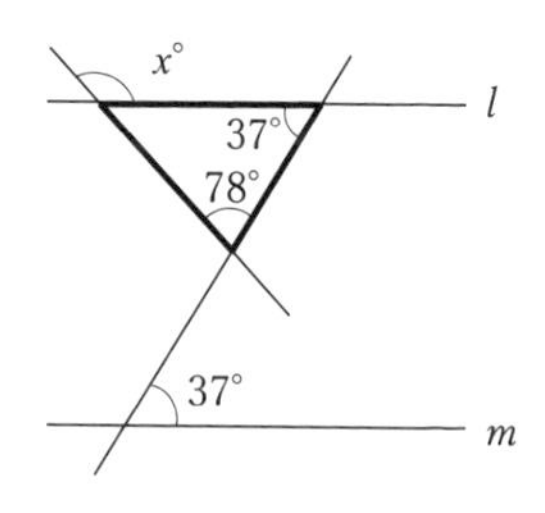

(4)　右図のようになり,
外角の和は 360 だから,

$x = 360 - (102 + 115)$

$= 360 - 217 = \boxed{143}$

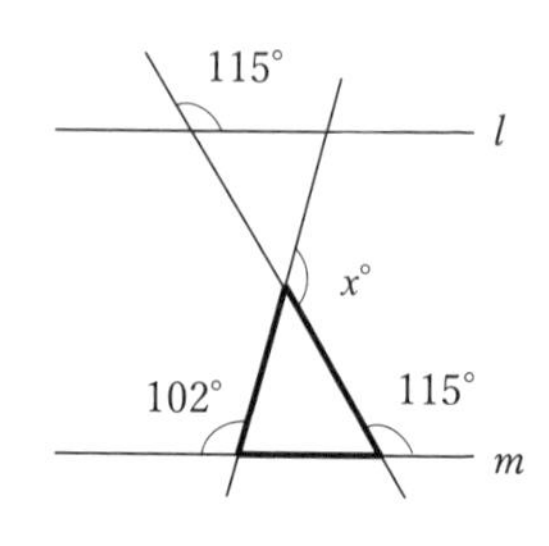

練習問題 4

(1)　右図のようになるから，

$x = 180 - (65 + 34)$
$= 180 - 99 = \boxed{81}$

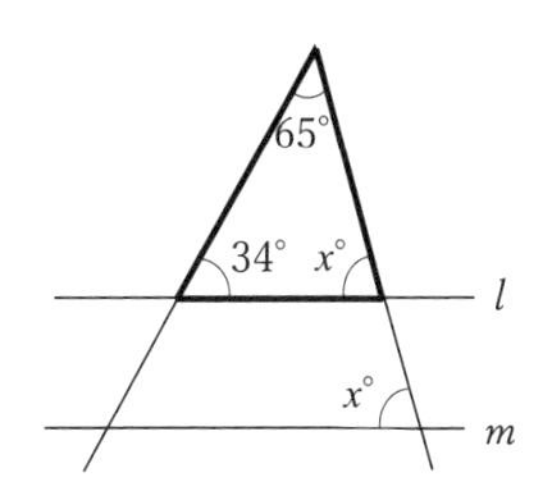

(2)　右図のようになるから，

$x = 123 - 84 = \boxed{39}$

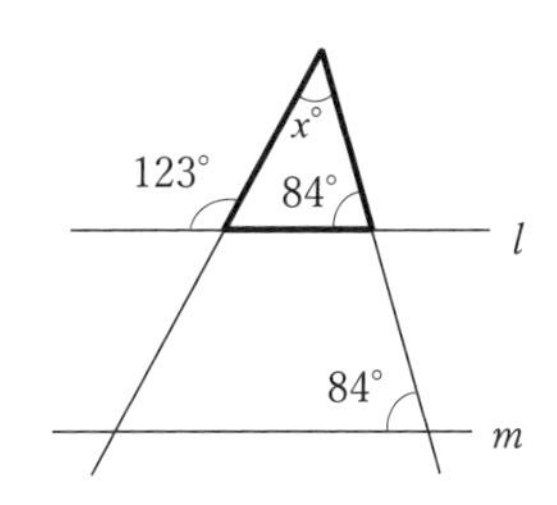

(3)　右図のようになるから，

$x = 36 + 82 = \boxed{118}$

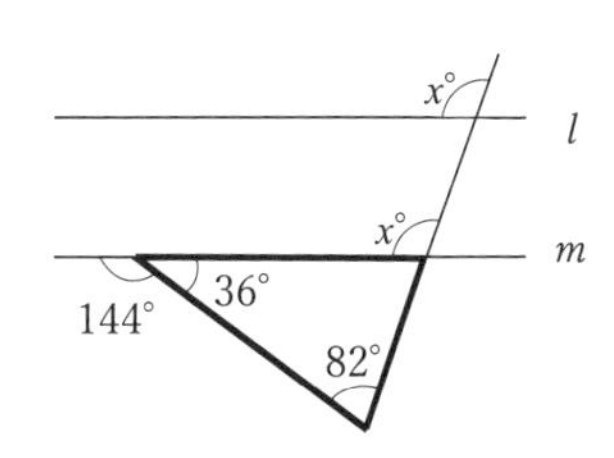

(4)　右図のようになるから，

$x = 115 - 23 = \boxed{92}$

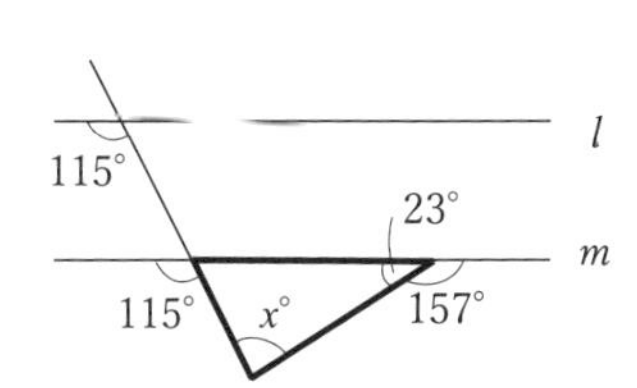

練習問題 5

(1)　右図のようになり,

2● $= 82$,　● $= 41$

$x = 121 -$ ●

$= 121 - 41 = \boxed{80}$

(2)　右図のようになり,

$84 - 56 = 28$

$x = 92 - 28 = \boxed{64}$

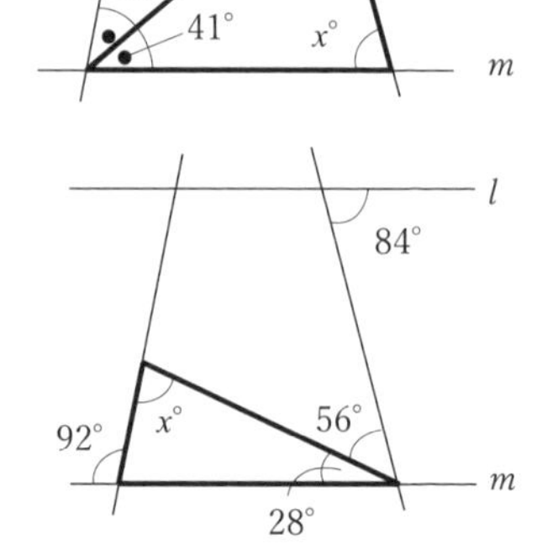

(3)　右図のようになり,

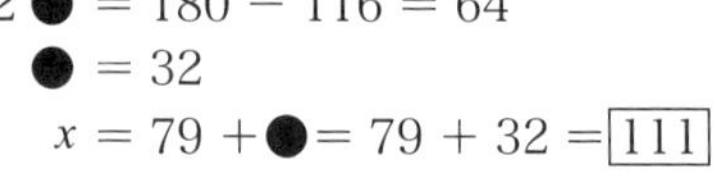

2● $= 180 - 116 = 64$

● $= 32$

$x = 79 +$ ● $= 79 + 32 = \boxed{111}$

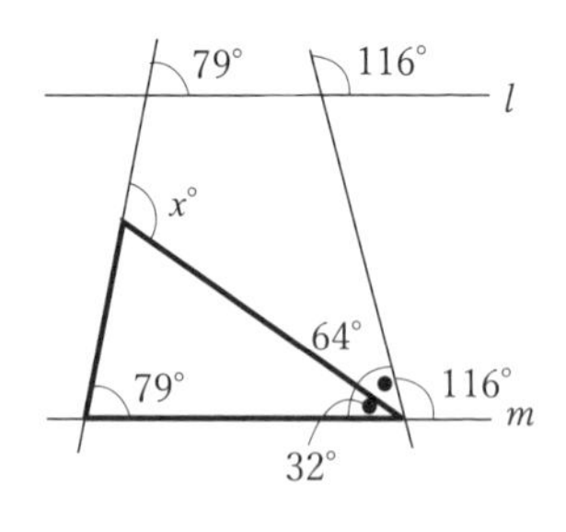

(4)　右図のようになり,

$111 - 86 = 25$

$x = 180 - (123 + 25)$

$= 180 - 148 = \boxed{32}$

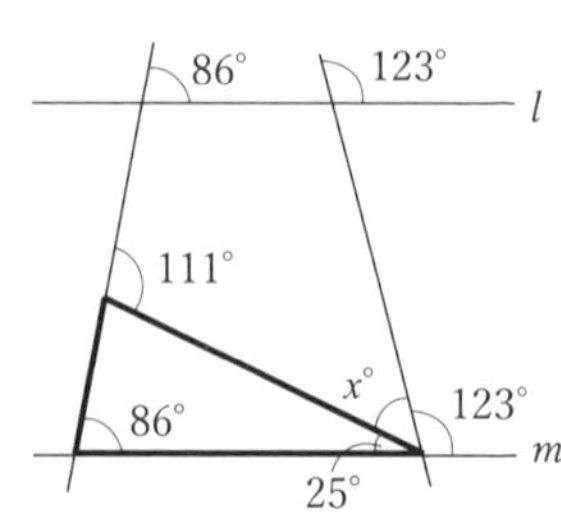

練習問題 6

(1)　右図のようになるから,

$x = 180 - 43 \times 2$

$= 180 - 86 = \boxed{94}$

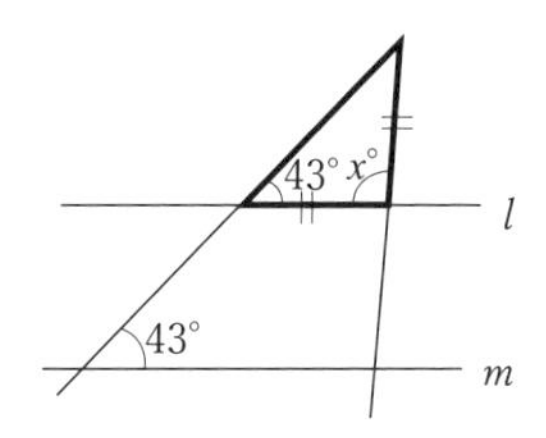

(2)　$29 + 65 = 94$

右図のようになるから,

$x = (180 - 94) \div 2 = \boxed{43}$

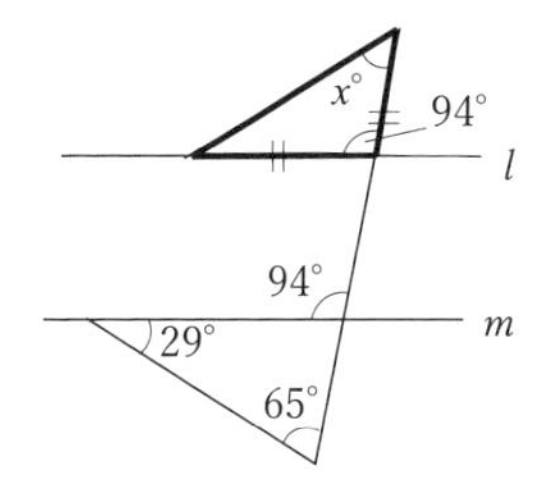

(3)　平行線の錯角から

右図のようになり,

$x = 125 - 63 = \boxed{62}$

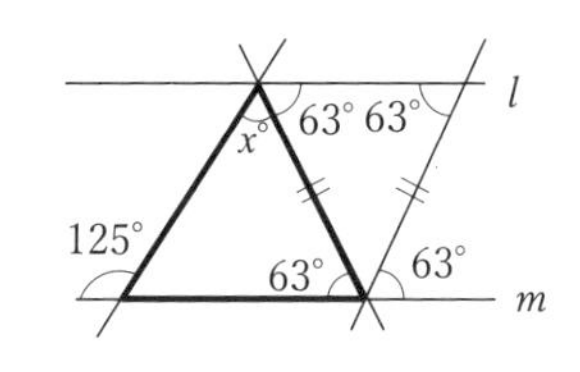

(4)　$(180 - 46) \div 2 = 67$

平行線の錯角から

右図のようになり,

$x = (67 + 46) - 55$

$= 113 - 55 = \boxed{58}$

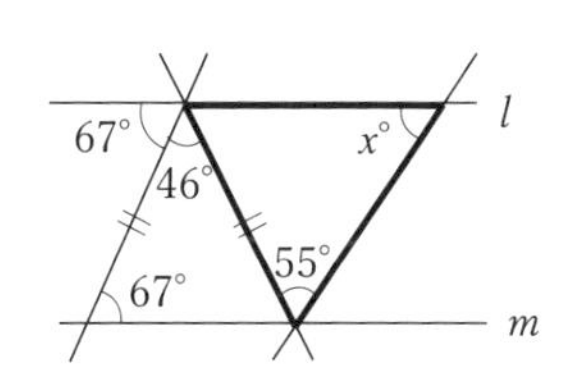

練習問題 7

(1)　$180 - 69 \times 2 = 42$

　右図のようになるから，

　$x = 180 - (29 + 42)$

　　$= 180 - 71 = \boxed{109}$

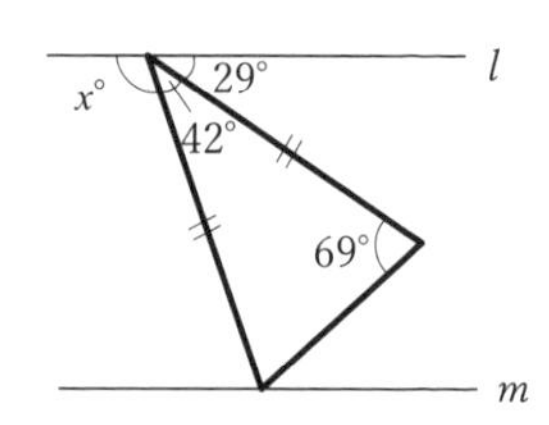

(2)　$180 - 71 \times 2 = 38$

　右図のようになるから，

平行線の錯角より，

　$x = 25 + 38 = \boxed{63}$

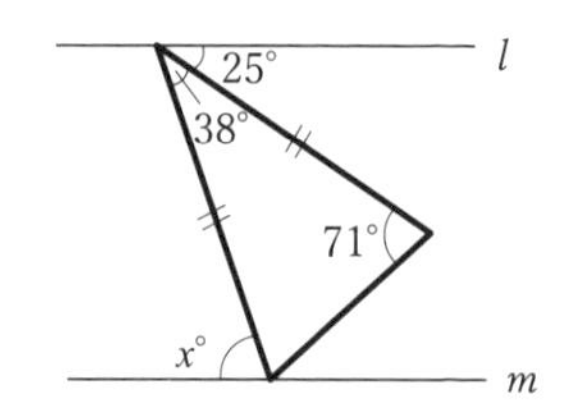

(3)　$(180 - 46) \div 2 = 67$

　右図のようになり，

平行線の錯角より，

　$x = 180 - (46 + 39 + 67)$

　　$= 180 - 152 = \boxed{28}$

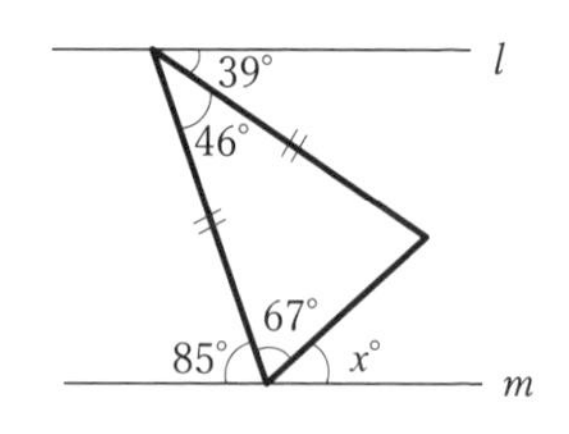

(4)　$(180 - 42) \div 2 = 69$

　平行線の錯角から

右図のようになり，

　$x = 180 - (69 + 25 + 42)$

　　$= 180 - 136 = \boxed{44}$

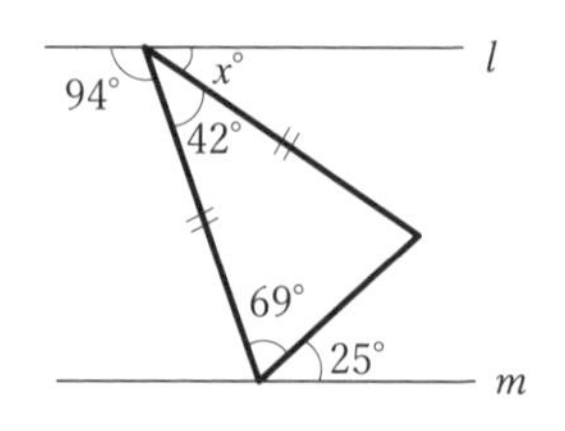

練習問題 8

(1)　右図において，

$$● = 180 - 68 \times 2$$
$$= 180 - 136 = 44$$
$$x = 68 - 44 = \boxed{24}$$

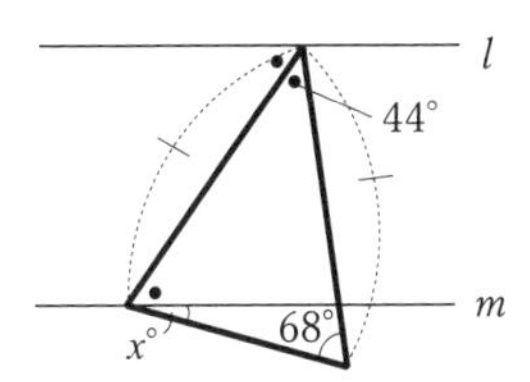

(2)　二等辺三角形の２つの角から，$● = x - 12$

太枠の三角形の内角から，

$$2● + (x + 12) = 180$$
$$2(x - 12) + x + 12 = 180$$
$$3x - 12 = 180$$
$$3x = 192,\ x = \boxed{64}$$

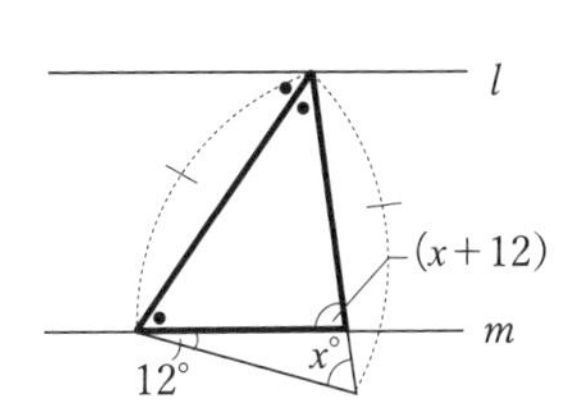

(3)　右図のようになり，

$$● = 102 \div 2 = 51$$
$$x = 78 - 51 = \boxed{27}$$

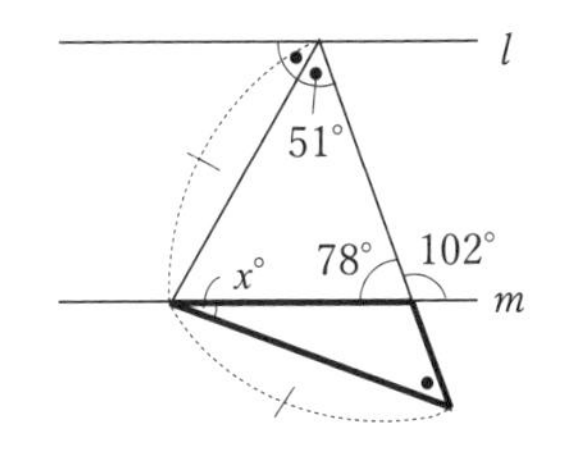

(4)　△ＡＢＣの外角から，

$$● = x - 21$$

太枠の三角形の内角から，

$$2● + x = 180$$
$$2(x - 21) + x = 180$$
$$2x - 42 + x = 180$$
$$3x = 180 + 42 = 222$$
$$x = \boxed{74}$$

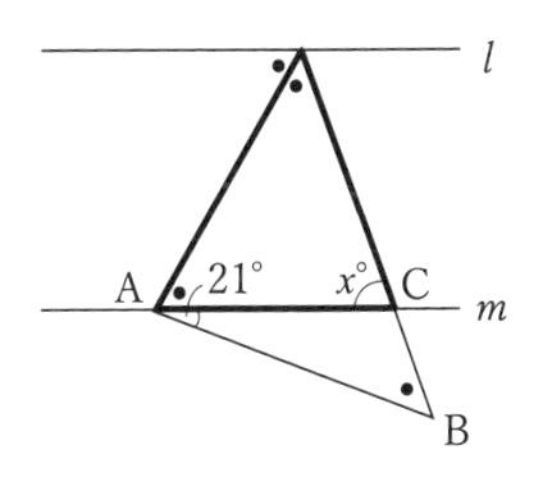

練習問題 9

(1)　$l /\!/ m /\!/ n$ となるように直線 n をひく

$x = 39 + 43 = \boxed{82}$

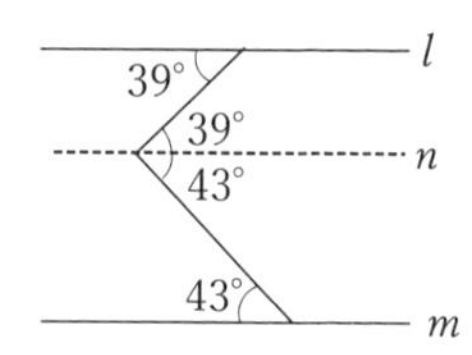

(2)　$l /\!/ m /\!/ n$ となるように直線 n をひく

$x = 95 - 39 = \boxed{56}$

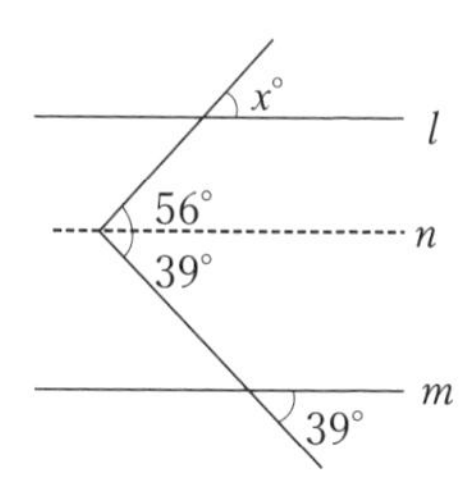

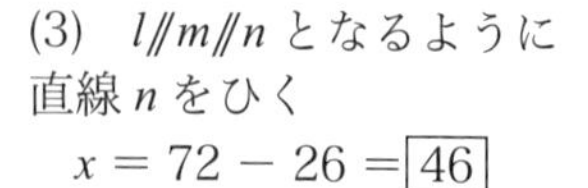

(3)　$l /\!/ m /\!/ n$ となるように直線 n をひく

$x = 72 - 26 = \boxed{46}$

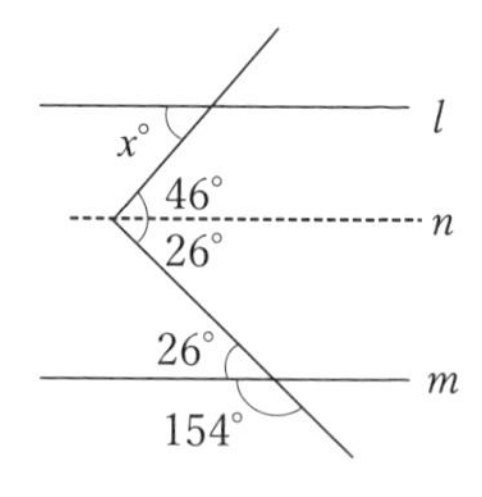

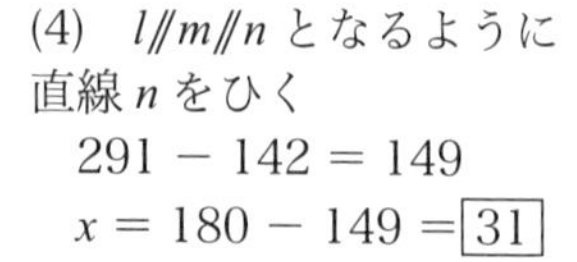

(4)　$l /\!/ m /\!/ n$ となるように直線 n をひく

$291 - 142 = 149$

$x = 180 - 149 = \boxed{31}$

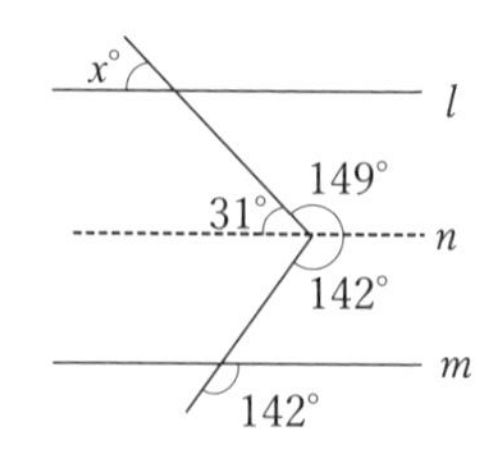

練習問題 10

(1)　$l /\!/ m /\!/ n$ となるように直線 n をひく

$180 - 114 = 66$

$x = 66 + 35 = \boxed{101}$

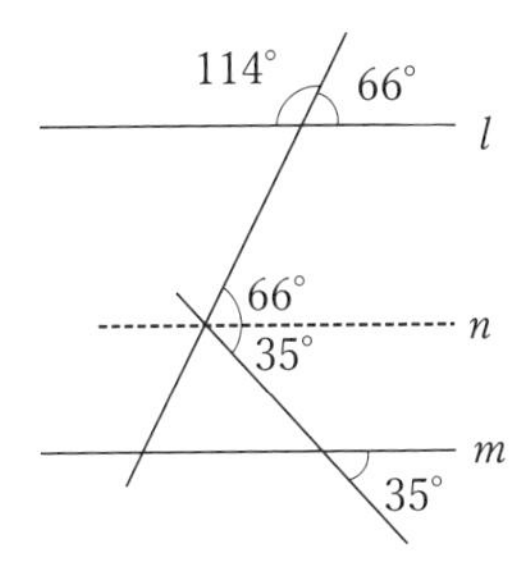

(2)　$l /\!/ m /\!/ n$ となるように直線 n をひく

$x = 180 - (82 + 32)$

$= 180 - 114 = \boxed{66}$

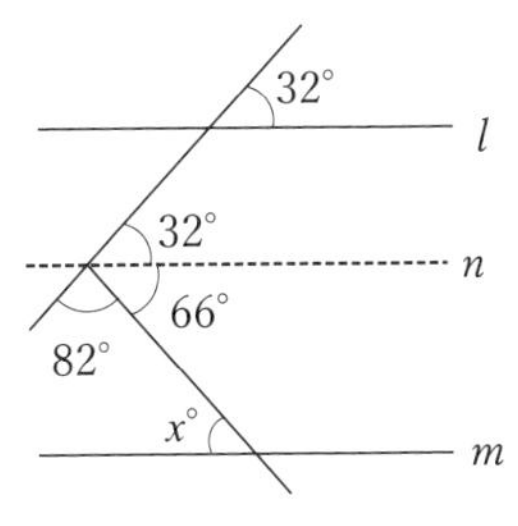

(3)　$l /\!/ m /\!/ n$ となるように直線 n をひく

$180 - 92 = 88$

$x = 180 - (88 + 32)$

$= 180 - 120 = \boxed{60}$

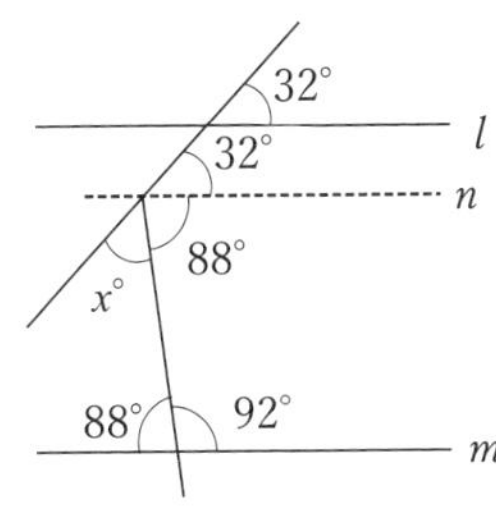

(4)　$l /\!/ m /\!/ n$ となるように直線 n をひく

$180 - 111 = 69$

$116 - 69 = 47$

$x = 180 - 47 = \boxed{133}$

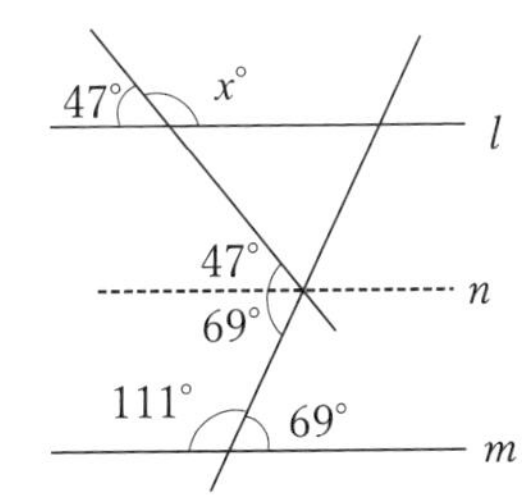

練習問題 11

(1)　$l /\!/ m /\!/ n$ となるように直線 n をひく

$35 - 28 = 7$

$x = 7 + 45 = \boxed{52}$

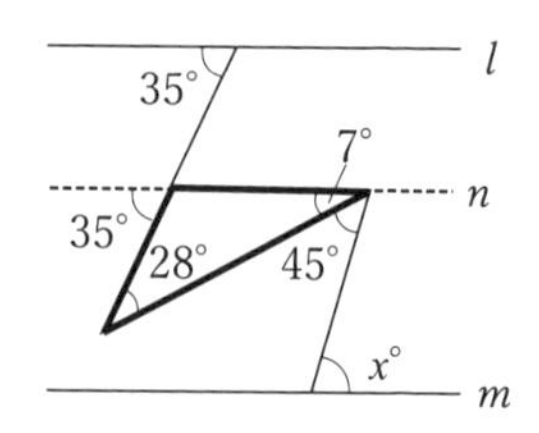

(2)　$l /\!/ m /\!/ n$ となるように直線 n をひく

$180 - (68 + 90) = 22$

$x = 51 - 22 = \boxed{29}$

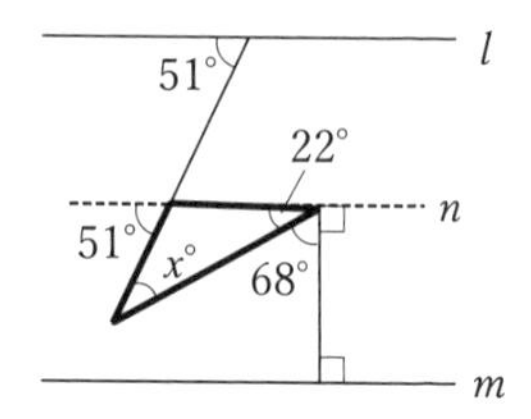

(3)　$l /\!/ m /\!/ n$ となるように直線 n をひく

$81 - 73 = 8$

$180 - 138 = 42$

$x = 42 - 8 = \boxed{34}$

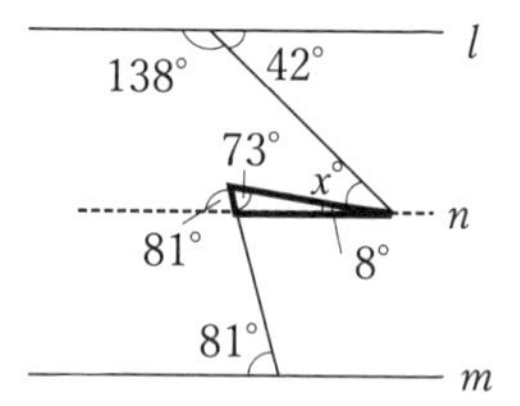

(4)　$l /\!/ m /\!/ n$ となるように直線 n をひく

$56 - 32 = 22$

$180 - 121 = 59$

$x = 180 = (22 + 59)$

$= 180 - 81 = \boxed{99}$

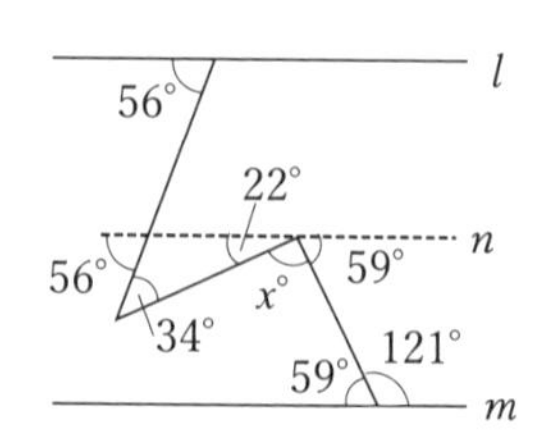

練習問題 12

(1) $l /\!/ m /\!/ p /\!/ q$ となるように直線 p, q をひく

$119 - 90 = 29$

$x = 52 - 29 = \boxed{23}$

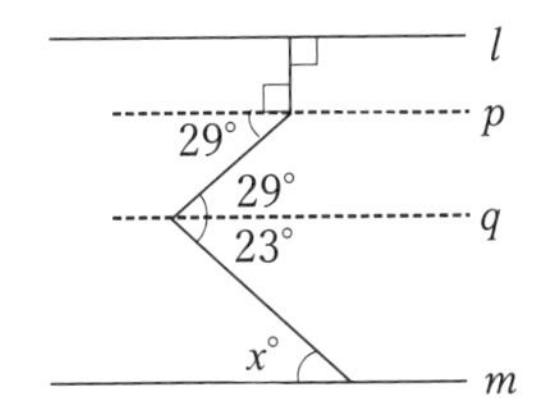

(2) $l /\!/ m /\!/ p /\!/ q$ となるように直線 p, q をひく

$92 - 25 = 67$

$x = 67 + 46 = \boxed{113}$

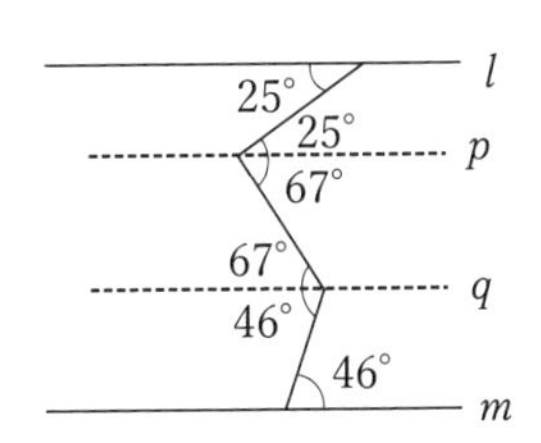

(3) $l /\!/ m /\!/ p /\!/ q$ となるように直線 p, q をひく

$180 - 142 = 38$

$77 - 38 = 39$

$180 - 151 = 29$

$x = 39 + 29 = \boxed{68}$

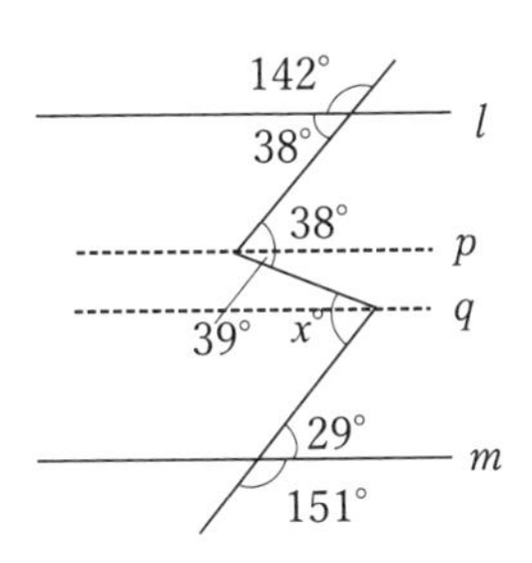

(4) $l /\!/ m /\!/ p /\!/ q$ となるように直線 p, q をひく

$180 - 155 = 25$

$180 - 127 = 53$

$71 - 53 = 18$

$x = 25 + 18 = \boxed{43}$

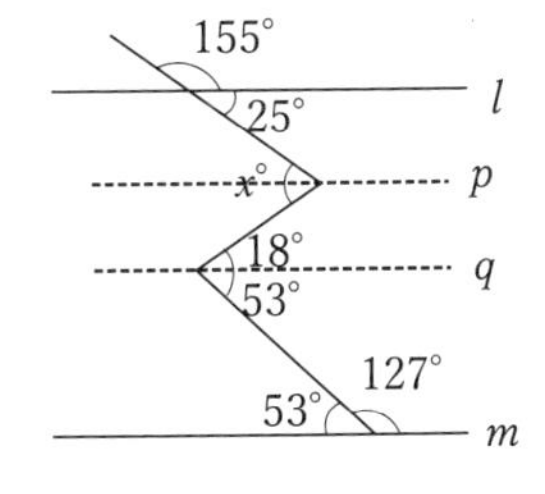

練習問題 13

(1)　$l /\!/ m /\!/ p /\!/ q$ となるように
直線 p，q をひく

　$136 - 29 = 107$

　$x = 107 - 41 = \boxed{66}$

(2)　$l /\!/ m /\!/ p /\!/ q$ となるように
直線 p，q をひく

　$113 - 46 = 67$

　$180 - 67 = 113$

　$x = 26 + 113 = \boxed{139}$

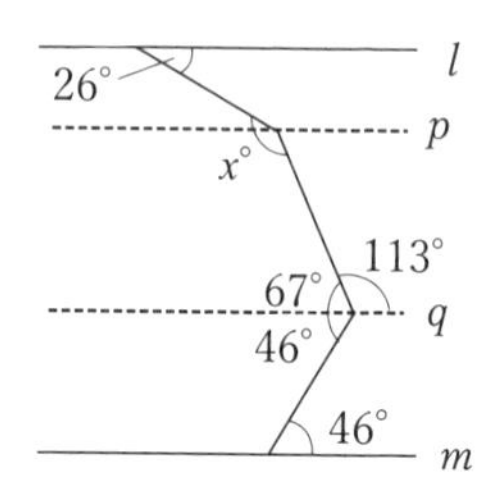

(3)　$l /\!/ m /\!/ p /\!/ q$ となるように
直線 p，q をひく

　$131 - 23 = 108$

　$180 - 108 = 72$

　$180 - 127 = 53$

　$x = 72 + 53 = \boxed{125}$

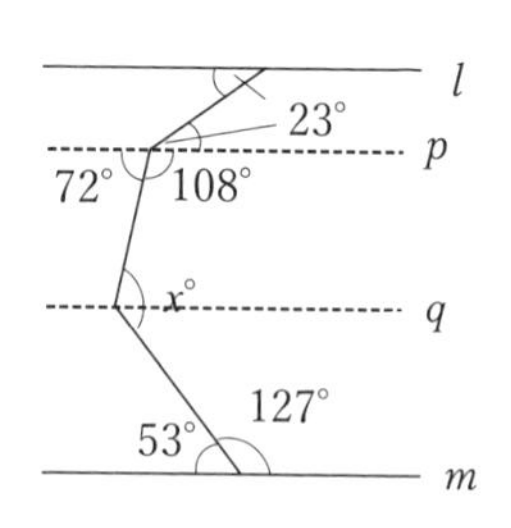

(4)　$l /\!/ m /\!/ p /\!/ q$ となるように
直線 p，q をひく

　$360 - (155 + 123)$

$= 360 - 82$

　$180 - 121 = 59$

　$x = 82 + 59 = \boxed{141}$

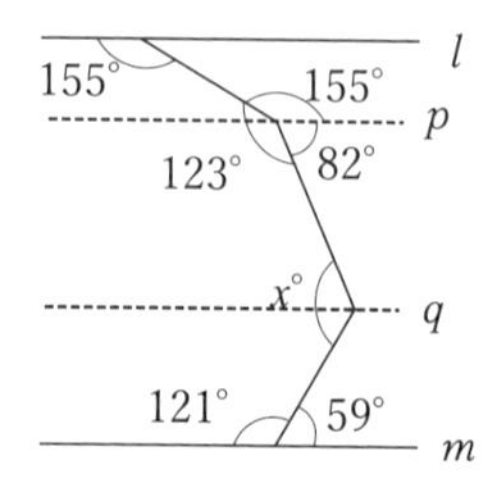

練習問題 14

(1)　右図のようになるから，
　$x = 24 + 60 = \boxed{84}$

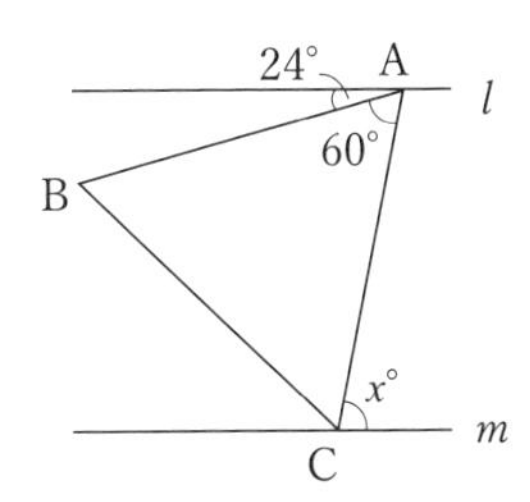

(2)　右図のようになり，
　$180 - 147 = 33$
　$33 + 60 = 93$
　$x = 180 - (60 + 93)$
　　$= 180 - 153 = \boxed{27}$

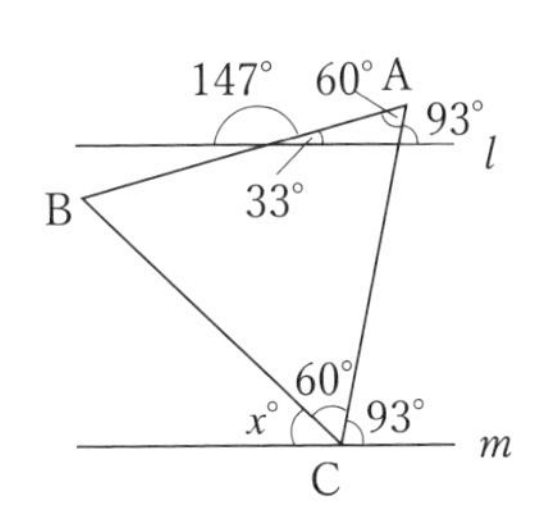

(3)　右図のようになり，
　$x = 23 + 60 = \boxed{83}$

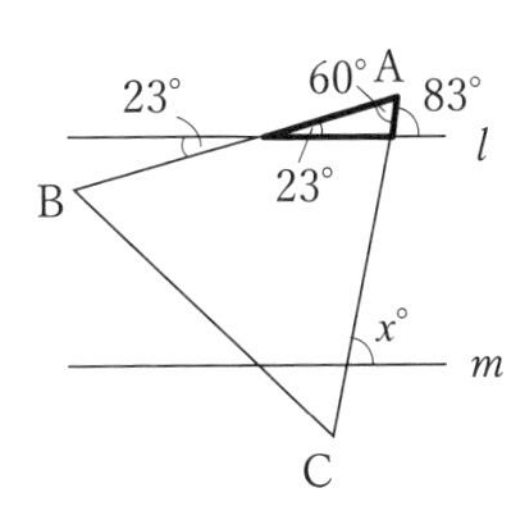

(4)　$l /\!/ m /\!/ n$ となるように
直線 n をひく
　$x = 60 - 37 = \boxed{23}$

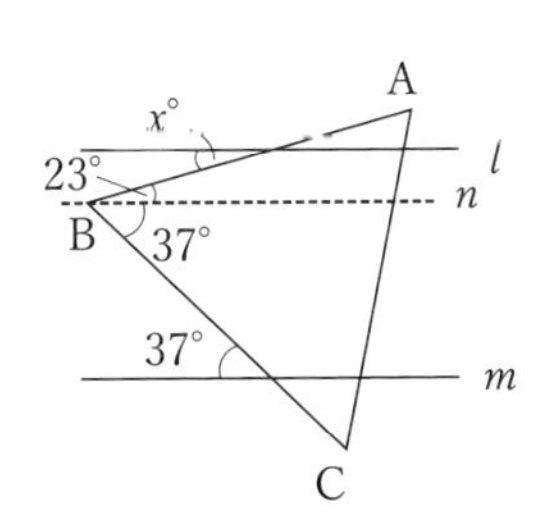

練習問題 15

(1)　$l /\!/ m /\!/ p /\!/ q$ となるように直線 p，q をひく

$108 - 13 = 95$

$180 - 95 = 85$

$x = 108 - 85 = \boxed{23}$

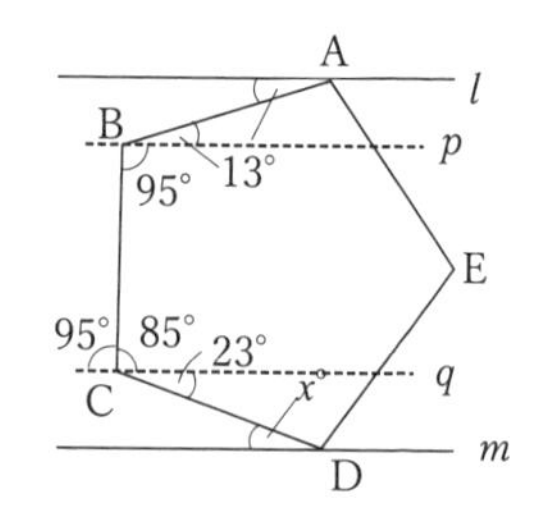

(2)　$l /\!/ m /\!/ n$ となるように直線 n をひく

$108 - 48 = 60$

$x = 180 - (60 + 108)$

$= 180 - 168 = \boxed{12}$

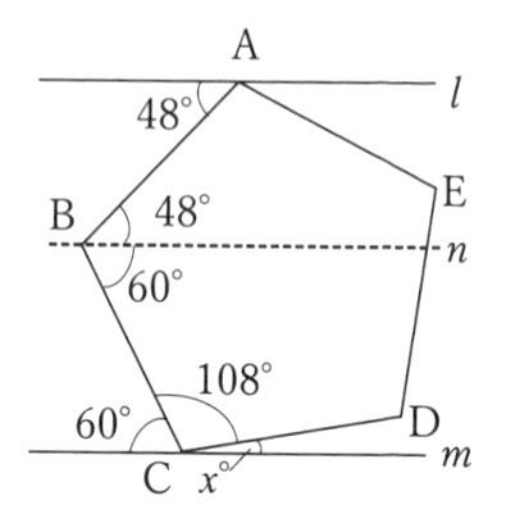

(3)　$l /\!/ m /\!/ n$ となるように直線 n をひく

$180 - 91 = 89$

$108 - 89 = 19$

$x = 180 - (19 + 108)$

$= 180 - 127 = \boxed{53}$

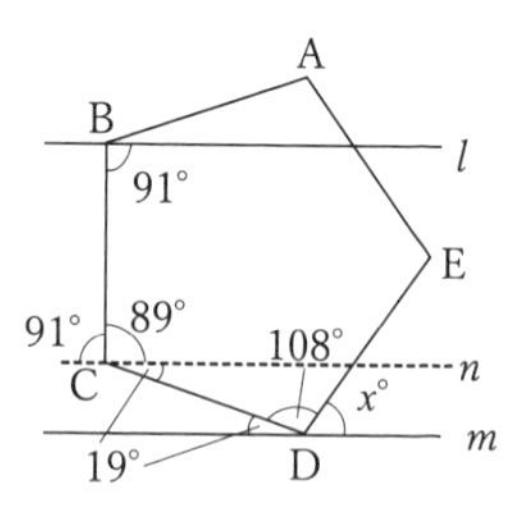

(4)　右図において，

$180 - 95 = 85$

$108 - 85 = 23$

$x = 180 - (23 + 108)$

$= 180 - 131 = \boxed{49}$

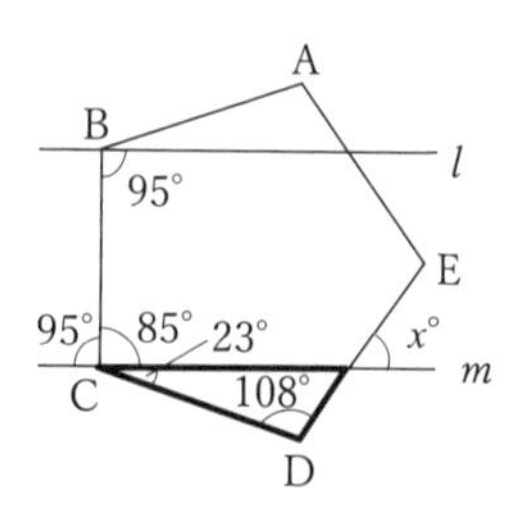

練習問題 16

(1)　$l /\!/ m /\!/ n$ となるように
直線 n をひく

●$= 54 \div 2 = 27$

$x = 68 +$●

$= 68 + 27 =$ $\boxed{95}$

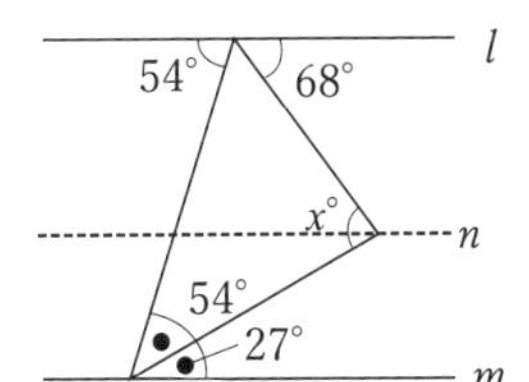

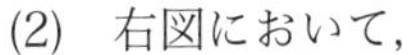

(2)　右図において,

2○＋2●＝180

○＋●＝90

太枠の三角形の内角の和から,

$x = 180 -$ (○＋●)

$= 180 - 90 =$ $\boxed{90}$

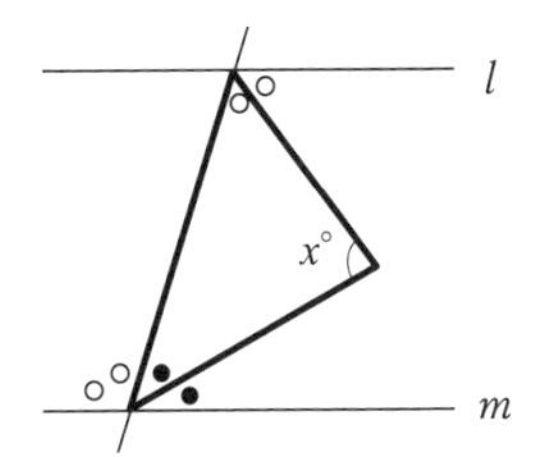

(3)　$l /\!/ m /\!/ n$ となるように
直線 n をひく

四角形の内角から,

2○＋2●＋134＝360

2○＋2●＝226

$x =$○＋●＝$\boxed{113}$

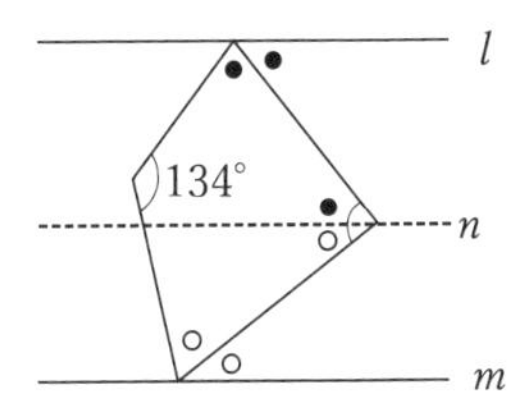

(4)　$l /\!/ m /\!/ n$ となるように
直線 n をひく

四角形の内角から,

2○＋2●＋90＝360

2○＋2●＝270

$x =$○＋●＝$\boxed{135}$

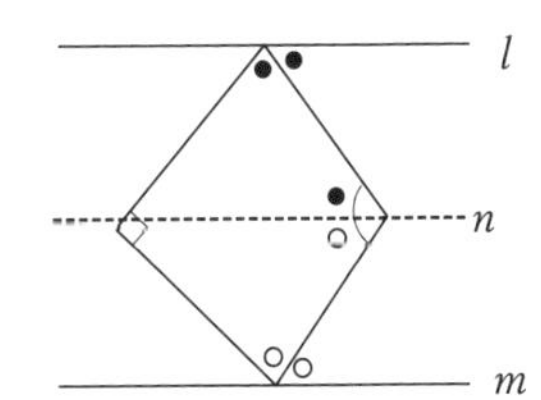

▶4章◀

練習問題1

(1)　二等辺三角形だから，$x = 180 - 38 \times 2 = 180 - 76 = \boxed{104}$

(2)　二等辺三角形だから，$x = 180 - 41 \times 2 = 180 - 82 = \boxed{98}$

(3)　二等辺三角形だから，$x = (180 - 84) \div 2 = 96 \div 2 = \boxed{48}$

(4)　二等辺三角形だから，$x = 94 \div 2 = \boxed{47}$

練習問題２

(1)　右図より，

$x\ = 25 + 17 = \boxed{42}$

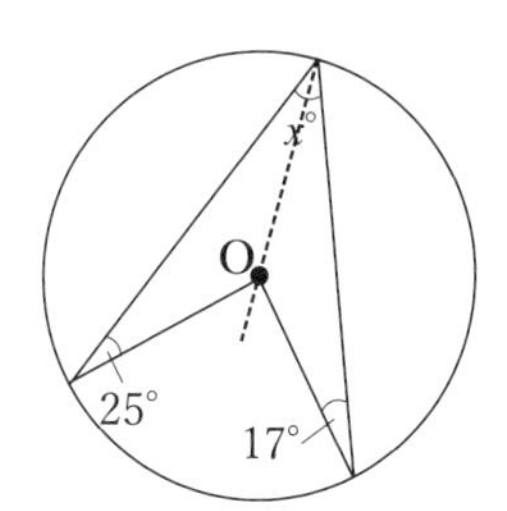

(2)　右図より，

$x\ = 33 - 17 = \boxed{16}$

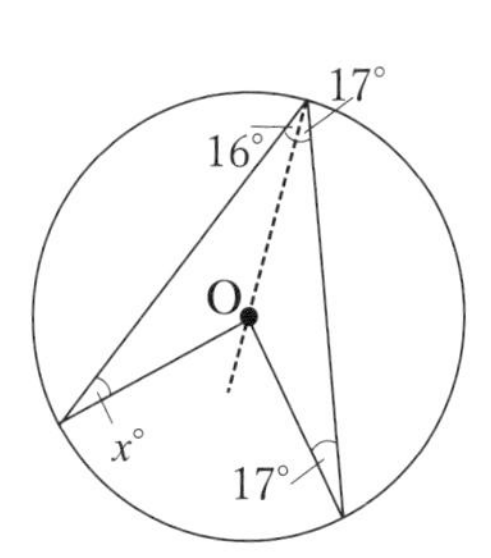

(3)　右図より，

$x\ = 28 \times 2 + 23 \times 2$

$\quad = 56 + 46 = \boxed{102}$

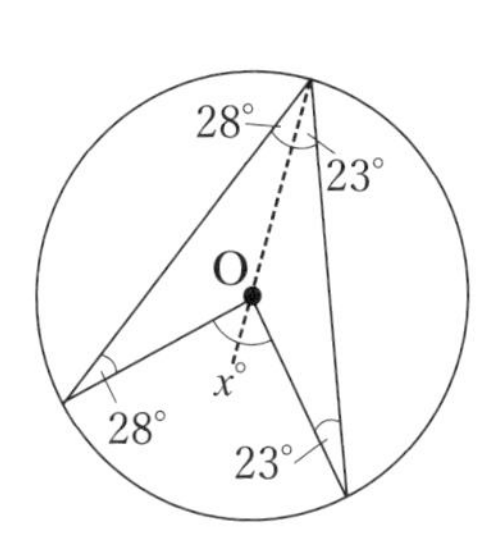

(4)　右図より，

$74 - 19 \times 2 = 74 - 38 = 36$

$x\ = 36 \div 2 = \boxed{18}$

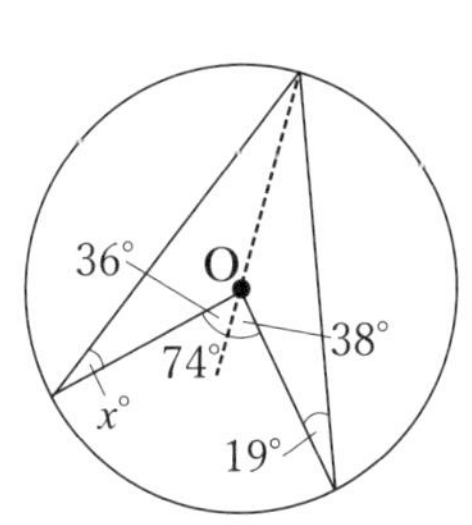

練習問題 3

(1)　右図より，

$180 - 59 \times 2$
$= 180 - 118 = 62$
$x = 62 \div 2 = \boxed{31}$

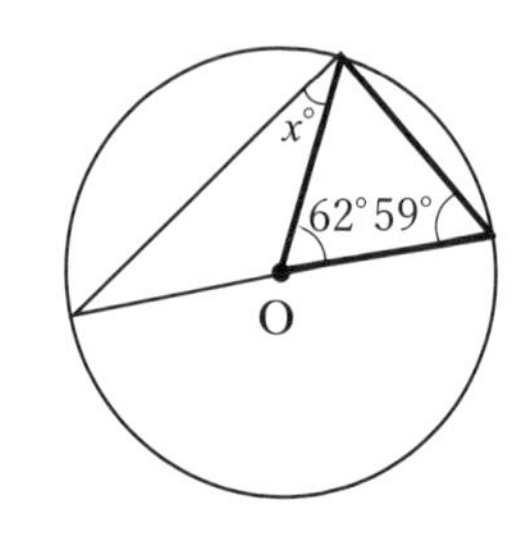

(2)　右図より，

$36 \times 2 = 72$
$x = (180 - 72) \div 2$
$= 108 \div 2 = \boxed{54}$

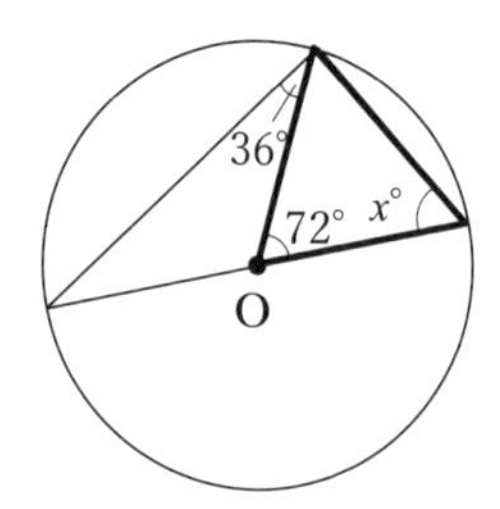

(3)　右図より，

$29 \times 2 = 58$
$x = (180 - 58) \div 2$
$= 122 \div 2 = \boxed{61}$

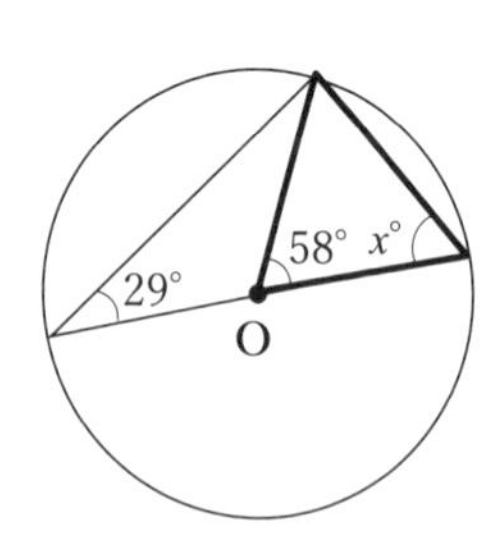

(4)　三角形の内角から，

2 ●＋ 2 ○＝ 180
●＋○＝ 90
x ＝●＋○＝$\boxed{90}$

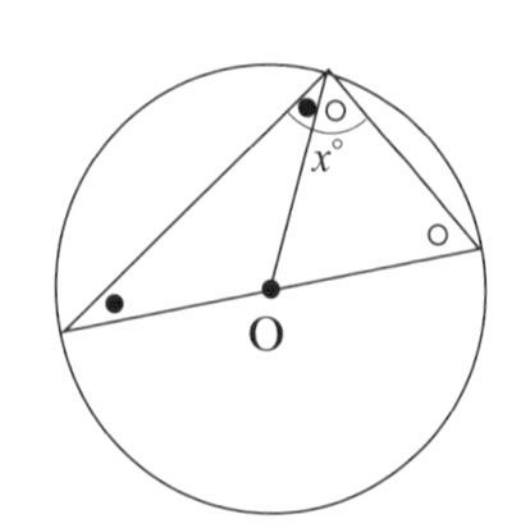

連習問題4

(1)　太線の弧に対する
中心角と円周角の関係から，
　$x = 82 \div 2 = \boxed{41}$

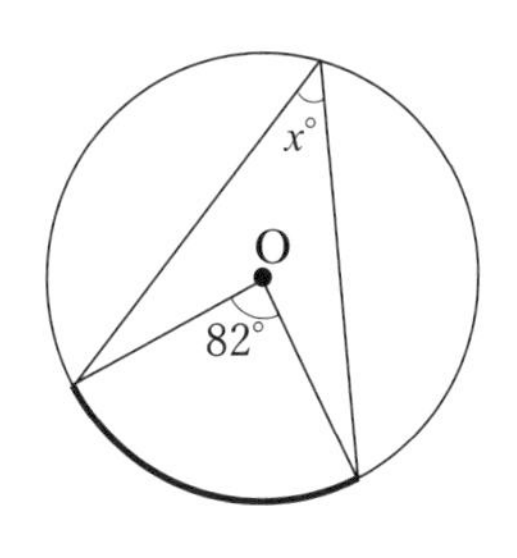

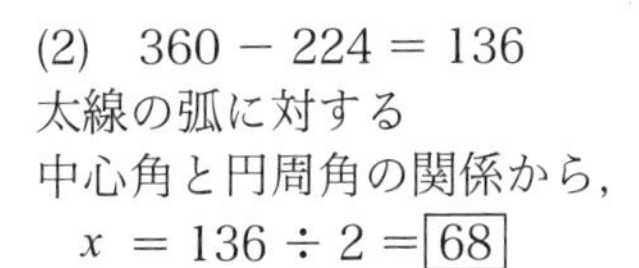

(2)　$360 - 224 = 136$
太線の弧に対する
中心角と円周角の関係から，
　$x = 136 \div 2 = \boxed{68}$

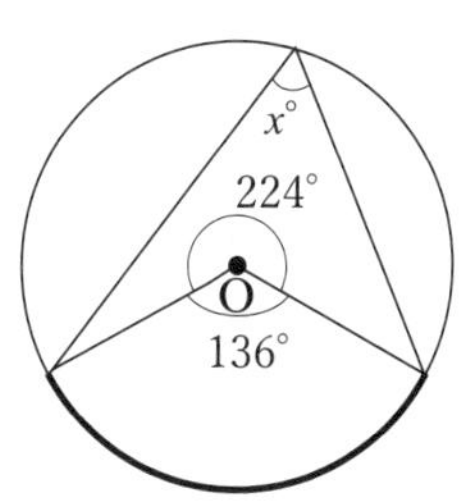

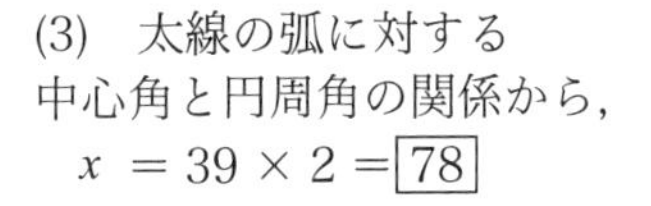

(3)　太線の弧に対する
中心角と円周角の関係から，
　$x = 39 \times 2 = \boxed{78}$

(4)　太線の弧に対する
中心角と円周角の関係から，
　$41 \times 2 = 82$
　$x = 180 - 82 = \boxed{98}$

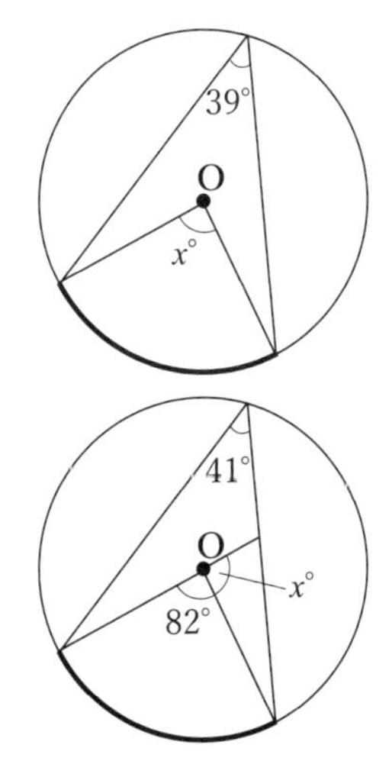

練習問題 5

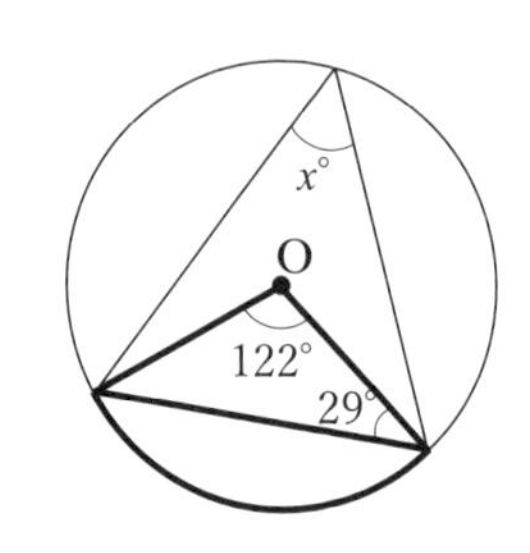

(1)　太枠の三角形の内角の和から，

$180 - 29 \times 2 = 122$

太線の弧に対する

中心角と円周角の関係から，

$x = 122 \div 2 = \boxed{61}$

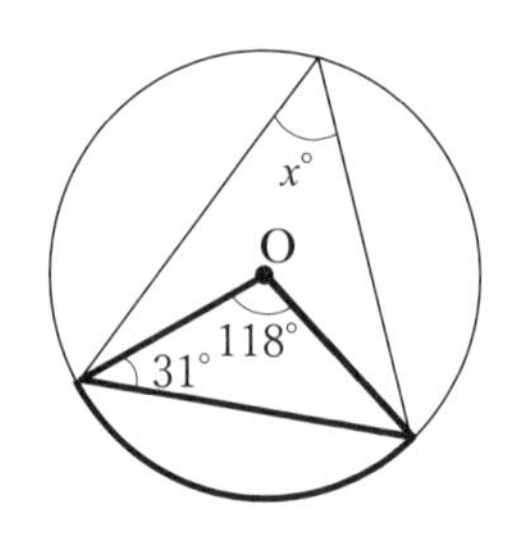

(2)　太枠の三角形の内角の和から，

$180 - 31 \times 2 = 118$

太線の弧に対する

中心角と円周角の関係から，

$x = 118 \div 2 = \boxed{59}$

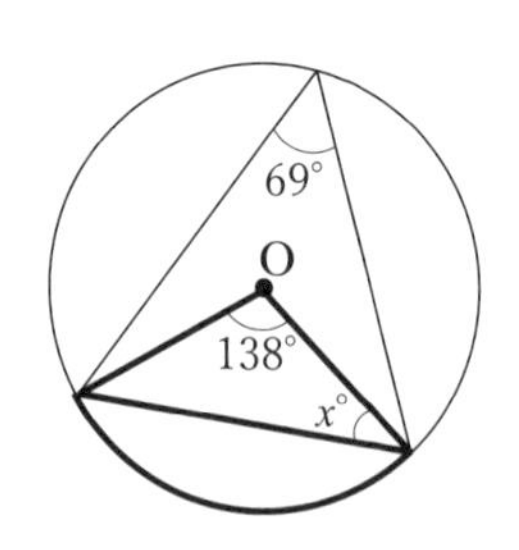

(3)　太線の弧に対する

中心角と円周角の関係から，

$69 \times 2 = 138$

太枠の三角形の内角の和から，

$x = (180 - 138) \div 2$

$= 42 \div 2 = \boxed{21}$

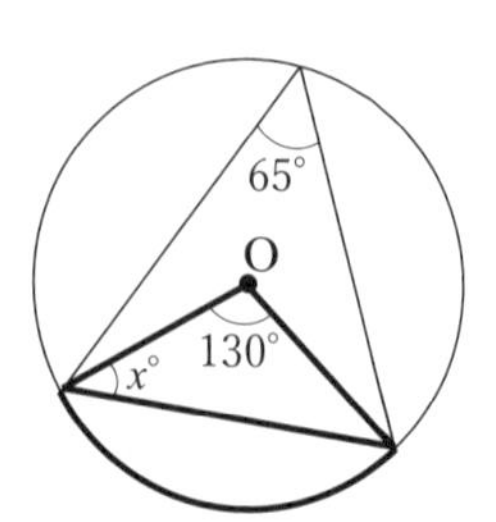

(4)　太線の弧に対する

中心角と円周角の関係から，

$65 \times 2 = 130$

太枠の三角形の内角の和から，

$x = (180 - 130) \div 2$

$= 50 \div 2 = \boxed{25}$

練習問題6

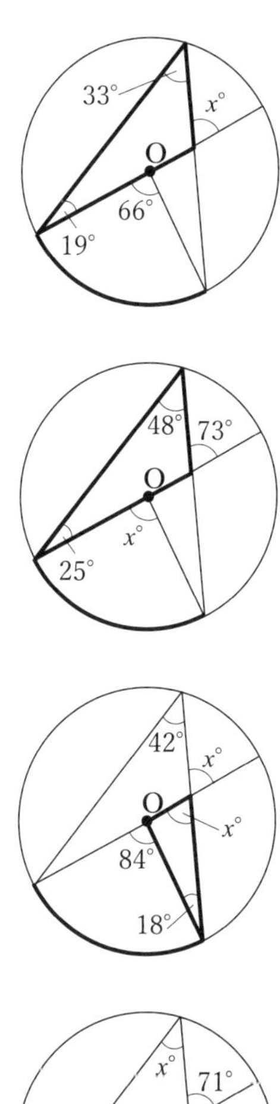

(1)　太線の弧に対する
中心角と円周角の関係から,

$66 \div 2 = 33$

太枠の三角形の外角から,

$x = 19 + 33 = \boxed{52}$

(2)　太枠の三角形の外角から,

$73 - 25 = 48$

太線の弧に対する
中心角と円周角の関係から,

$48 \times 2 = \boxed{96}$

(3)　太線の弧に対する
中心角と円周角の関係から,

$42 \times 2 = 84$

太枠の三角形の外角から,

$x = 84 - 18 = \boxed{66}$

(4)　太枠の三角形の外角から,

$71 + 23 = 94$

太線の弧に対する
中心角と円周角の関係から,

$94 \div 2 = \boxed{47}$

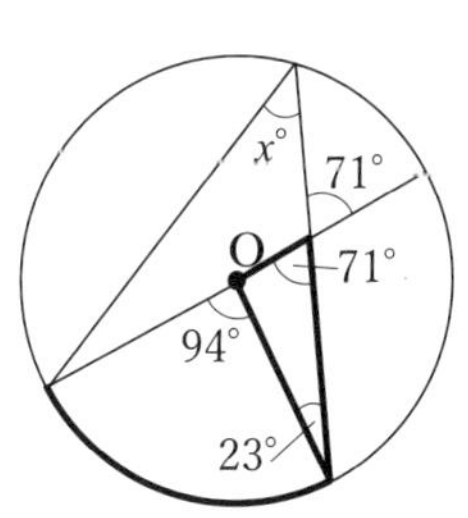

練習問題 7

(1)　太線の弧に対する
中心角と円周角の関係から,
$x = 198 \div 2 = \boxed{99}$

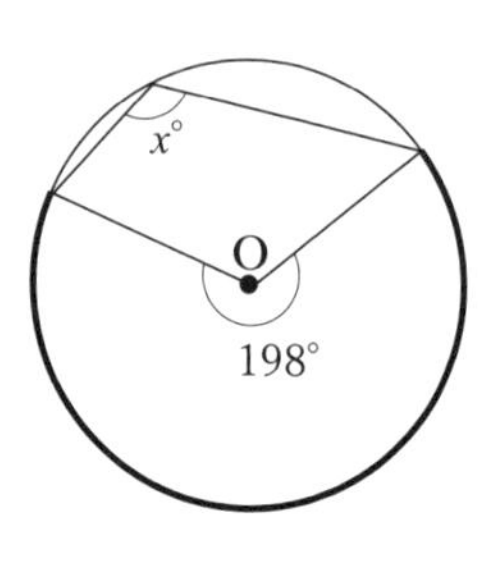

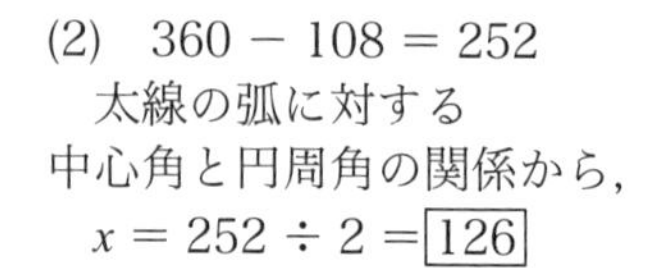

(2)　$360 - 108 = 252$
太線の弧に対する
中心角と円周角の関係から,
$x = 252 \div 2 = \boxed{126}$

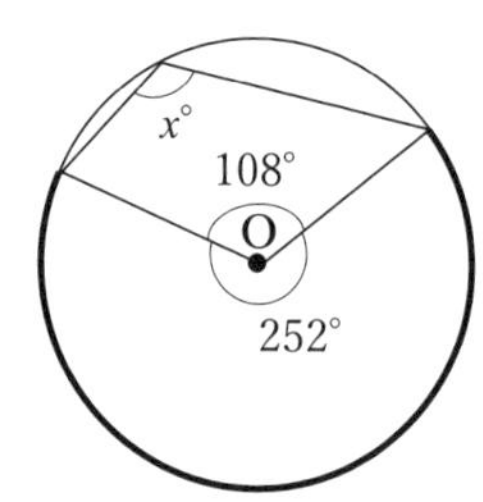

(3)　太線の弧に対する
中心角と円周角の関係から,
$x = 109 \times 2 = \boxed{218}$

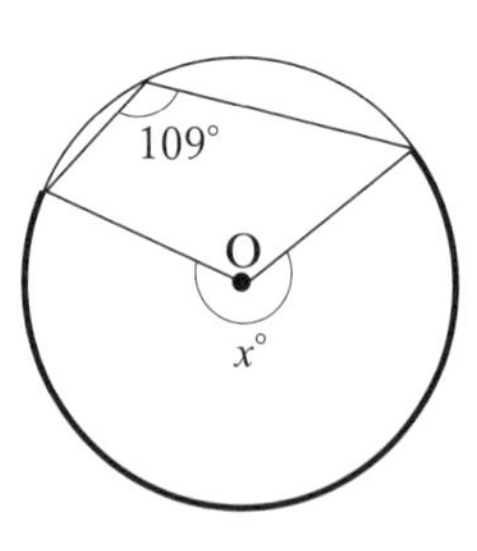

(4)　太線の弧に対する
中心角と円周角の関係から,
$111 \times 2 = 222$
$x = 360 - 222 = \boxed{138}$

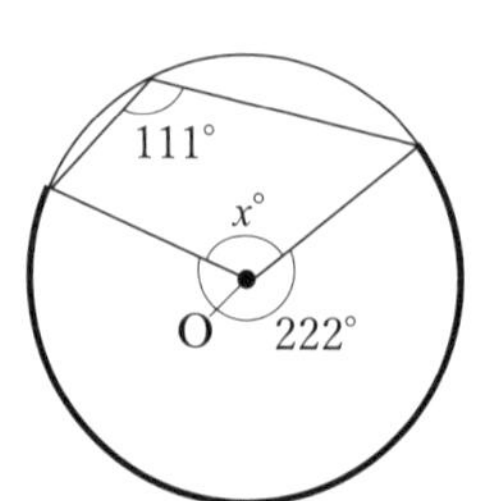

練習問題 8

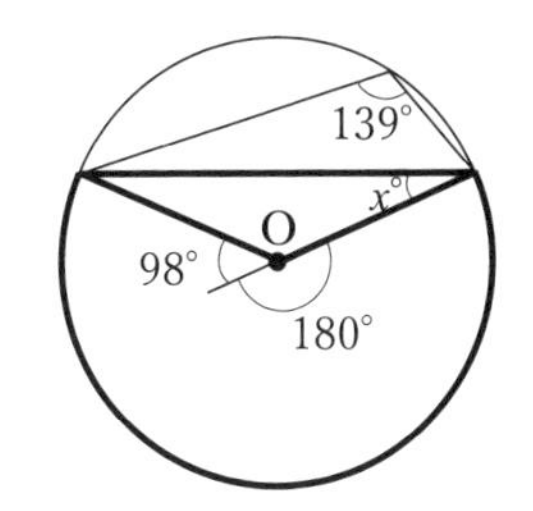

(1)　太線の弧に対する

中心角と円周角の関係から,

$139 \times 2 = 278, \quad 278 - 180 = 98$

太枠の三角形の外角から,

$x = 98 \div 2 =$ $\boxed{49}$

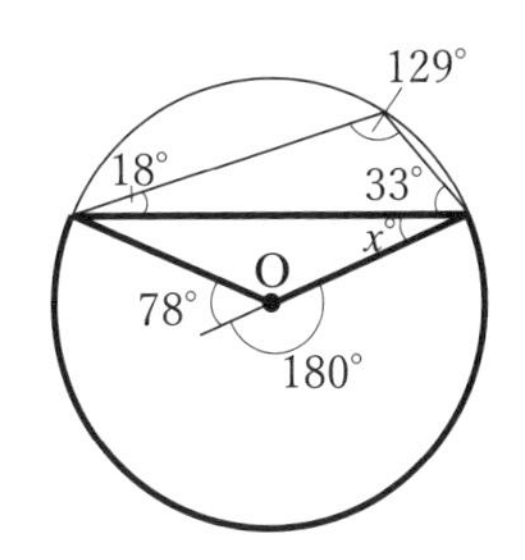

(2)　$180 - (18 + 33) = 129$

太線の弧に対する

中心角と円周角の関係から,

$129 \times 2 = 258, \ 258 - 180 = 78$

太枠の三角形の外角から,

$x = 78 \div 2 =$ $\boxed{39}$

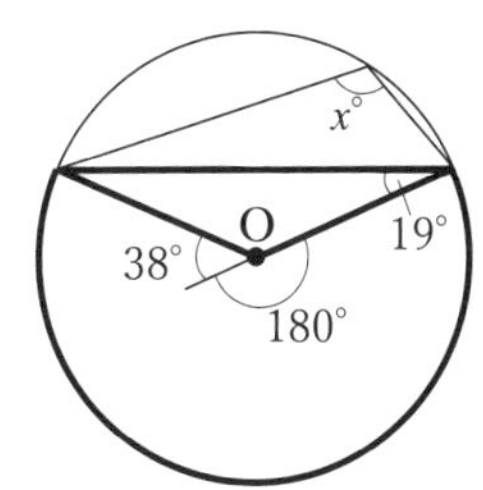

(3)　太枠の三角形の外角から,

$19 \times 2 = 38, \ 38 + 180 = 218$

太線の弧に対する

中心角と円周角の関係から,

$x = 218 \div 2 =$ $\boxed{109}$

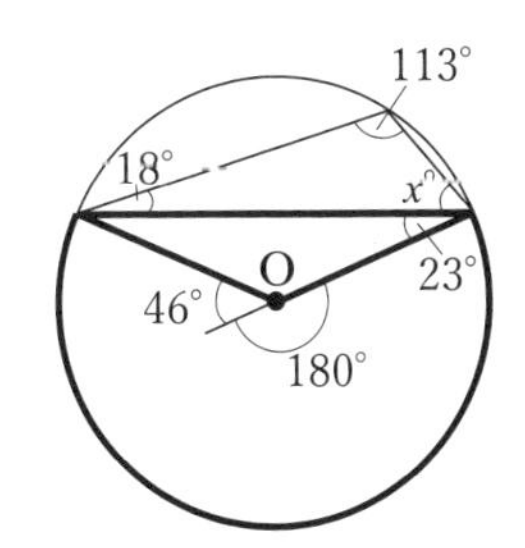

(4)　太枠の三角形の外角から,

$23 \times 2 = 46, \ 46 + 180 = 226$

太線の弧に対する

中心角と円周角の関係か

$226 \div 2 = 113$

三角形の内角から,

$x = 180 - (18 + 113)$

$= 180 - 131 =$ $\boxed{49}$

練習問題 9

(1)　太線の弧に対する
中心角と円周角の関係から，
　$x = 47 \times 2 = \boxed{94}$

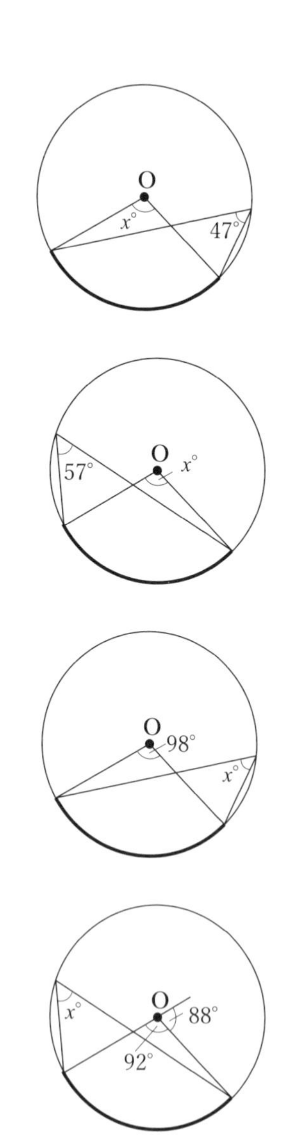

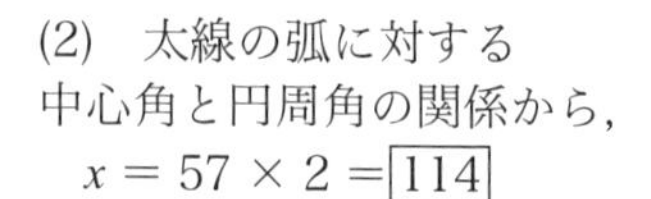

(2)　太線の弧に対する
中心角と円周角の関係から，
　$x = 57 \times 2 = \boxed{114}$

(3)　太線の弧に対する
中心角と円周角の関係から，
　$x = 98 \div 2 = \boxed{49}$

(4)　$180 - 88 = 92$
　太線の弧に対する
中心角と円周角の関係から，
　$x = 92 \div 2 = \boxed{46}$

練習問題 10

(1)　太線の弧に対する

中心角と円周角の関係から,

$43 \times 2 = 86$

太枠の三角形の内角の和から,

$x = (180 - 86) \div 2$

$= 94 \div 2 = \boxed{47}$

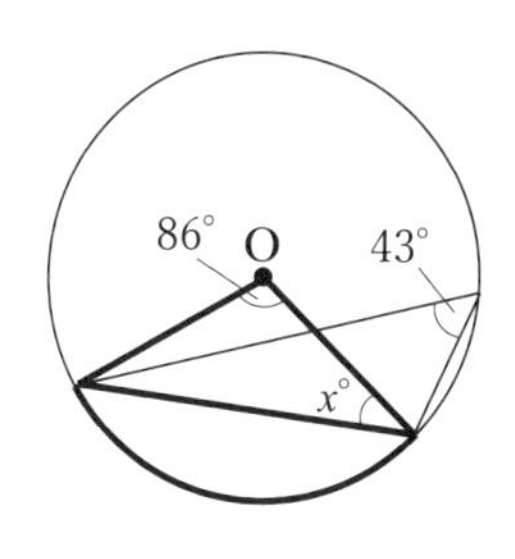

(2)　太枠の三角形の内角の和から,

$180 - 59 \times 2 = 62$

太線の弧に対する

中心角と円周角の関係から,

$x = 62 \div 2 = \boxed{31}$

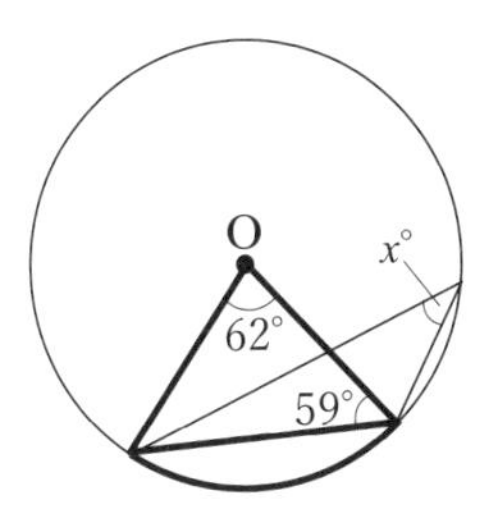

(3)　太線の弧に対する

中心角と円周角の関係から,

$18 \times 2 = 36$

太枠の三角形の内角の和から,

$x = (180 - 36) \div 2$

$= 144 \div 2 = \boxed{72}$

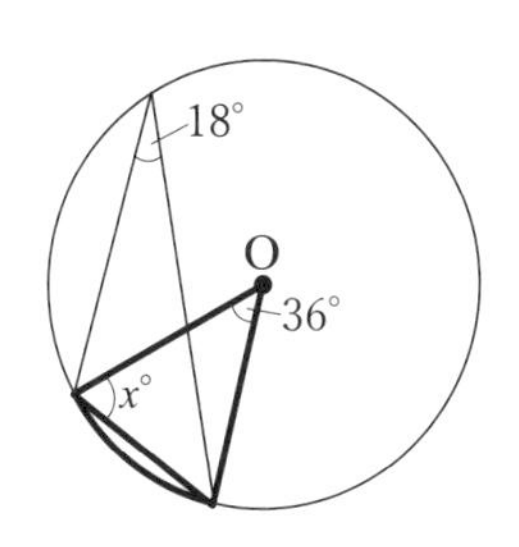

(4)　太枠の三角形の内角の和から,

$180 - 73 \times 2 = 34$

太線の弧に対する

中心角と円周角の関係から,

$x = 34 \div 2 = \boxed{17}$

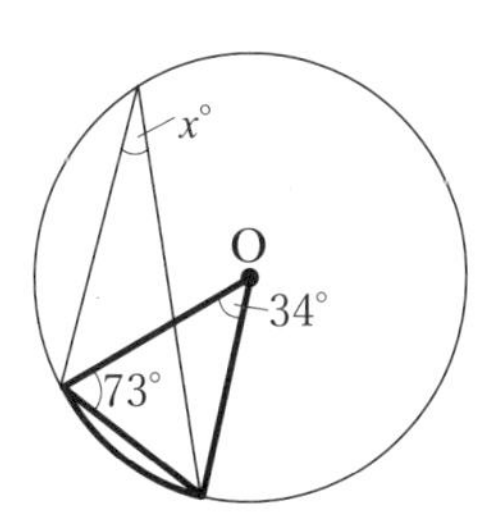

練習問題 11

(1)　太線の弧に対する
中心角と円周角の関係から,
　$29 \times 2 = 58$
太枠の三角形の外角から,
　$x = 58 + 19 = \boxed{77}$

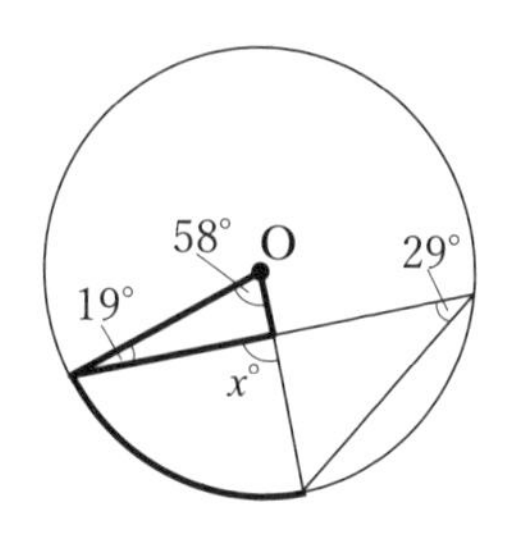

(2)　太線の弧に対する
中心角と円周角の関係から,
　$34 \times 2 = 68$
太枠の三角形の外角から,
　$68 + 27 = 95$
三角形の外角から,
　$x = 95 - 34 = \boxed{61}$

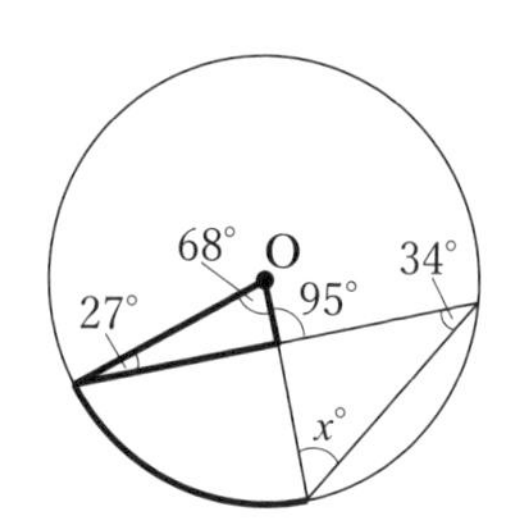

(3)　太枠の三角形の内角の和から,
　$180 - (23 + 89)$
$= 180 - 112 = 68$
　太線の弧に対する
中心角と円周角の関係から,
　$x = 68 \div 2 = \boxed{34}$

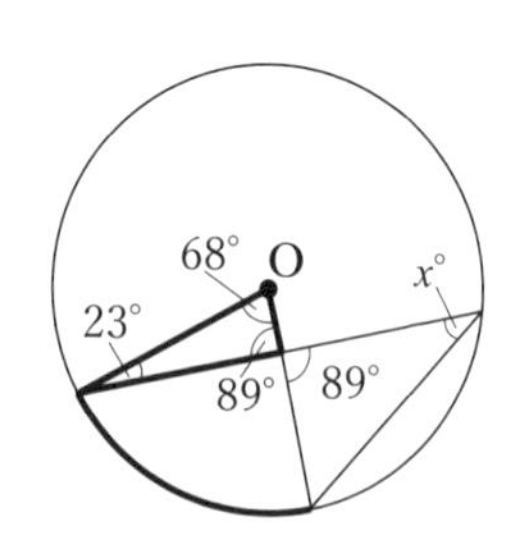

(4)　太線の弧に対する
中心角と円周角の関係から,
　$27 \times 2 = 54$
三角形の外角から,
　$27 + 43 = 70$
太枠の三角形の外角から,
　$x = 70 - 54 = \boxed{16}$

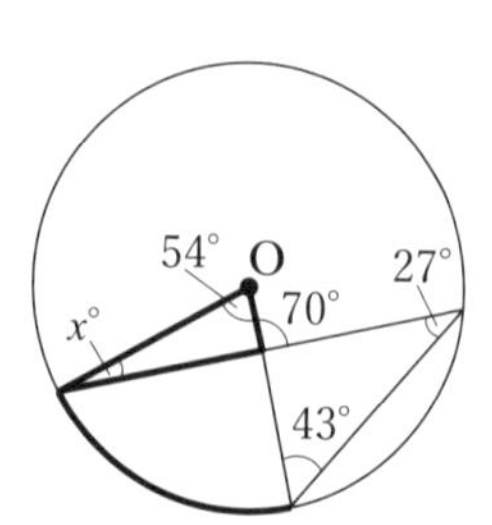

練習問題 12

(1)　太線の弧を点Pで分け，
太線の弧に対する
中心角と円周角の関係から，

$x = 38 \times 2 + 23 \times 2$
$= 76 + 46 = \boxed{122}$

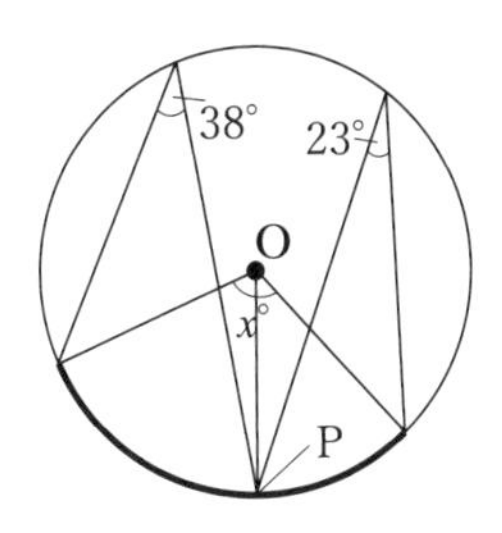

(2)　太線の弧を点Pで分け，
太線の弧に対する
中心角と円周角の関係から，

$37 \times 2 = 74$
$104 - 74 = 30$
$x = 30 \div 2 = \boxed{15}$

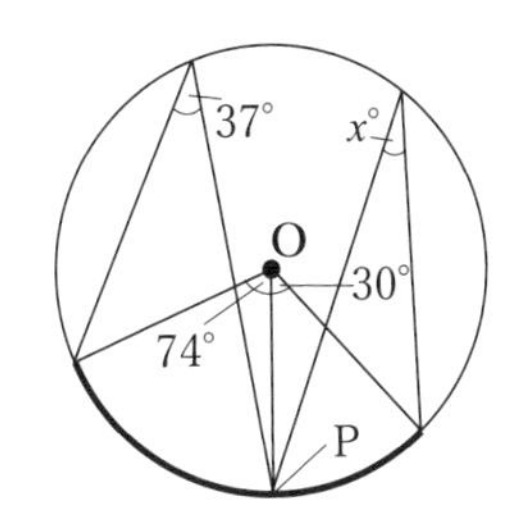

(3)　太線の弧を点Pで分け，
太線の弧に対する
中心角と円周角の関係から，

$47 \times 2 = 94$
$180 - 94 = 86$
$x = 84 \div 2 = \boxed{43}$

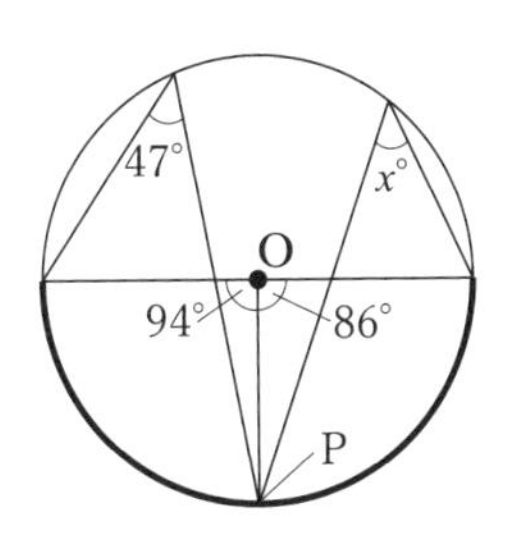

(4)　太線の弧を点P，Qで分け，
太線の弧に対する
中心角と円周角の関係から，

8●＝128，2●＝32
$x =$ 2●＝$\boxed{32}$

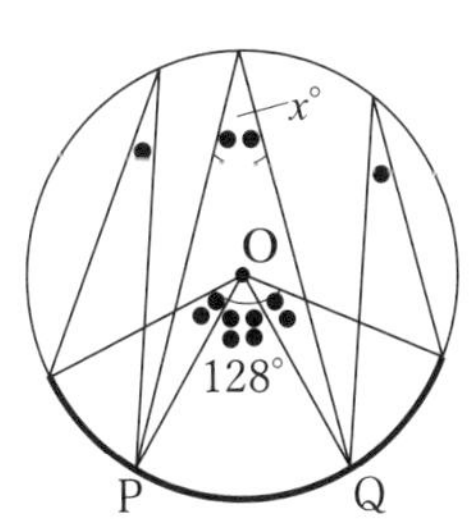

練習問題 13

(1)　同じ弧に対する円周角は等しいから，$x = \boxed{41}$

(2)　同じ弧に対する円周角は等しく，三角形の外角から，

$x = 22 + 39 = \boxed{61}$

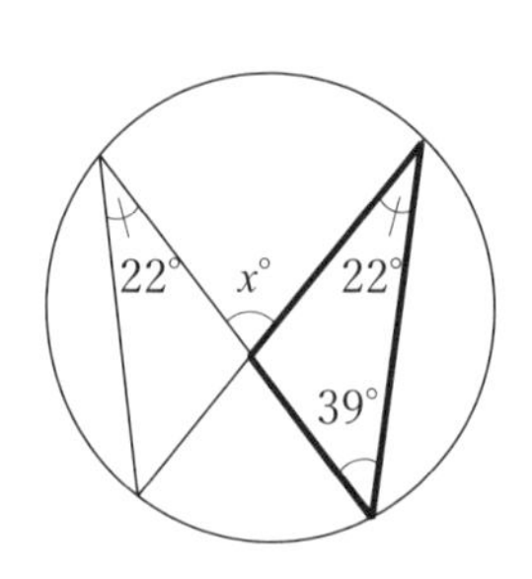

(3)　同じ弧に対する円周角は等しく，三角形の内角の和から，

$x = 180 - (88 + 49)$
$= 180 - 137 = \boxed{43}$

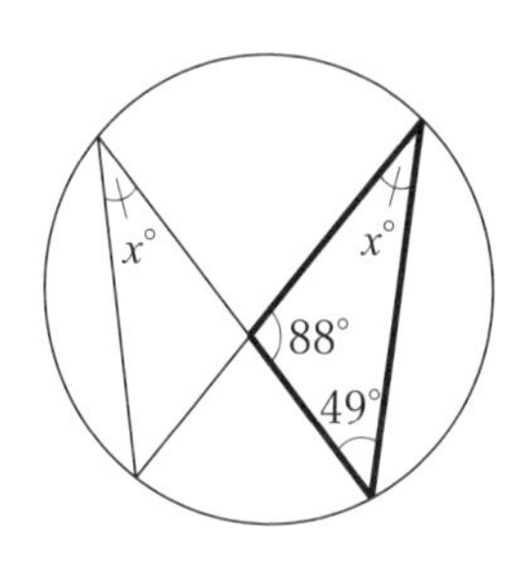

(4)　同じ弧に対する円周角は等しく，三角形の内角の和から，

$x = 180 - (29 + 53)$
$= 180 - 82 = \boxed{98}$

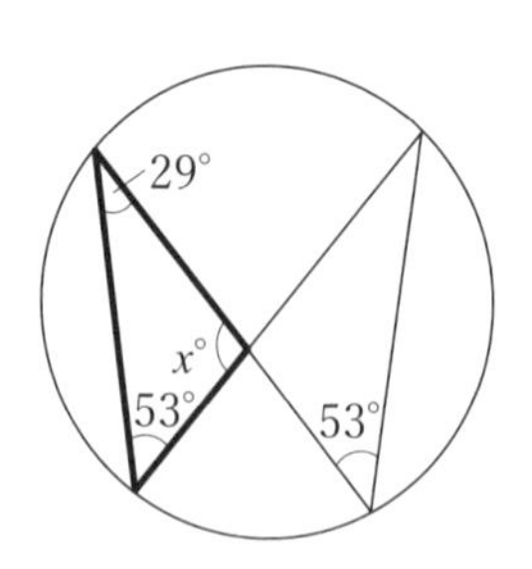

練習問題 14

(1)　太線の弧を点Pで分け，

$x = 67 - 38 = \boxed{29}$

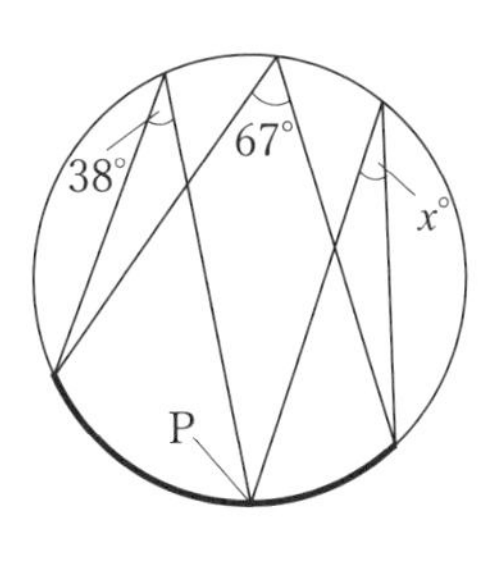

(2)　同じ弧に対する円周角は等しく，太枠の三角形の内角の和から，

$x = 180 - (32 + 49)$
$= 180 - 81 = \boxed{99}$

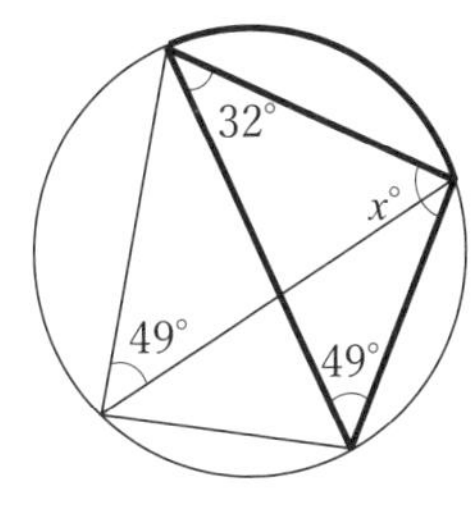

(3)　同じ弧に対する円周角は等しく，太枠の三角形の内角の和から，

$x = 180 - (36 + 27)$
$= 180 - 63 = \boxed{117}$

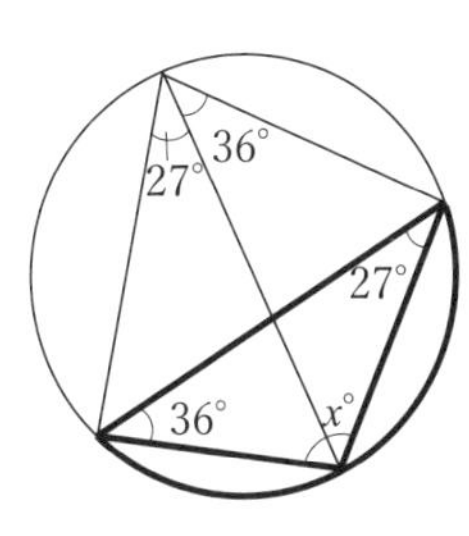

(4)　同じ弧に対する円周角は等しく，太枠の三角形の内角の和から，

$x = 180 - (101 + 24)$
$= 180 - 125 = \boxed{55}$

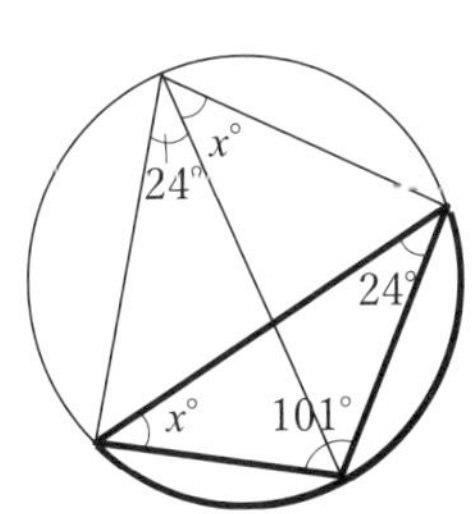

練習問題 15

(1)　同じ弧に対する円周角と二等辺三角形の角を利用して，

$(180-38)\div 2=71$

$x=71-35=\boxed{36}$

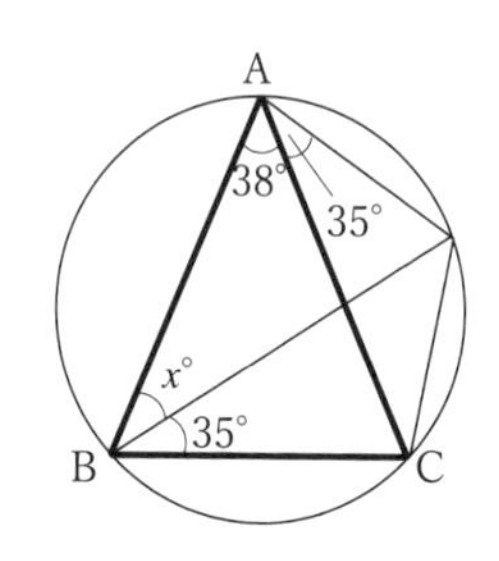

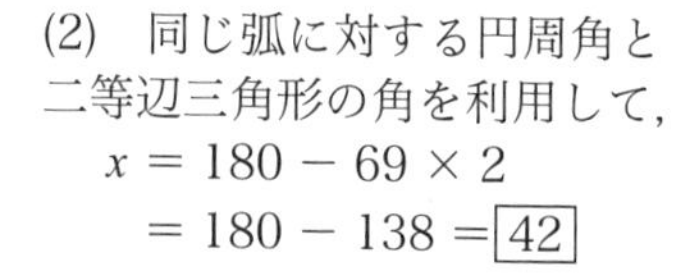

(2)　同じ弧に対する円周角と二等辺三角形の角を利用して，

$x=180-69\times 2$

$=180-138=\boxed{42}$

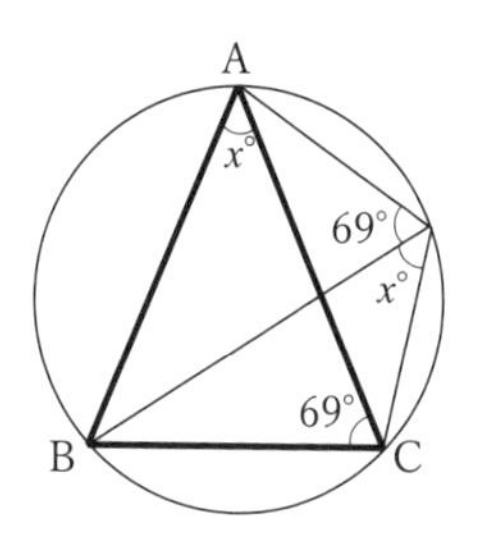

(3)　同じ弧に対する円周角と二等辺三角形の角を利用して，

$(180-32)\div 2=74$

$x=74-26=\boxed{48}$

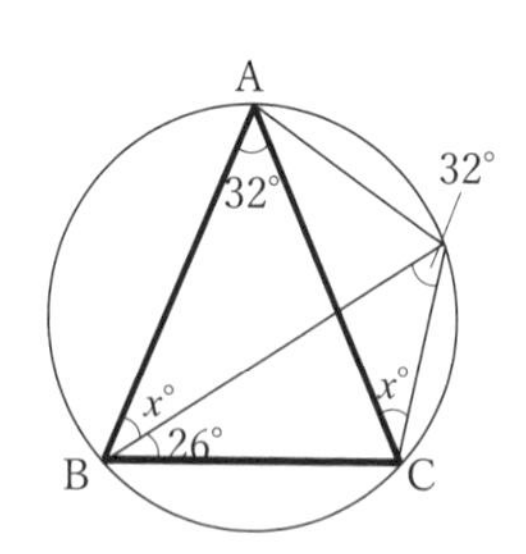

(4)　同じ弧に対する円周角と二等辺三角形の角を利用するさらに三角形の外角から，

$x=49+51=\boxed{100}$

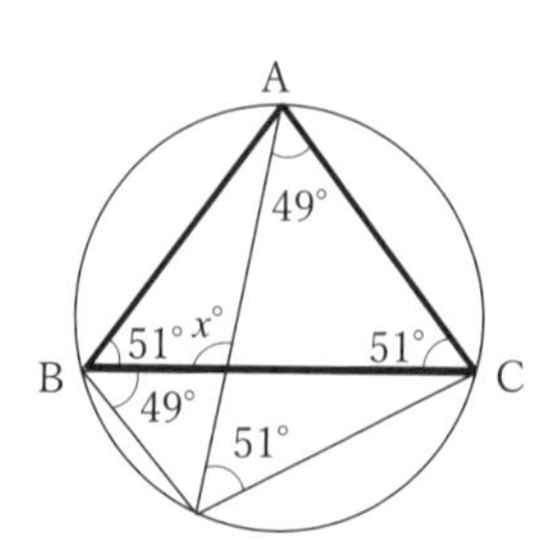

練習問題 16

(1)　同じ弧に対する等しい円周角と，太枠の直角三角形の角から，

$x = 180 - (57 + 59)$
$= 180 - 116 = \boxed{64}$

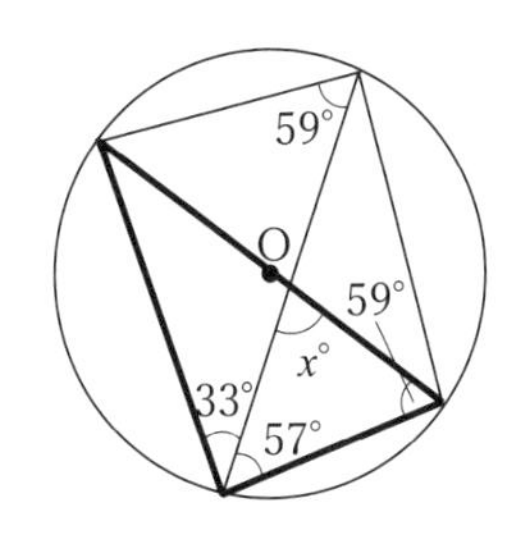

(2)　同じ弧に対する等しい円周角と，太枠の直角三角形の角から，

$x = 90 - (18 + 43)$
$= 90 - 61 = \boxed{29}$

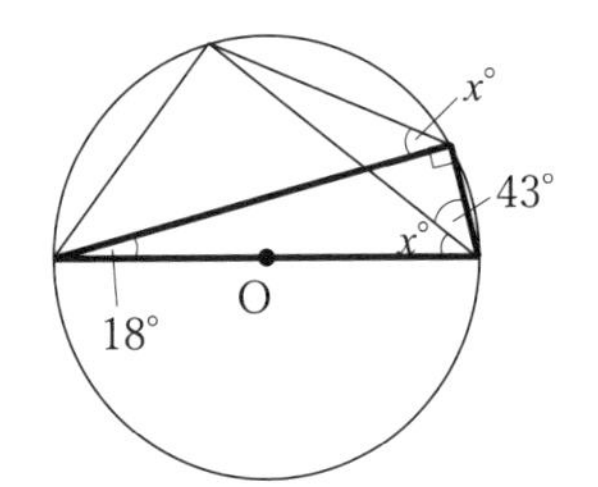

(3)　太枠の直角三角形の角と，同じ弧に対する等しい円周角から右図のようになり，三角形の外角から，

$x = 36 + 23 = \boxed{59}$

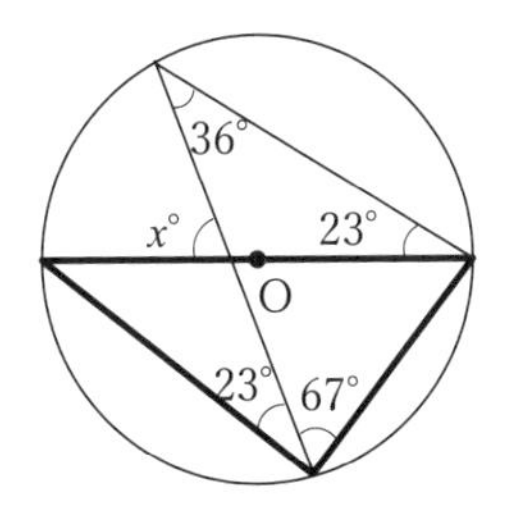

(4)　同じ弧に対する等しい円周角と，太枠の直角三角形の角から，

$x = 90 - 77 = \boxed{13}$

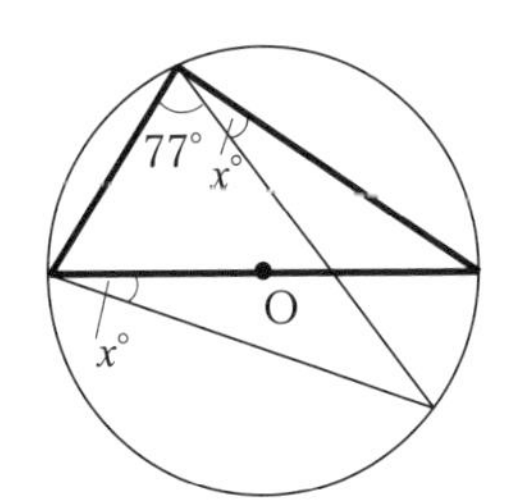

練習問題 17

(1)　太枠の二等辺三角形から,

$x = 34 + 27 = \boxed{61}$

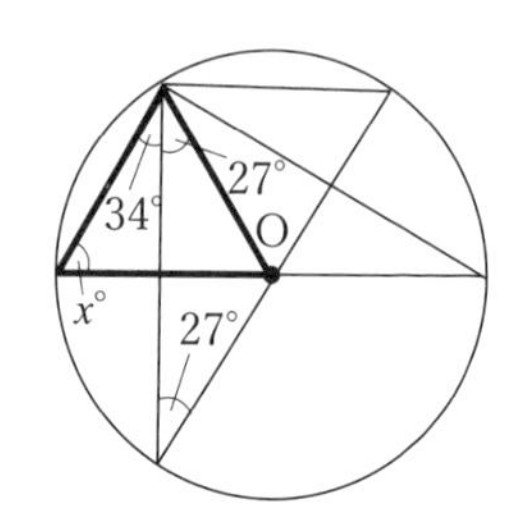

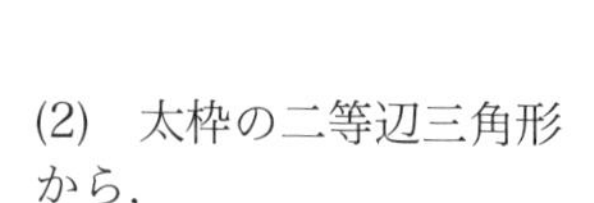

(2)　太枠の二等辺三角形から,

$(180 - 86) \div 2 = 47$

$x = 47 - 26 = \boxed{21}$

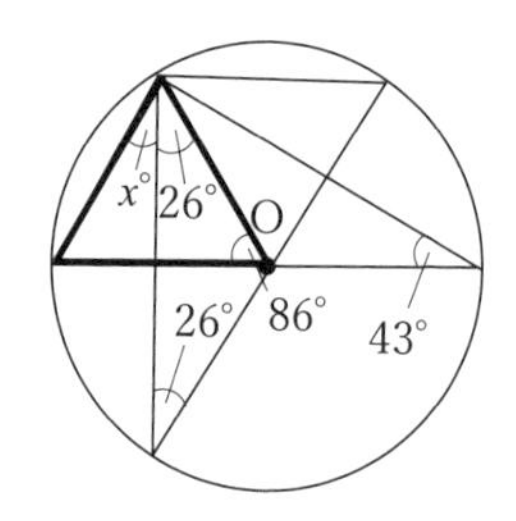

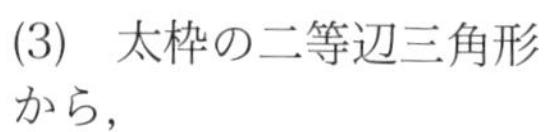

(3)　太枠の二等辺三角形から,

$x = (48 + 36) \div 2$

$= 84 \div 2 = \boxed{42}$

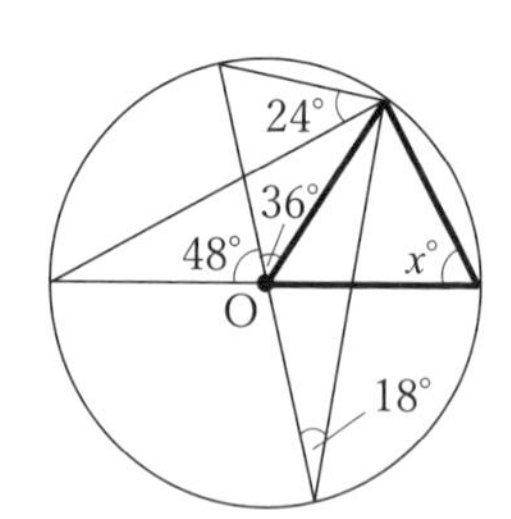

(4)　$(180 - 54 \times 2) \div 2 = 36$

直角三角形の角から,

$90 - 28 = 62$

太枠の二等辺三角形から,

$x = 62 - 36 = \boxed{26}$

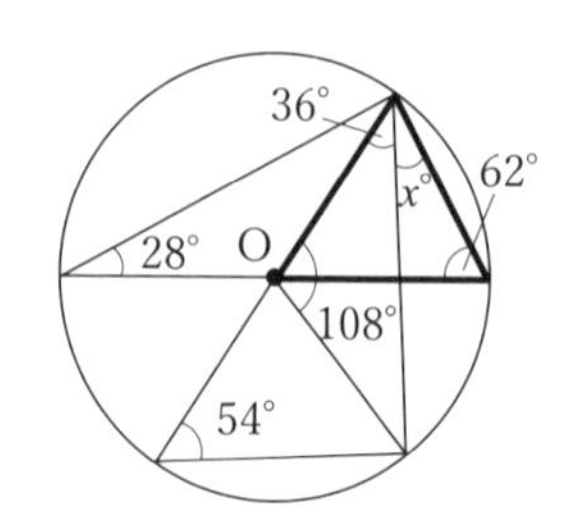

練習問題 18

(1)　太枠の三角形の外角から，

$x = 41 + 25 = \boxed{66}$

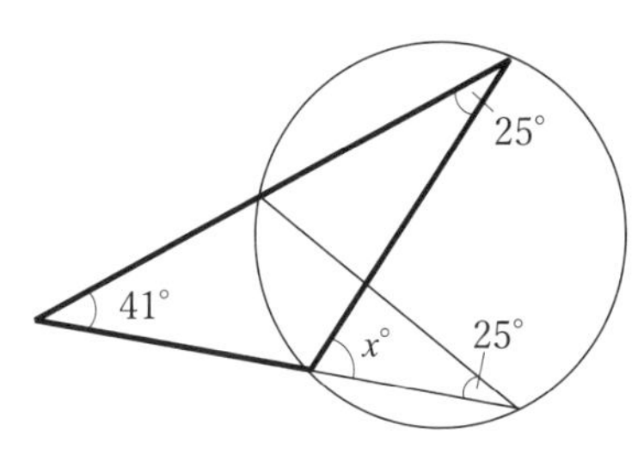

(2)　$36 + 25 = 61$

太枠の三角形の外角から，

$x = 61 + 25 = \boxed{86}$

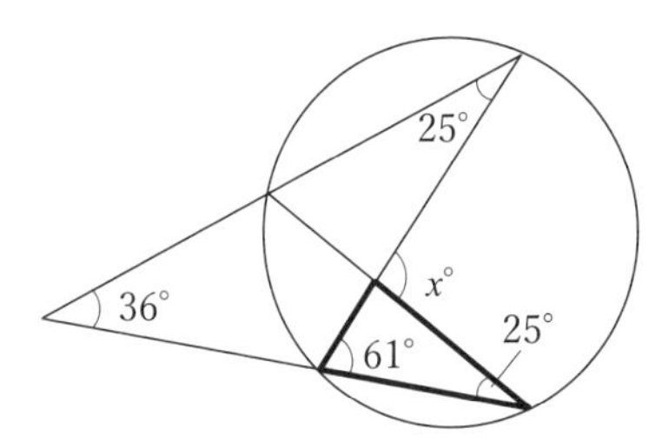

(3)　$81 - 43 = 38$

太枠の三角形の外角から，

$x = 81 + 38 = \boxed{119}$

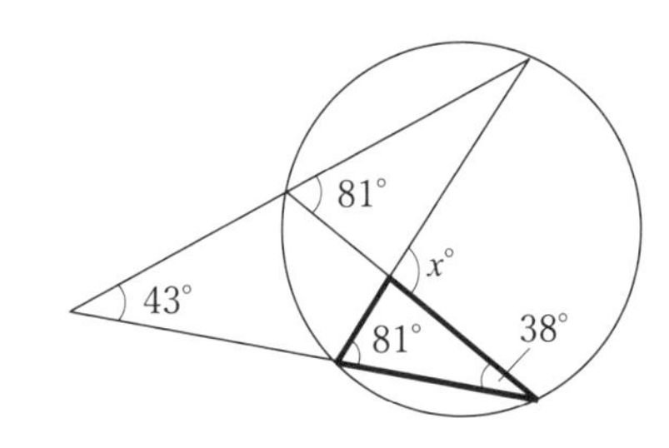

(4)　太枠の三角形の外角から，

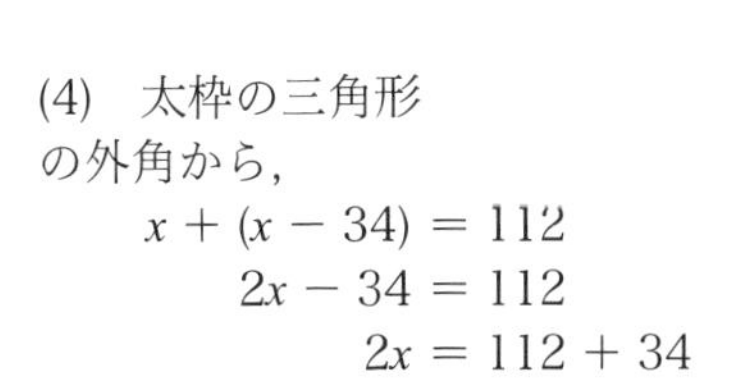

$$x + (x - 34) = 112$$
$$2x - 34 = 112$$
$$2x = 112 + 34$$
$$2x = 146$$
$$x = \boxed{73}$$

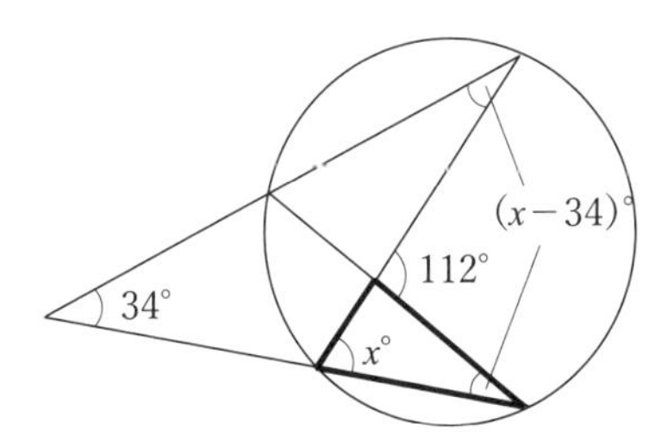

練習問題 19

(1)　AB // CD と太線の弧に対する円周角が等しいから右図のようになり，太枠の三角形の内角の和から，

$x = 180 - 28 \times 2$

$= 180 - 56 = \boxed{124}$

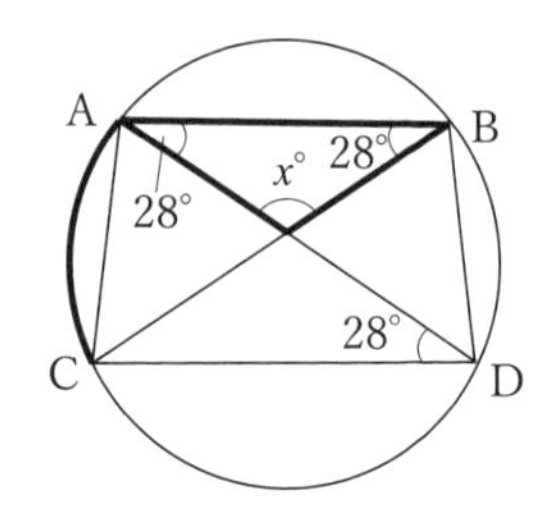

(2)　太線の弧に対する円周角が等しいのと，AB // CD から右図のようになり，

$x = 38 + 47 = \boxed{85}$

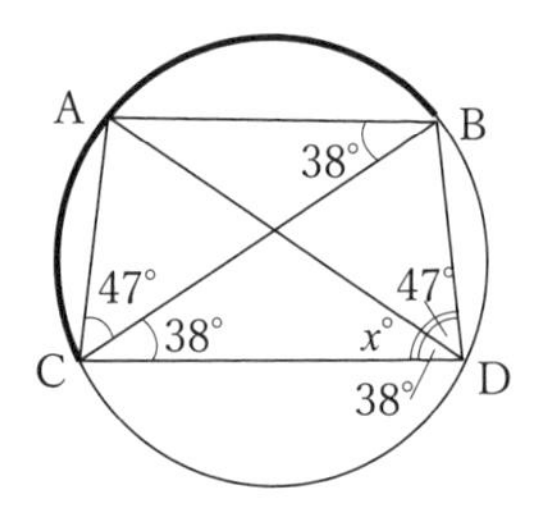

(3)　太線の弧の中心角と円周角の関係や，AB // CD から右図のようになり，太枠の三角形の外角から，

$x = 52 + 26 = \boxed{78}$

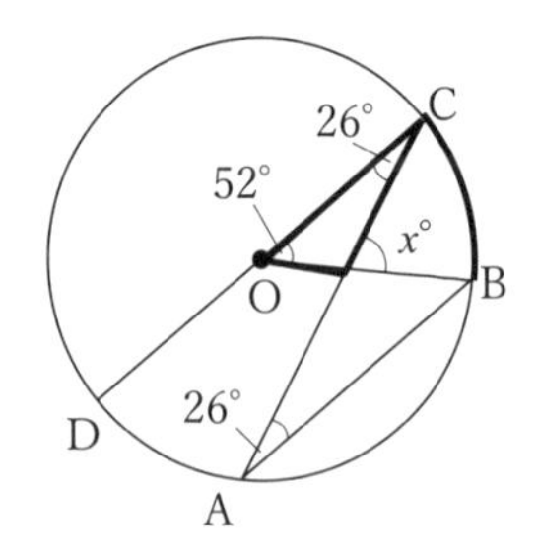

(4)　太線の弧の中心角と円周角の関係や，AB // CD から右図のようになり，太枠の三角形の内角の和から，

$x = 180 - (32 + 64)$

$= 180 - 96 = \boxed{84}$

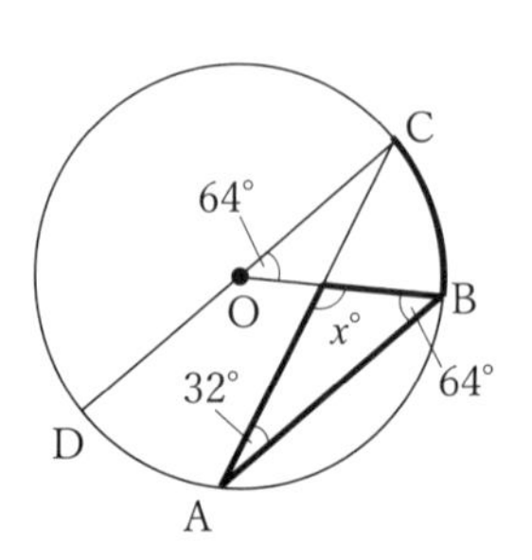

練習問題 20

(1)　ＡＢ // ＣＤだから右図のようになって，太枠の三角形の外角から，

$x = 55 - 27 =$ 28

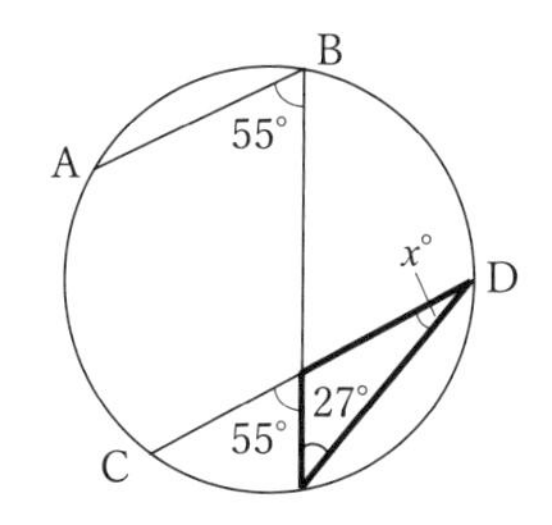

(2)　ＡＢ // ＣＤだから右図のようになって，太枠は直角三角形だから，

$x = 90 - 28 =$ 62

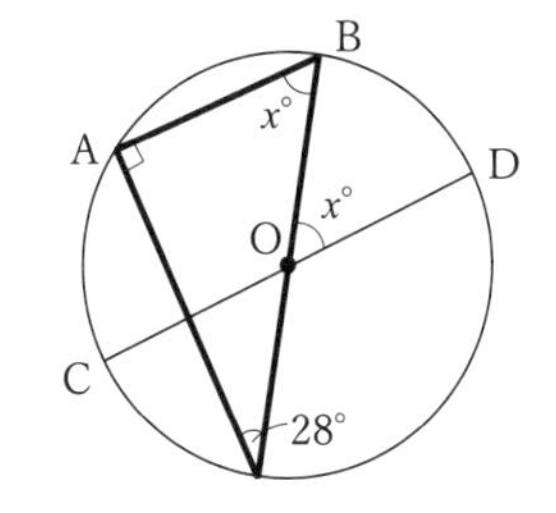

(3)　太線の弧に対する中心角と円周角の関係と，ＡＢ // ＣＤから右図のようになり，太枠の三角形の外角から，

$x = 37 - 18 =$ 19

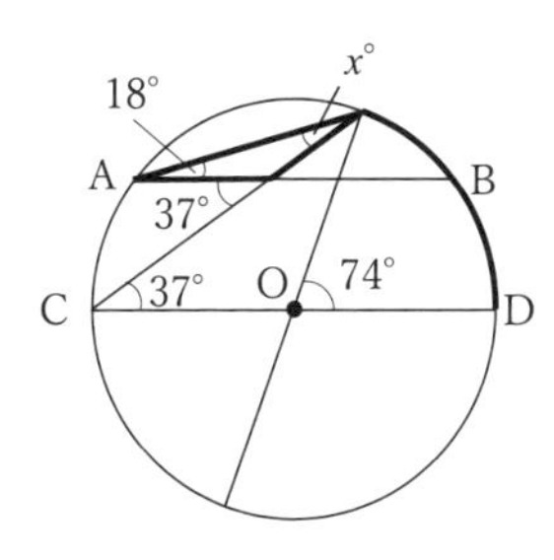

(4)　ＡＢ // ＣＤや二等辺三角形から，

$62 \div 2 = 31$

太枠の直角三角形の角から，

$90 - 62 = 28$

太線の弧に対する円周角は等しいから，

$x = 28 + 31 =$ 51

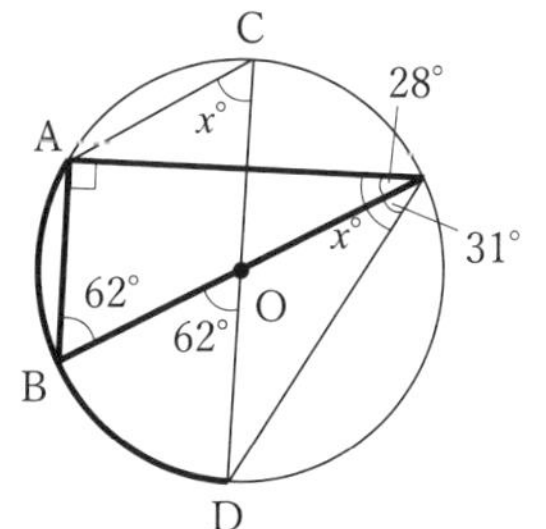

練習問題 21

(1)　弧 1 つ分に対する中心角は $360 \div 6 = 60$

よって円周角は $60 \div 2 = 30$

求めるのは弧 4 つ分の円周角だから，

$x = 30 \times 4 = \boxed{120}$

(2)　弧 1 つ分に対する中心角は $360 \div 8 = 45$

よって円周角は $45 \div 2 = 22.5$

求めるのは弧 3 つ分の円周角だから，

$x = 22.5 \times 3 = \boxed{67.5}$

(3)　弧 1 つ分に対する中心角は

$360 \div 6 = 60$

よって円周角は $60 \div 2 = 30$

太枠の三角形の外角から，

$x = 30 + 30 = \boxed{60}$

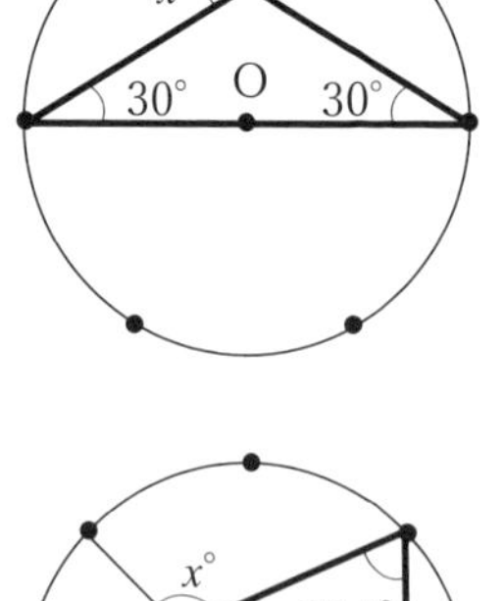

(4)　弧 1 つ分に対する中心角は

$360 \div 8 = 45$

よって円周角は $45 \div 2 = 22.5$

弧 2 つ分は，$22.5 \times 2 = 45$

弧 3 つ分は，$22.5 \times 3 = 67.5$

太枠の三角形の外角から，

$x = 67.5 + 45 = \boxed{112.5}$

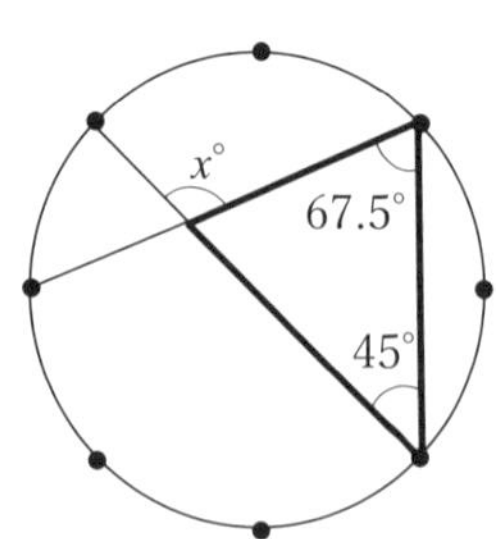

練習問題 22

(1)　求めるのは $\overset{\frown}{AB}$ に対する円周角

$3+2+1=6$ だから，円周を 6 等分して考える

　すると 1 つ分の弧に対する中心角は，$360 \div 6 = 60°$

つまり円周角は，$60 \div 2 = 30$

　$\overset{\frown}{AB}$ はそのうち 3 つ分だから，$x = 30 \times 3 = \boxed{90}$

(2)　求めるのは $\overset{\frown}{BC}$ に対する円周角

$4+3+3=10$ だから，円周を 10 等分して考える

　すると 1 つ分の弧に対する中心角は，$360 \div 10 = 36°$

つまり円周角は，$36 \div 2 = 18$

　$\overset{\frown}{BC}$ はそのうち 3 つ分だから，$x = 18 \times 3 = \boxed{54}$

(3)　求めるのは $\overset{\frown}{AB}$ に対する円周角

$3+4+5=12$ だから，円周を 12 等分して考える

　すると 1 つ分の弧に対する中心角は，$360 \div 12 = 30°$

つまり円周角は，$30 \div 2 = 15$

　$\overset{\frown}{AB}$ はそのうち 3 つ分だから，$x = 15 \times 3 = \boxed{45}$

(4)　求めるのは $\overset{\frown}{AC}$ に対する円周角

$2+5+3=10$ だから，円周を 10 等分して考える

　すると 1 つ分の弧に対する中心角は，$360 \div 10 = 36°$

つまり円周角は，$36 \div 2 = 18$

　$\overset{\frown}{AC}$ はそのうち 3 つ分だから，$x = 18 \times 3 = \boxed{54}$

練習問題 23

(1)　$2+2+3+3=10$ だから，円周を 10 等分して考える

　$\overset{\frown}{BC}$，$\overset{\frown}{AD}$ に対する円周角は右図のようになるから，太枠の三角形の外角より，

　$x=36+54=\boxed{90}$

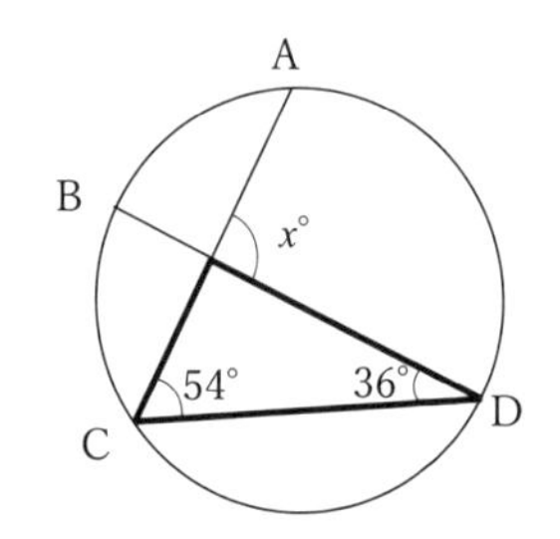

(2)　$4+1+3+2=10$ だから，円周を 10 等分して考える

　$\overset{\frown}{BC}$，$\overset{\frown}{AD}$ に対する円周角は右図のようになるから，太枠の三角形の外角より，

　$x=18+36=\boxed{54}$

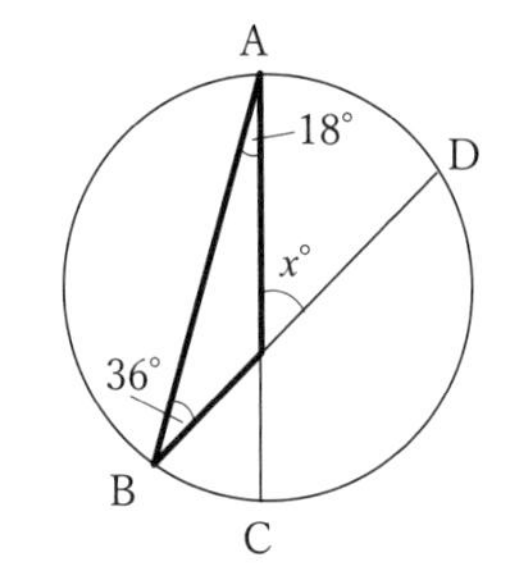

(3)　$3+1+2+3=9$ だから，円周を 9 等分して考える

　$\overset{\frown}{AB}$，$\overset{\frown}{CD}$ に対する円周角は右図のようになるから，太枠の三角形の外角より，

　$x=60+40=\boxed{100}$

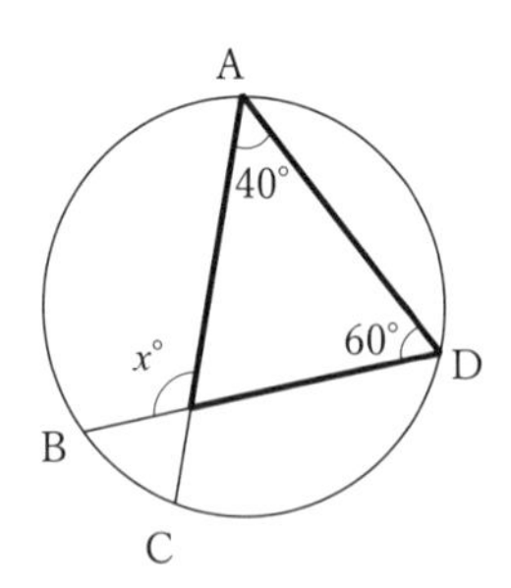

(4)　$3+4+2+3=12$ だから，円周を 12 等分して考える

　$\overset{\frown}{BC}$，$\overset{\frown}{AD}$ に対する円周角は右図のようになるから，太枠の三角形の外角より，

　$x=60+45=\boxed{105}$

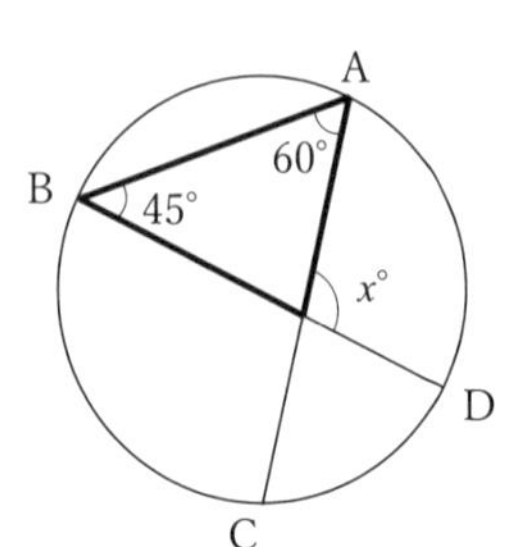

練習問題 24

(1)　$\overset{\frown}{\mathrm{AB}} : \overset{\frown}{\mathrm{CA}} = 1:2$ だから
右図のようになり，直角三角形の角を利用して，

$a = 90 \div 3 = 30$

$x = 2a = 30 \times 2 = \boxed{60}$

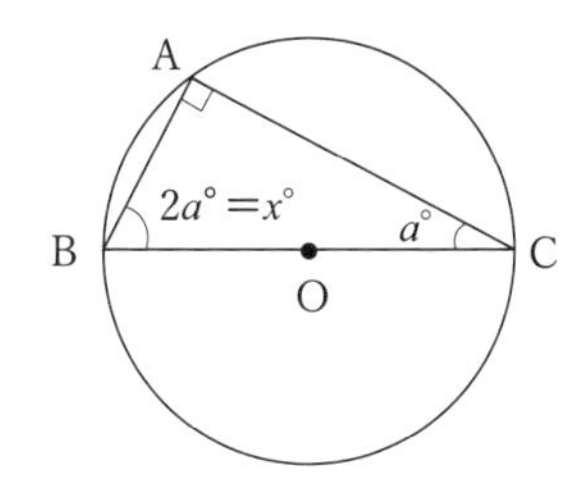

(2)　$\overset{\frown}{\mathrm{AB}} : \overset{\frown}{\mathrm{CA}} = 5:12$ だから
右図のようになり，三角形の内角の和から，

$x = 180 - (84 + 35)$

$\quad = 180 - 119 = \boxed{61}$

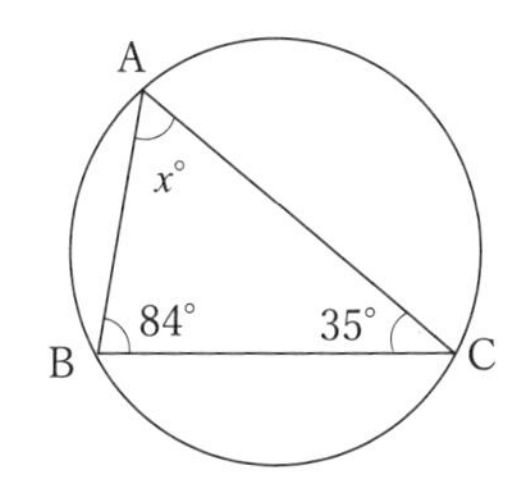

(3)　$\overset{\frown}{\mathrm{CD}} : \overset{\frown}{\mathrm{DA}} = 2:5$ だから
右図のようになり，太線の弧に対する円周角は等しく，太枠の三角形の外角を使い，

$x = 32 + 43 = \boxed{75}$

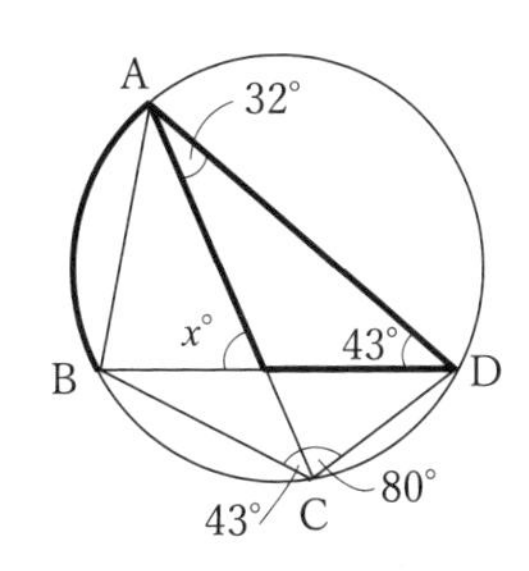

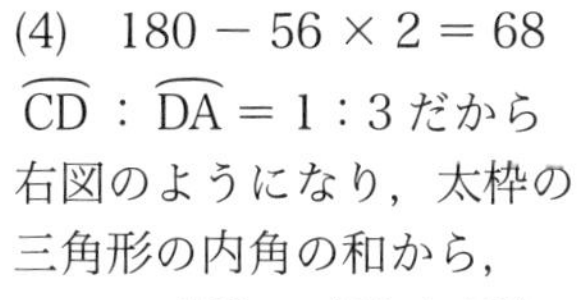
(4)　$180 - 56 \times 2 = 68$

$\overset{\frown}{\mathrm{CD}} : \overset{\frown}{\mathrm{DA}} = 1:3$ だから
右図のようになり，太枠の三角形の内角の和から，

$x = 180 - (56 + 51)$

$\quad = 180 - 107 = \boxed{73}$

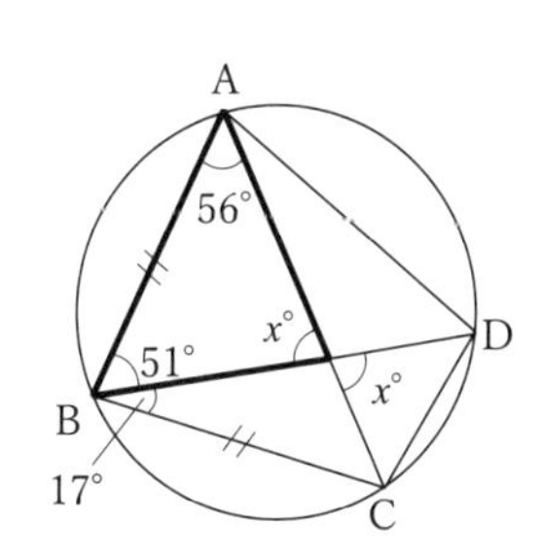

練習問題 25

(1)　OP⊥l だから，
右図のようになり，直角三角形の内角の和から，
$x = 90 - 67 = \boxed{23}$

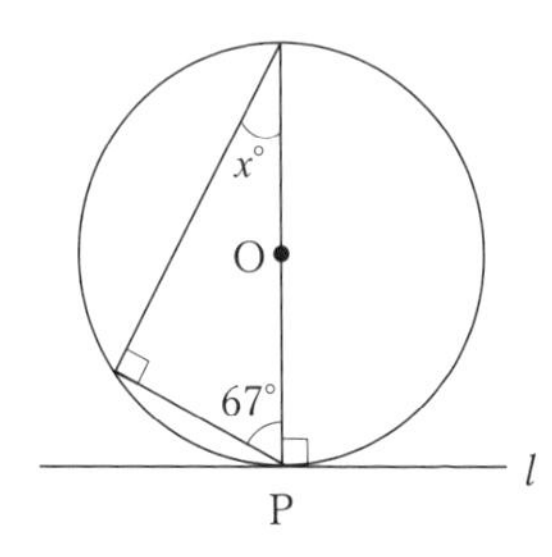

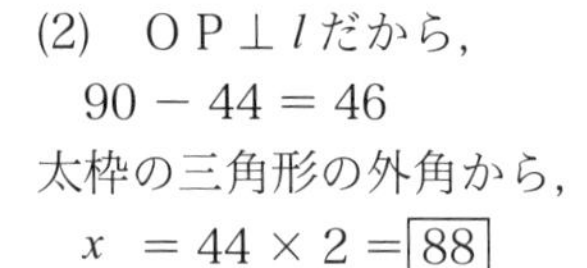

(2)　OP⊥l だから，
$90 - 44 = 46$
太枠の三角形の外角から，
$x = 44 \times 2 = \boxed{88}$

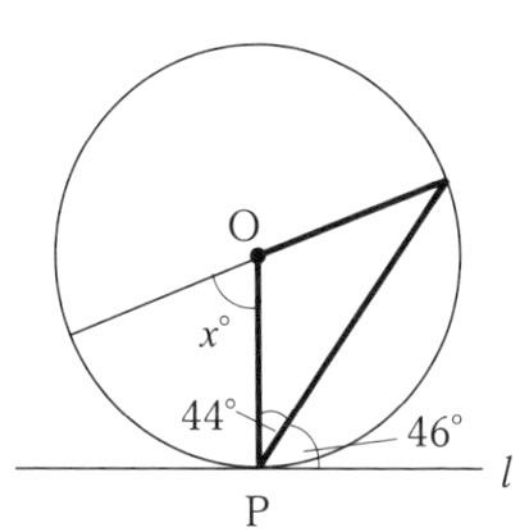

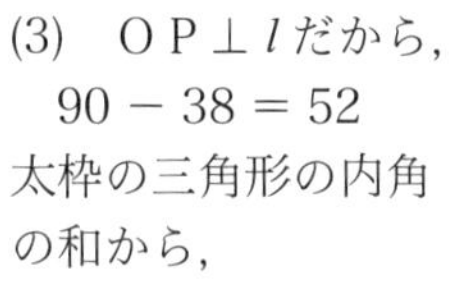

(3)　OP⊥l だから，
$90 - 38 = 52$
太枠の三角形の内角の和から，
$x = 180 - 52 \times 2$
$= 180 - 104 = \boxed{76}$

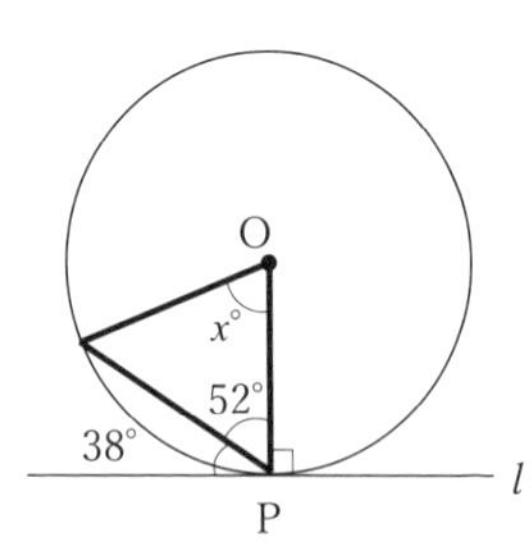

(4)　OP⊥l だから，
$90 - 59 = 31$
そこで右図のようになり，太枠の三角形の内角の和から，
$x = 180 - (90 + 62)$
$= 180 - 152 = \boxed{28}$

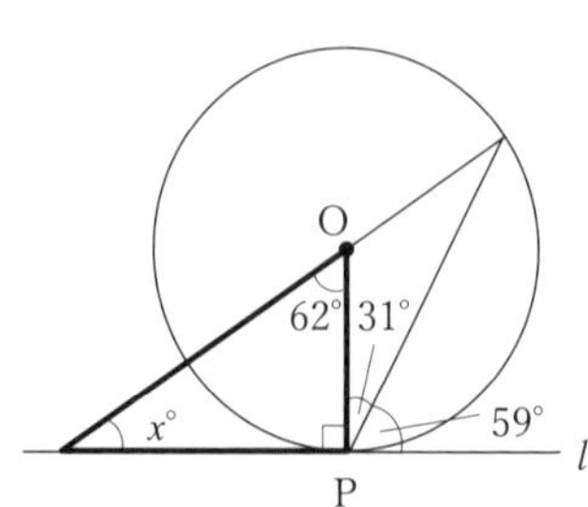

練習問題 26

(1)　右図で太枠の四角形の内角の和から，

$x = 360 - (90 \times 2 + 59)$

$= 360 - 239 = \boxed{121}$

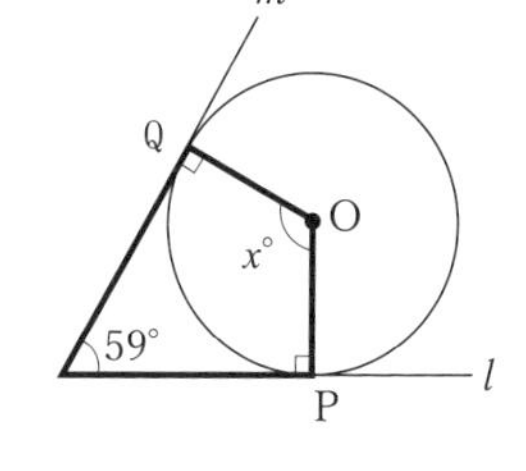

(2)　右図で二等辺三角形の角から，

$x = 180 - 61 \times 2$

$= 180 - 122 = \boxed{58}$

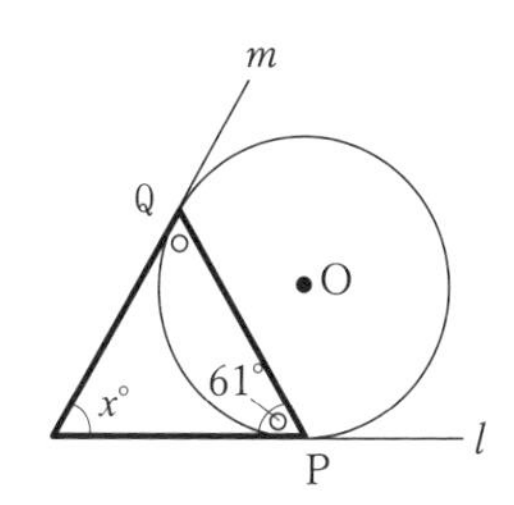

(3)　右図で太枠の四角形の内角の和から，

$360 - (90 \times 2 + 56)$

$= 360 - 236 = 124$

中心角と円周角の関係から，

$x = 124 \div 2 = \boxed{62}$

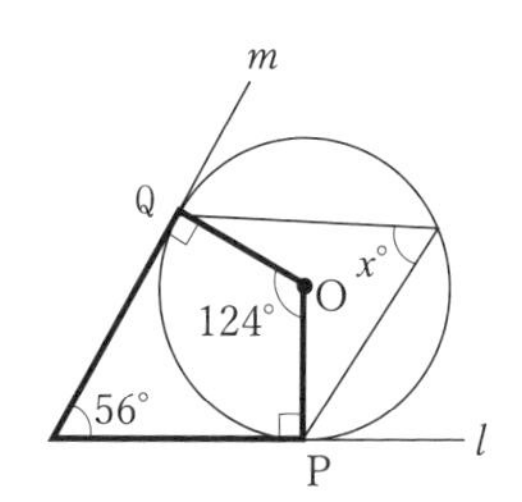

(4)　中心角と円周角の関係から，

$63 \times 2 = 126$

右図で太枠の四角形の内角の和から，

$x = 360 - (90 \times 2 + 126)$

$= 360 - 306 = \boxed{54}$

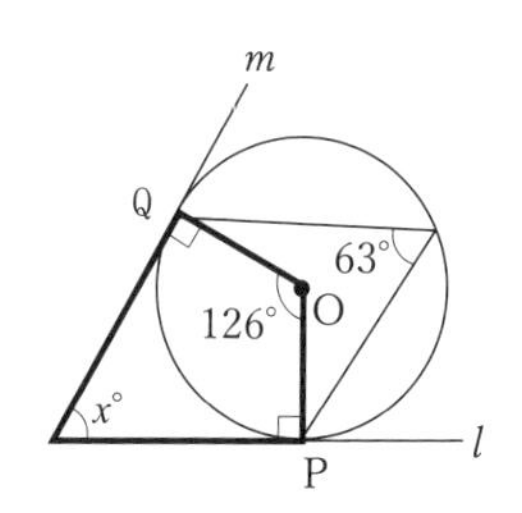

◆著者◆

谷津 綱一（やつ・こういち）

指導歴 30 余年の元進学塾講師。

東京出版、かんき出版、KADOKAWA、文英堂などに著書多数。

高校入試数学
図形問題　角度の攻略

2024 年 5 月 20 日　初版第 1 刷発行

著　者　谷　津　綱　一
編集人　清　水　智　則
発行所　エール出版社
〒 101-0052　東京都千代田区神田小川町 2-12
信愛ビル 4 F
e-mail ： info@yell-books.com
電話　03(3291)0306
FAX　03(3291)0310

＊定価はカバーに表示してあります。
乱丁本・落丁本はおとりかえいたします。

ISBN978-4-7539-3555-0